卓越工程师系列教材

Web 卓越工程师案例教程

龚涛 张德林 编著

中国水利水电出版社
www.waterpub.com.cn

内 容 提 要

Web 开发是近年来不断普及红火的 IT 应用方向，涉及服务器端开发、客户端开发、浏览器端开发、手机端的开发和其他移动设备端的开发等。Web 卓越工程师的培养和成长不能仅停留在高校课堂的书本上，不能闭门造车，必须和实际的项目研发需求和 Web 应用推广紧密结合起来。本书主要以各种实际 Web 项目开发经验和案例为中心线，从浅入深，总结 Web 编程经验，提炼 Web 应用项目开发的技巧，以实例展示 Web 卓越工程师的编程技能和成长方法。

本书内容丰富、实例详尽，实际 Web 应用开发项目背景强，涉及知识面广，逻辑层次清楚，图文并茂，紧跟 Web 编程技术的发展趋势，是一本从事 Web 应用程序开发的优秀教材和参考书，适合于具有一定编程经验的 Web 程序员、开发人员和 Web 技术爱好者，也有助于具有丰富开发经验的系统分析员、系统测试员、企业 IT 经理等，同时也是 Web 技术初学者迅速提高编程水平的一本好教材。

本书提供实例源代码，读者可以从中国水利水电出版社网站或万水书苑上免费下载，网址为：http://www.waterpub.com.cn/softdown/和 http://www.wsbookshow.com。

图书在版编目（CIP）数据

Web卓越工程师案例教程 / 龚涛，张德林编著. -- 北京：中国水利水电出版社，2015.5
 卓越工程师系列教材
 ISBN 978-7-5170-3082-9

Ⅰ. ①W… Ⅱ. ①龚… ②张… Ⅲ. ①网页制作工具－程序设计－案例－教材 Ⅳ. ①TP393.092

中国版本图书馆CIP数据核字(2015)第074483号

策划编辑：石永峰　　责任编辑：魏渊源　　封面设计：李 佳

书　名	卓越工程师系列教材 **Web 卓越工程师案例教程**
作　者	龚涛　张德林　编著
出版发行	中国水利水电出版社 （北京市海淀区玉渊潭南路 1 号 D 座　100038） 网址：www.waterpub.com.cn E-mail: mchannel@263.net（万水） 　　　　sales@waterpub.com.cn 电话：（010）68367658（发行部）、82562819（万水）
经　售	北京科水图书销售中心（零售） 电话：（010）88383994、63202643、68545874 全国各地新华书店和相关出版物销售网点
排　版	北京万水电子信息有限公司
印　刷	北京蓝空印刷厂
规　格	184mm×260mm　16 开本　19.25 印张　480 千字
版　次	2015 年 5 月第 1 版　2015 年 5 月第 1 次印刷
印　数	0001—3000 册
定　价	39.00 元

凡购买我社图书，如有缺页、倒页、脱页的，本社发行部负责调换

版权所有·侵权必究

前　　言

许多 Web 编程新手在成为卓越工程师之前，总是充满希望和迷惑。应该如何成长为 Web 卓越工程师？如何成为成功的 Web 卓越工程师？对于我们老一代 Web 卓越工程师来说，回顾往日奋斗的历程，更多的是感慨，心想如果当初有高手指点迷津，Web 卓越工程师的磨练过程中就可以少走许多弯路，少浪费许多时间，获得更大的成功。当初，很少有人指点这些经验，市面上也没有系统阐述此类经验的书籍，因此就有了借"卓越工程师系列教材"照亮年轻 Web 编程初学者成长路的想法。幸运的是，这个想法得到了中国水利水电出版社的领导和编辑的肯定和支持，又有了东华大学、同济大学、华东政法大学等一批志同道合的教授、编程高手的合作，从而"卓越工程师系列教材"诞生了。

这个系列教材主要针对市面上应用较为广泛、实用价值高的编程语言，总结有关卓越工程师培养和成长经验，以众多实际项目开发案例的形式展示编程技术提升的过程。这些常用编程技术包括 Java、JSP、Visual C++、Matlab、Fortran、C、图像处理、软件综合设计等。各种编程语言和工具好比"侠客"手中的"武器"，这个系列教材好比是各种编程"大侠"展现其"武器"的绝技。十八般武器，各显神通。

本书从 Web 卓越工程师成长的历练过程出发，由浅入深、全面系统地介绍了面向实际工程项目背景的 Web 编程技能和软件开发方法。

全书分为 10 章，主要介绍 Web 卓越工程师选择 Java 和 JSP 的理由，第 1 个 Java 程序的练习与面向 Web 的 JSP 升级，第 1 个 Java 游戏 Web 设计与游戏项目开发升级，Java 科学计算与 Web 仿真，网络课程 Web 站点项目开发，历史文化网络平台项目开发，Web 信息管理平台项目开发，Web 物流管理平台项目开发，基于 Web 的智能控制系统项目开发，以及 Web 卓越工程师的现在和未来，并配以系统化的项目开发案例。此外，本书知识涵盖全面，逻辑层次清楚，图文并茂，紧跟最新 Web 技术、智能系统和网络安全的步伐，是一本 Web 卓越工程师项目开发方面的优秀教材和参考书。

本书紧跟 Web 编程技术与卓越工程师培养的发展趋势，由龚涛策划。全书主要由龚涛执笔，张德林撰写第 10 章初稿，张德林审阅和修改全书。此外，参与本书编写工作的人员还有熊琴、蒙祖强、陈哲、戴博、汪嵩、周佳佳、李龙、杜常兴、齐磊、姚磊、郭长生、曹新学、巩小磊、安俊峰、郭吉政、裴蕾、龙恺、郑华科、范甜甜、吴义、梁文宇、吴宇翔等。

本书作者感谢所有关心和支持本书写作与出版的人，包括东华大学、同济大学的一些领导、老师、研究生和技术人员，以及中国水利水电出版社的领导和编辑。最后，还特别感谢作者的父母、妻儿和朋友，他们的关心、帮助和支持使本书快速与读者见面。

由于编者水平有限，加上时间仓促，书中疏漏和不当之处在所难免，恳请广大读者批评指正。

作　者
2015 年 2 月

目　　录

前言

第1章　Web 卓越工程师选择 Java 和 JSP 的理由　1
1.1　Web 卓越工程师学习 Java 的理由　1
1.1.1　Java 语言汲取了 C 语言和 C++语言的营养　1
1.1.2　Java 语言改进并简化了 C++语言　2
1.1.3　Java 的优势　5
1.2　Web 卓越工程师学习 JSP 的理由　7
1.2.1　JSP 与 HTML、ASP 和 PHP 比较的优势　7
1.2.2　JSP 的安装与配置　8
1.3　Web 卓越工程师的成长之路　11
1.4　小结　12

第2章　第1个 Java 程序的练习与面向 Web 的 JSP 升级　13
2.1　第1个 Java 程序的设计　13
2.1.1　从"你好，世界！"开始练习 Java 输出　13
2.1.2　第1个 Java 程序的语法分析　14
2.2　Java 编程的经验总结　21
2.3　从第1个 Java 程序开始升级 Web 卓越工程师技能　23
2.3.1　从第1个 Java 程序扩展到 Java 桌面应用　23
2.3.2　从第1个 Java 程序扩展到 Java Applet 网络应用　36
2.3.3　从第1个 Java 程序扩展到 JSP 网站应用　38
2.3.4　从第1个 Java 程序扩展到 JDBC 数据库应用　46
2.3.5　从第1个 Java 程序扩展到 J2EE 企业级 Web 应用　54
2.3.6　从第1个 Java 程序扩展到 Java 无线 Web 应用　58
2.3.7　从第1个 Java 程序扩展到 Java 多线程 Web 编程应用　66
2.4　小结　68

第3章　第1个 Java 游戏 Web 设计与游戏项目开发升级　69
3.1　第1个 Java 游戏 Web 设计　69
3.1.1　基于 Web 的三子棋游戏 Java 设计　69
3.1.2　第1个 Java 游戏 Web 设计的分析与总结　74
3.2　从第1个 Java 游戏向"华容道"手机游戏 Java 程序的升级示例　75
3.2.1　Java 游戏程序升级示例的需求分析　75
3.2.2　游戏算法设计　78
3.2.3　图形类的设计　79
3.2.4　地图布局类的设计　82
3.2.5　游戏逻辑类的设计　83
3.2.6　手机游戏主程序类的设计　90
3.2.7　"华容道"手机游戏程序的测试结果　92
3.3　"渊龙志"网页游戏项目开发升级　103
3.3.1　基于 Web 和 JSP 的"渊龙志"网页游戏整体设计　103
3.3.2　"渊龙志"网页游戏项目开发的特点和优势　104
3.4　小结　105

第4章　Java 科学计算与 Web 仿真　106
4.1　Java 数值计算编程思想的案例分析　106
4.1.1　Java 测量单位服务模块的案例分析　106
4.1.2　坐标转换的案例分析　112
4.2　Java 数值计算的神经网络编程实例　113
4.2.1　BP 神经网络 JavaBean 类 BPNNBean 的定义和实现　113
4.2.2　BP 神经网络演示小程序 Applet 类

BPNNApplet 的定义和实现 ………… 118
　4.3　Java 数值计算与 Web 仿真的项目开发 ·· 130
　4.4　小结 …………………………………… 132
第 5 章　网络课程 Web 站点项目开发 ………… 133
　5.1　网络课程 Web 站点项目开发的思路 …… 133
　5.2　网络课程 Web 站点项目开发的
　　　需求分析 ………………………………… 134
　5.3　网络课程 Web 站点项目开发的
　　　系统设计 ………………………………… 134
　　　5.3.1　概要设计 ……………………… 134
　　　5.3.2　详细设计 ……………………… 135
　　　5.3.3　数据库设计 …………………… 136
　5.4　知识点智能教学指导模块的设计 ……… 138
　　　5.4.1　功能设计 ……………………… 138
　　　5.4.2　知识点智能导引模块的设计 … 138
　　　5.4.3　学习进度跟踪模块的设计 …… 145
　5.5　智能组题阅卷模块的设计 ……………… 147
　　　5.5.1　功能设计 ……………………… 147
　　　5.5.2　智能组题模块的设计 ………… 148
　　　5.5.3　智能阅卷模块的设计 ………… 160
　5.6　小结 …………………………………… 171
第 6 章　历史文化网络平台项目开发 …………… 172
　6.1　历史文化网络平台项目开发的思路
　　　和需求分析 ……………………………… 172
　6.2　历史文化网络平台项目开发的系统设计 … 173
　　　6.2.1　概要设计 ……………………… 173
　　　6.2.2　详细设计 ……………………… 173
　6.3　历史文化网络公司网站的设计 ………… 174
　　　6.3.1　功能设计 ……………………… 174
　　　6.3.2　历史文化展示模块的设计 …… 176
　　　6.3.3　公司信息管理模块的设计 …… 177
　6.4　历史文化网络交互的设计 ……………… 187
　　　6.4.1　功能设计 ……………………… 188
　　　6.4.2　聊天交友模块的设计 ………… 188
　　　6.4.3　论坛模块的设计 ……………… 190
　6.5　小结 …………………………………… 193
第 7 章　Web 信息管理平台项目开发 ………… 195
　7.1　Web 信息管理平台项目开发的思路
　　　和需求分析 ……………………………… 195

　7.2　Web 信息管理平台项目开发的系统设计 195
　　　7.2.1　概要设计 ……………………… 195
　　　7.2.2　详细设计 ……………………… 196
　7.3　Web 信息采集模块的设计 …………… 198
　　　7.3.1　功能设计 ……………………… 198
　　　7.3.2　Web 信息的表示与存储 ……… 198
　　　7.3.3　Web 信息的采集与汇总 ……… 205
　7.4　Web 信息管理模块的设计 …………… 211
　　　7.4.1　功能设计 ……………………… 211
　　　7.4.2　Web 信息的创建、修改与删除 … 212
　　　7.4.3　Web 信息的搜索与排序 ……… 221
　7.5　小结 …………………………………… 224
第 8 章　Web 物流管理平台项目开发 ………… 225
　8.1　Web 物流管理平台项目开发的思路和
　　　需求分析 ………………………………… 225
　8.2　Web 物流管理平台项目开发的
　　　系统设计 ………………………………… 226
　　　8.2.1　概要设计 ……………………… 226
　　　8.2.2　详细设计 ……………………… 227
　8.3　用户访问管理模块的设计 ……………… 229
　　　8.3.1　功能设计 ……………………… 229
　　　8.3.2　用户的登录、登出和修改密码 … 229
　　　8.3.3　用户访问控制和动态菜单设计 … 236
　8.4　订单管理模块的设计 …………………… 248
　　　8.4.1　功能设计 ……………………… 248
　　　8.4.2　快速下单模块的设计 ………… 249
　　　8.4.3　后台最优路线决策模块和预配载
　　　　　　智能推荐模块的设计 ………… 264
　8.5　小结 …………………………………… 267
第 9 章　基于 Web 的智能控制系统项目开发 … 268
　9.1　基于 Web 的智能控制系统项目开发
　　　的思路和需求分析 ……………………… 268
　9.2　基于 TCP/IP 协议的 Web 智能控制
　　　系统设计 ………………………………… 269
　　　9.2.1　功能设计 ……………………… 269
　　　9.2.2　基于 TCP/IP 协议的 Web 控制
　　　　　　系统网站设计 ………………… 270
　9.3　基于可编程路由器和 OPENWRT 操作
　　　系统的机器人 Web 控制 ……………… 279

9.3.1 功能设计 ……………………… 279
9.3.2 基于可编程路由器和OPENWRT的机器人Web控制系统设计 ……… 280
9.4 小结 ……………………………… 286

第10章 Web卓越工程师的现在与未来 …… 287
10.1 国家对Web卓越工程师培养的重视与政策扶持 ………………………… 287
 10.1.1 卓越工程师培养的通用标准 …… 287
 10.1.2 卓越工程师的培养过程 ………… 289
 10.1.3 卓越工程师培养的动力机制 …… 291
10.2 Web卓越工程师教育培养计划的实施现状 ……………………………… 293
10.3 Web卓越工程师培养的不足与改进方向 ………………………………… 294
10.4 Web卓越工程师发展的未来展望 …… 297
 10.4.1 滑铁卢大学产学合作教育体系的特征与启示 ………………… 297
 10.4.2 德国应用科技大学教育模式的特征与启示 ………………… 299
10.5 小结 ……………………………… 302

第 1 章 Web 卓越工程师选择 Java 和 JSP 的理由

Java 语言是 Sun 公司发明的一种面向对象编程语言，最初是用来开发家用电器的分布式计算系统的，能实现电冰箱、电视机等电器之间的通信和控制。当时，出于复杂性和安全性的考虑，放弃了复杂的 C++语言，而设计了简单得多的 Oak 语言，该语言是 Java 语言的前身。Java 语言真正的兴起是从 Web 应用开始的，第 1 个 Web 应用产品就是 HotJava 浏览器，因而 Java 是 Web 卓越工程师历练的首选利器。而 JSP 作为 Java 在 Web 网站应用开发的重要衍化产品之一，也成为 Web 卓越工程师的重要工具。

1.1 Web 卓越工程师学习 Java 的理由

现在，Java 语言是十分红热的 Web 编程语言，Web 卓越工程师很容易找到学习 Java 的理由。从技术上，Java 语言是先进的、安全的、移植性好、易用的、强大的优秀 Web 编程语言；从经济上，Java 程序员可以找到薪水较高的工作，Java 程序员是热点职位之一。

1.1.1 Java 语言汲取了 C 语言和 C++语言的营养

Java 语言建立在 C++语言的基础上，基本形式采用 C++语言的编码风格，这样便于 C/C++程序员学习 Java。

在变量声明、参数传递、操作符、流控制、程序结构等方面，Java 语言继承了 C/C++语言的传统风格。

下面以最基本的例子为比较对象，比较 Java 语言和 C++语言实现"你好，世界！"问候的编程方法。用 Java 语言编写 Helloworld 类，并通过主函数 main()显示问候语，其源代码如下：

```java
package project;
public class Helloworld
{
    public Helloworld()
    {
    }
    public static void main(String[] args)
    {
        Helloworld helloworld = new Helloworld();
        System.out.println("你好，世界！\n");
    }
}
```

用 VC++编写 Helloworld 类，并通过主函数 main()显示问候语，其源代码如下：

```cpp
// Helloworld.cpp : Defines the entry point for the console application.
class Helloworld : public CWinApp
{
```

```
public:
    Helloword();
};

Helloword::Helloword()
{
    // TODO: add construction code here,
    // Place all significant initialization in InitInstance
}

#include "stdafx.h"
int main(int argc, char* argv[])
{
    printf("你好，世界！\n");
    return 0;
}
```

这两个程序的运行结果分别如图 1.1 和图 1.2 所示。

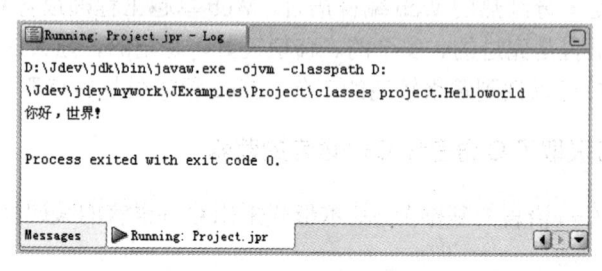

图 1.1　在 JDeveloper 开发环境中运行 Helloworld 类程序

在图 1.1 中，上述 Java 程序经过 javaw 集成开发工具编译、连接和运行，显示了"你好，世界！"问候语，并正常退出程序。

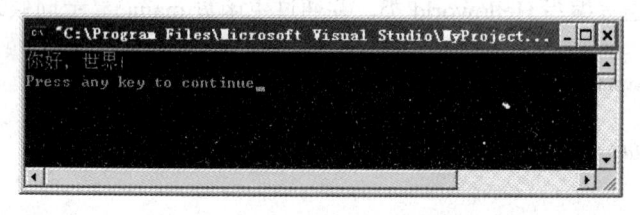

图 1.2　在 Visual C++ 6.0 开发环境中运行 Helloworld C++程序

在图 1.2 中，上述 C++程序在 DOS 环境中显示"你好，世界！"问候语，并提示按任意键就退出该程序。

1.1.2　Java 语言改进并简化了 C++语言

尽管 Java 语言使用了和 C/C++语言类似的编程风格，但是在易用性、安全性、多线程、可移植性等方面有了较大的改进和简化。

（1）Java 不再支持程序员使用指针。

指针是指含有另一个变量的存储地址的变量，指针可以指向一个包含数据的变量，也可以指向另一个指针变量。虽然指针功能十分强大，但是指针给程序带来了安全隐患。由指针所进行的内存地址操作常会造成不可预知的错误，同时通过指针对某个内存地址进行显式类型转换后，可以访问 C++类的私有成员，从而破坏程序的安全性，造成系统的崩溃。

　　Java 语言不再向程序员开放指针的用法，指针只是作为 Java 语言的内部机制，不为程序员所控制，同时将数组、字符串作为类实现，从而解决了数组访问的越界错误问题。

　　（2）Java 支持更高的安全性。

　　Java 语言使用了字节编码技术，来校验从网上下载的 Java 程序是否完整和正确。Java 语言的内存自动管理增强了程序的安全性，减少了内存溢出的问题。在 C++程序中，不再使用的内存需要编程收回，程序员往往容易出现内存管理的错误；但在 Java 语言中，通过垃圾收集功能，内存一旦不再使用时就会自动释放。

　　Java 语言有一套比较成熟的异常检测与处理机制，能从系统层次上捕获各种异常，并通过编程处理和显示该异常。因此，Java 程序能检测编译异常和运行异常，比 C++程序具有更强的鲁棒性。

　　例如，下面分别用 Java 语言和 C++语言从并不存在的文件中读取数据，其 Java 程序的源代码如下：

```java
package project;
import java.io.*;    //导入 Java 的 IO 类包

public class JException
{
    public JException()
    {
        try
        {
            FileReader fr = new FileReader("d:\\Lab\\Book\\1.txt");
            int c = fr.read(); //从文件中读取一个字符
            while(c!=-1)
            {
                System.out.print((char)c);
                c = fr.read(); //从文件中继续读取数据
            }
            fr.close();
        }
        catch(IOException e)    //捕获文件输入输出异常
        {
            System.out.println(e);    //显示文件输入输出异常
        }
    }

    public static void main(String[] args)
    {
        JException je = new JException();
        System.out.println("程序正常结束！\n");
```

        }
    }

上述 Java 程序的运行结果如图 1.3 所示,该程序会提示找不到该文件的异常。

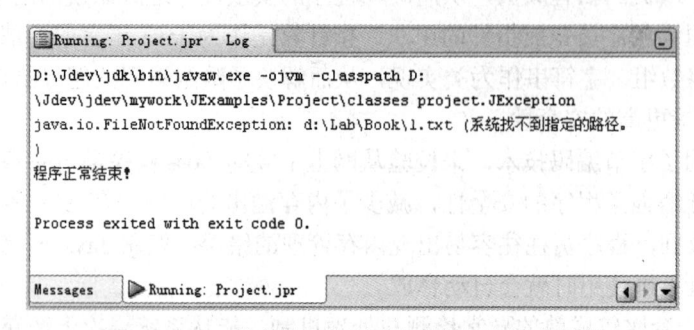

图 1.3　Java 程序提示找不到文件的输入输出异常

对于 C++程序,在 Visual C++ 6.0 开发环境中其源代码如下:

```
#include "stdafx.h"
int main(int argc, char* argv[])
{
    CFile file;
    char pbuf[100];;
    file.Open("d:\\Lab\\Book\\1.txt", CFile::modeRead);
    file.Read(pbuf,100);
    printf(pbuf);
    file.Close();
    printf("程序正常结束!\n");
    return 0;
}
```

上述 VC 程序的运行结果如图 1.4 所示,该程序不会提示输入输出异常信息,而是出现错误,导致程序意外中止。

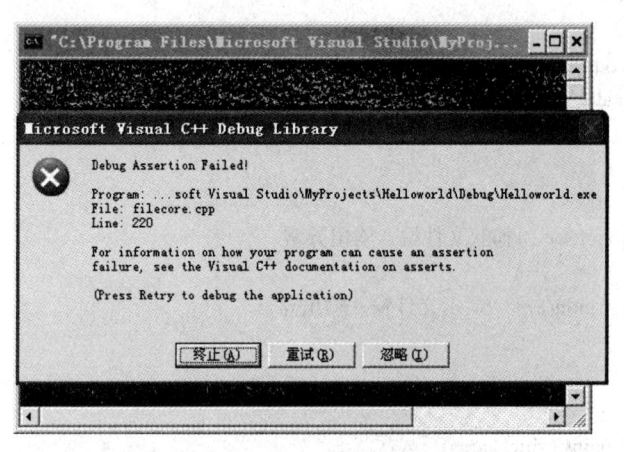

图 1.4　VC 程序不提示输入输出异常

(3) Java 采用更彻底的多线程编程技术。

有人说,C++语言的多线程编程是虚拟的,而 Java 语言的多线程编程是切实的。总之,Java

语言比 C++语言采用了更彻底的多线程编程技术，能在一个程序中同时执行多个任务。

（4）Java 在其他语法上进行了简化。

在 C/C++程序中，可以在所有类的外部定义全局变量，但在 Java 程序中只能在类中定义公用的、静态的变量来实现全局变量的作用。

在 C/C++程序中可以使用常导致程序复杂、出错的 goto 语句，但在 Java 程序中不能使用 goto 语句，并增加了异常处理语句 try、catch、finally、throw 等。

在 C/C++程序中，不同平台上的编译器对相同的基本数据类型 int、float 等支持不同字节长度，这就导致了代码的不可移植性；但在 Java 程序中，对这些数据类型进行了统一支持，保证了 Java 程序的平台无关性。

在 C/C++程序中使用头文件来声明类的原型、全局变量、库函数等，但在 Java 程序中不支持头文件，类的封装性更加完整，通过 import 语句实现与其他类的通信。

C/C++程序中使用结构和联合类型，但在 Java 程序中不支持结构和联合类型。

1.1.3 Java 的优势

Sun 公司的强大武器是 Java 技术本身，同时，Sun 和合作伙伴达成紧密合作，极大地支持软件开发团队。Sun 与联通宣布结成联盟，这是联通看到了 Java 在手机市场的专有性和 Java 具有的开放性和标准性。Java 欢迎竞争，因为只有这样才能最大限度地提高领域内的技术。

很多的编程语言在发展中并不是消失，而是转移到了其他领域中去，而 Java 的经久不衰，取决于 Java 的技术基础，如果问编程师为什么会选择 Java，他会说 Java 提供了多种功能，提供了方便的平台，是个足以吸引人的工具。推动 Java 最主要的因素是网络，Java 是以网络应用为基础的开发工具，这是它的强处。

在 PC 领域 Java 决不是弱者，在 PC 领域 Java 有很多应用，实际上 Java 应用很广泛，比如说人工智能游戏。在其他大的领域，Java 更是应用广泛，例如在汽车，铁路机车上的即时控制系统，Java 也广泛应用于军用方面。

J2ME 的规格在不断地发展，而不断增长的手机性能质量更是推动了 Java 语言在手机应用上的迅猛发展。在两年前，当时手机比的性能今天要差得远。现在用手机可以做的工作变得越来越有趣，这个领域有非常光明、非常令人振奋的前景。

Java 语言最大的优势在于，Java 是集成了许多人努力而创建的强有力的工具，可以提供很多功能。Java 满足网络服务标准，具有很强的安全性。Sun 花了很大的力气在解决和微软的互操作性上，遵循国际网络业的标准与微软工具进行交流，开发了大量相关工具。而 Sun 的 Web 服务未来将向扩大 Web 应用能力，扩大通用性和边缘应用上发展。

正如 Java 之父 James Gosling 所描述的："当看到 Java 的客户通过 Java 完成了很多神奇的工作，像看到夏威夷火山上的观测台使用 Java 控制望远镜，看到荷兰健康医疗组织使用 Java 解决了保护隐私问题等等，那真是一种奇妙的感觉。"

学习 Java 编程的第 1 步是下载免费的 Java 开发工具 JDK，JDK 是 Java 编程世界的基础核心，该工具包括 Java 运行环境 JRE（Java Runtime Environment）、一套 Java 编译、测试工具和 Java 基础类库。JDeveloper 等 Java 开发工具都包括了某个版本的 JDK，目前 Sun 公司最新版本的 JDK 工具是 JDK 5.0，Java 运行环境 JRE 的最新版本是 1.5.0_07，下载地址为：http://www.java.com/zh_CN/download/windows_ie.jsp。

JDK 工具包是一种可执行的安装程序，默认安装路径为 C:\Program Files\Java，如图 1.5 所示。

图 1.5 安装 Java 2 运行环境

在图 1.5 中，双击 Sun 公司的 Java 运行环境 JRE 安装程序，启动了安装向导。遵循向导的操作步骤，就能顺利地安装该 Java 运行环境。

JDK 的编译、测试等工具主要包括 java.exe、javac.exe、jar.exe 和 javadoc.exe 可执行程序，其中 java.exe 工具用来启动 Java 虚拟机并执行 Java 类文件；javac.exe 工具用来编译 Java 源程序，生成 Java 类文件；jar.exe 工具用来对 Java 程序打包；javadoc.exe 工具用来生成 Java 文档。

学习 Java 语言的第 2 步就是熟悉 Java 开发工具的帮助文档，可以是在线的，即连接到 Sun 公司的文档中心，如图 1.6 所示；也可以是离线的，需要将帮助文档下载到本地。

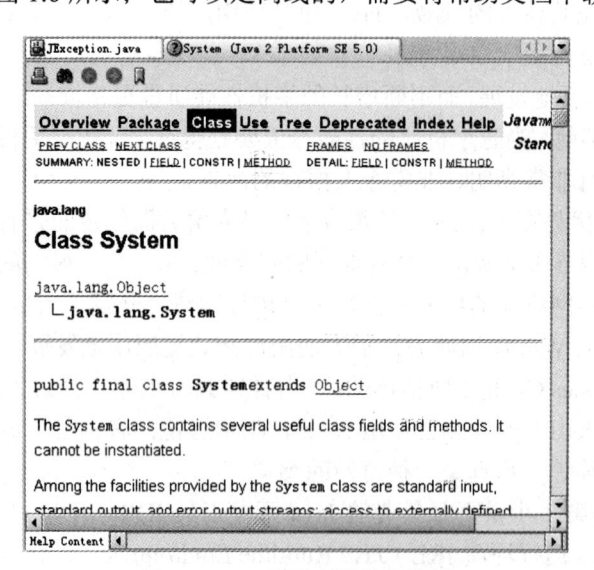

图 1.6 Java 帮助文档的在线版

在图 1.6 中，Java 2 平台的帮助系统包括概要（Overview）、包（Package）、类（Class）、用法（Use）、树（Tree）、Deprecated、索引（Index）和帮助（Help）几个栏目，类栏目显示

各个类的名称、层次关系。例如，System 类位于 java.lang 包中，是从 Object 类扩展而来的。System 类有一些有用的类域和方法，但它不能进行实例化。

Java 程序员进阶的第 3 步就是熟悉 Java 程序的应用需求，主要包括 Java 桌面应用、Web 环境的 Java 应用、Java 企业级应用、Java 嵌入式应用和 Java 并行应用，如图 1.7 所示。

对于 Java 桌面应用，仅仅需要 Java 运行环境的支持就足够了。

对于 Web 环境的 Java 应用，Java 支持的 Web 应用需要安装 JDK、应用服务器和数据库，因为 Web 应用分为 3 层。

在图 1.7 中，JDeveloper 开发工具以 Java 企业级应用为最基本的框架，Java 桌面应用和 Web 环境的 Java 应用只是该框架的一部分。

Web 应用的第 1 层是浏览器层，需要 Java Applet 支持，显示用户页面；第 2 层是 Web 服务器层，运行 Servlet 和 JSP 程序，有时需要访问数据库；第 3 层是数据库层，为 Java 程序提供后台数据库支持。

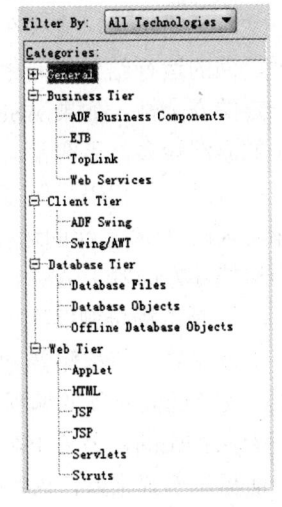

图 1.7 Java 应用开发的类型

Java 企业级应用在 3 层 Web 应用结构的基础上又增加了 EJB 层等，EJB 层用来运行 EJB 程序，实现商务逻辑。

Java 嵌入式应用主要是指用于无线设备的嵌入式程序，需要使用嵌入式 Java 专用虚拟机。

Java 并行应用主要利用 Java 语言的多线程技术构建并行计算环境，需要在并行计算机或网格计算平台上运行。

Java 程序员升华的第 4 步就是多总结、多领悟，尽管编程不能全靠灵感，但是灵感确实对最优编程十分重要。灵感来源于平时的积累，这种积累不仅在于知识和经验的积累，还在于对经验和教训的总结和领悟，直觉真是很重要的。当 Java 程序员忘记了所有学到的套路，脑海中只有自己领悟的章法和秘诀时，该程序员的编程水平可以说是游刃有余了。

1.2　Web 卓越工程师学习 JSP 的理由

JSP 是 Java Server Pages 的缩写，是 Sun 公司和其他公司一起建立和发布的动态网页技术标准，现已成为动态 Web 应用开发的主流开发技术之一。究其本质，JSP 是以 Java 平台为基础、以 Java 语言作为主要动态脚本语言的集成技术，其 Java 程序片段（Scriptlet）和 JSP 标记（tag）嵌入到传统的静态网页 HTML 代码中，形成动态的网页（后缀名为.jsp）。

1.2.1　JSP 与 HTML、ASP 和 PHP 比较的优势

如前所述，HTML 语言是基本的网页标记语言，单纯的 HTML 代码只能构成静态网页。静态网页缺乏交互性，只能显示某一时刻、某一对象的固定信息，其信息内容不会随着时间推动和对象变换而适应性变化，因而其应用十分局限，或者说只是网页基础。JSP 语言正是为了弥补动态显示内容的不足而设计的，其适应性、变换灵活性和安全性是 HTML 语言不能企及的。

ASP 是微软研发的动态网页设计技术，其脚本语言主要是 VBScript 和 JScript。VBScript 和 Jscript 程序简单、易学，因而 ASP 技术简便，有效，适用于快速开发动态网站应用。ASP 程序文件无需编译，直接在服务器上按照解释方式运行，用户的浏览器仅显示以 HTML 格式网页返回的运行结果，因此 ASP 程序运行与浏览器无关，只需浏览器支持 HTML 即可，也具有一定的安全性。如果 ASP 使用插件，就要求用户的浏览器支持这种插件。但是，由于微软产品的漏洞较多，黑客常常予以攻击，ASP 的安全性不及 JSP。另外，由于 ASP 每次都要按照解释方式运行代码，但 JSP 只在第一次运行程序执行编译，二次及以后的运行不需要再次编译，因而 ASP 二次的运行效率比 JSP 低得多。Java 的不限平台可移植性也让 JSP 在兼容性和可移植性方面胜于 ASP，特别是 ASP 仅限于微软操作系统的 IIS 支持下运转。

PHP 是市场份额仅次于 JSP 和 ASP 的动态网页开发技术，其兼容性和可移植性与 JSP 相当，不过需要安装和配置 PHP 服务器基础软件。PHP 语言便捷、简单易学，广泛支持多种数据库，支持面向对象的编程技术，其源代码完全公开免费。但是，JSP 与平台无关的特性也是 PHP 无法相比的，另外 JSP 的二次及以后运行无需编译，比 PHP 效率更高。

从标记形式来看，JSP 和 ASP 都是以<%开始，以%>结束，嵌入动态网页编程代码。PHP 以<?开始，以?>结束，嵌入 Perl、C 等代码。

由上可见，JSP 在与平台的无关性、代码执行方式和二次高效、支持的数据库连接、安全性、可重用性等方面具有较大优势，因此本书以 JSP 为主要工具介绍 Web 卓越工程师的编程案例。

1.2.2 JSP 的安装与配置

JSP 服务器安装之前，需要安装 Java 开发包 JDK，例如 1.1.3 小节介绍的 Java 2 JDK 和 JDeveloper 的安装。然后，可以安装 Tomcat 6.0，这是一种支持 JSP 编程的免费 Web 服务器软件，可从网站 http://tomcat.apache.org/下载。JDK+Tomcat+JSP 是最流行的 JSP 开发模式之一，本书以 Tomcat 6.0 作为 Web 服务器。Tomcat 6.0 下载后得到安装文件，双击此安装文件，开始 Tomcat 6.0 的安装过程，如图 1.8 所示。

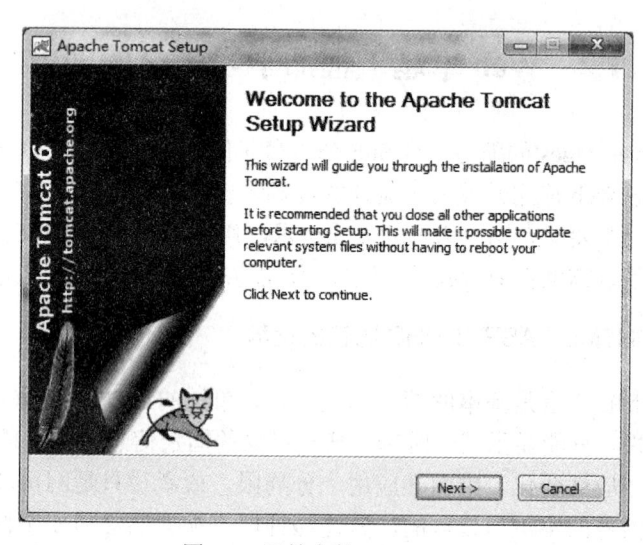

图 1.8　开始安装 Tomcat 6.0

然后，要签署 Tomcat 6.0 软件的使用协议，如图 1.9 所示。当然，只有单击【I Agree】按钮接受协议时，才会继续安装此软件。

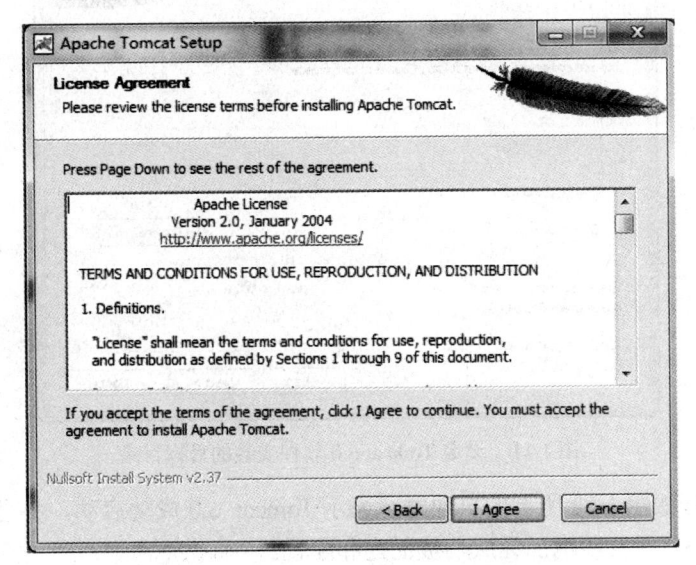

图 1.9　签署 Tomcat 6.0 软件的使用协议

接着，选择 Full（完全）安装模式，如图 1.10 所示。完全安装模式会安装以下主要组件：①Tomcat 主软件；②开始菜单选项；③文档；④示例。

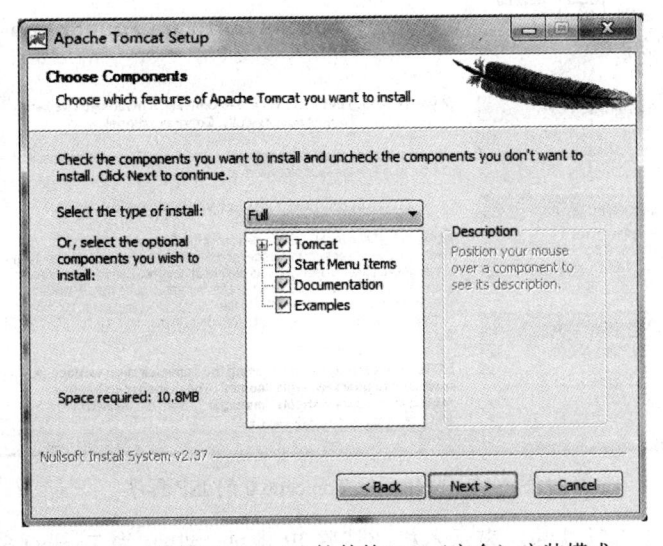

图 1.10　选择 Tomcat 6.0 软件的 Full（完全）安装模式

接下来，将其安装目录不妨设为 D:\tomcat6，即 Web 服务器的根目录，如图 1.11 所示。

随后，就按照安装向导的提示完成安装过程即可。其配置过程是自动完成的，之后安装程序会自动启动 Tomcat 6.0。

为测试是否能够成功运行 JSP 程序，在 IE 浏览器的"地址"栏中输入下列地址：
http://localhost:8080/（或 http://127.0.0.1:8080/）

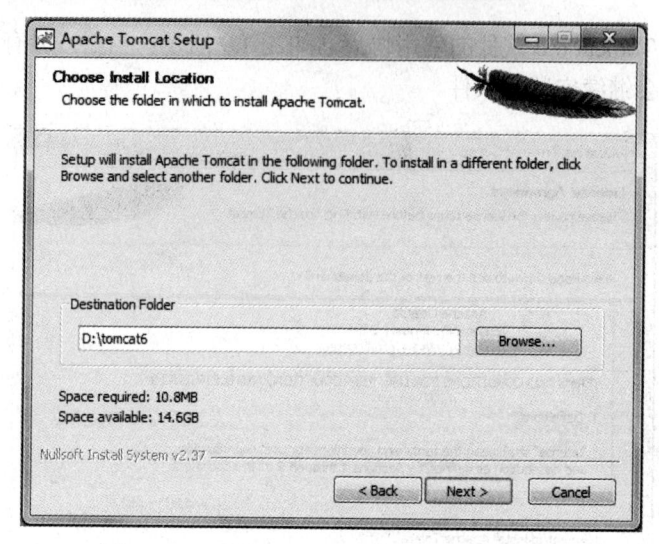

图 1.11　设定 Tomcat 6.0 软件安装的目标目录

当浏览器打开如图 1.12 所示的页面时，表示 Tomcat 6.0 成功启动，并且 JSP 程序也可成功运行。至此，JSP 开发环境已经成功被创建和配置。

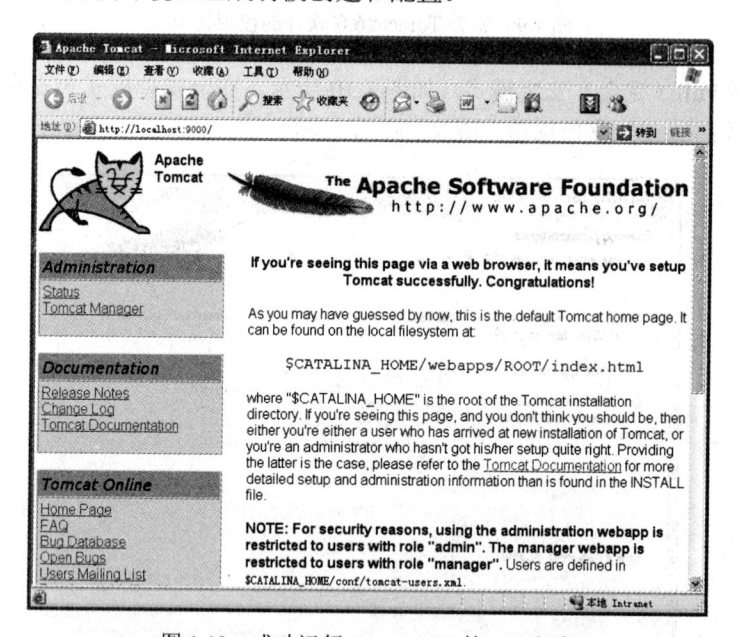

图 1.12　成功运行 Tomcat 6.0 的 JSP 程序

注意，127.0.0.1 为默认的、表示本机的特殊 IP 地址。8080 为 Tomcat 6.0 默认使用的端口号；如果需要的话，可以打开 D:\tomcat6\conf 目录下的文件 server.xml，并将 port 的值设置为需要的值（但不能与已有的端口号相冲突），如 9000。

```
<Connector port="9000" protocol="HTTP/1.1" maxThreads="150"
    connectionTimeout="20000" redirectPort="8443" />
```

这样，保存 server.xml 并重新启动 Tomcat 6.0 后，输入下列地址，打开如图 1.12 的页面。
http://localhost:9000/（或 http://127.0.0.1:9000/）

1.3 Web 卓越工程师的成长之路

当认定 Web 卓越工程师作为主攻方向后，就要选择一条适合自己的 Web 卓越工程师成长之路，这样才能实现自己追求的 Web 卓越工程师价值。Web 卓越工程师之路是一条酸甜苦辣兼备的磨练之路，战胜了这条道路上的一个个难关就能充分享受 Web 卓越工程师的成就感和光明的"钱"途。

所谓万事开头难，Web 卓越工程师的成长之路就从第一个 Java 程序的学习开启，第 2 章将介绍 Java 编程开门的方法。之后，作为老练的程序员，建议在项目研发的参与中抓紧时间积极学习 Web 编程技术，利用一切时机积累项目开发经验，总结编程 BUG 调试的经验教训，改进编程习惯，优化 Web 网站结构，最后成为能在项目中独当一面或主持项目的 Web 卓越工程师。总之，项目是 Web 卓越工程师的孵化器，也是其茁壮成长的催化酶。

（1）定义 Web 项目需求问题。

Web 卓越工程师是与政府、企事业单位的 Web 相关项目开发需求密切相关的，可以说是互联网时代应运而生的新职业。定义项目需求问题，是 Web 卓越工程师首先要学会做并擅长做的事。只有满足项目需求的 Web 编程，才是有效的、有价值的 Web 工程，否则可能会返工或以失败告终。

（2）积极参与 Web 项目研发。

Web 卓越工程师的成长之路也是不断积累工程经验的过程，其工程经验的积累离不开 Web 研发项目的参与和主持。学习 Java 语言和 JSP 编程技术也是这样，看书一个月不如参与实际的 Web 研发项目一个月。因此，为了追求快而有效地成长为 Web 卓越工程师，必须与 Web 研发项目密切结合起来，全身心地投入项目研发的分工与协作中去，多总结多提升。

（3）Web 技术既要扎实学好基础，也要活学活用。

使用 Web 技术时，最好学扎实 Web 技术的基础知识。例如，一个刚入门的 Web 初学者正在编写第一个 JSP 实现的 Web 网页，可是浏览器打开该 JSP 网页时报错。当时，此 Web 初学者只知道这是一个 JSP 应用程序，因此认为一定是 JSP 程序代码的问题。实际上，这种判断是错误的。实际上是 Tomcat 服务器关闭了，没有启动。因此，重新启动 Tomcat 服务器后，该 JSP 网页程序就能在浏览器上运行了。

这个例子的启示是，如果 Web 卓越工程师在编写 Web 应用程序，那么他具备一些 Web 技术相关的基础知识才好。尽管 Web 卓越工程师不需要理解 Web 服务器的内部工作，但他的确需要主动了解一些 Web 服务器基础知识，以便能有效地在相关的技术领域内进行交流，并解决问题。程序调试是个技术活，有时也需要实践中积累灵感和经验，活学活用才是 Web 卓越工程师成长的王道。

（4）多磨练 Web 项目开发技能。

无论 Web 程序员是生疏的新手，还是经验丰富的老手，都一定要多磨练 Web 项目开发技能，因为 Web 技术的知识和其他计算机知识一样容易折旧。Web 网络世界总是从一个版本到另一个版本不停地变化，Web 卓越工程师必须不断更新和精炼其技能。因为现在可能运行着无数种 Web 应用平台，所以不可能指望一个 Web 项目给所有的 Web 卓越工程师提供所有的 Web 技术知识和锻炼机遇。作为应用程序开发人员，通过自学、课堂也许还有认证，继续 Web

技术教育是 Web 卓越工程师的责任。在这个繁忙的世界中，Web 卓越工程师不能把所有的 Web 数据交互需要都依靠 DBA，Web 卓越工程师能做得越多，越能自己应付 Web 技术应用需求，Web 卓越工程师就越能成为更好的应用程序支持专业人员。

总之，Web 卓越工程师应该抓住一切可以发展的机会和项目资源，关键是 Web 卓越工程师需要确保自己尽一切努力成为更强大的 Web 技术专业人员。

1.4 小结

从 Java 和 JSP 的发展趋势和特点看，Web 卓越工程师可以依靠先进的、开放的和蒸蒸日上的 Java 技术和 JSP 技术打出一片编程天地，未来是属于 Web 卓越工程师的。

从 Web 卓越工程师的成长之路看，Web 卓越工程师和其他程序员一样需要付出和不断努力，循序渐进的学习是 Web 卓越工程师成长的必经之路。

以"华容道"手机游戏 Java 程序为实例，Java 编程是一门十分有趣而应用广泛的技术和艺术，需要灵感，需要实践，更需要应用。第 3 章将会对此实例详细分析和设计，验证 Java 游戏应用开发的规律和方法。

第 2 章　第 1 个 Java 程序的练习与面向 Web 的 JSP 升级

正如第 1 章所述,既然学习 Java 编程对 Web 设计而言是十分有趣的、有用的事,那么 Web 卓越工程师的成长之旅就从第 1 个 Java 程序开始吧。俗话说"万事开头难",只要学会编写、调试和测试第 1 个 Java 程序,那么更复杂的 Web 设计技术也能循序渐进地学会。

2.1　第 1 个 Java 程序的设计

输出结果是 Java 程序 Web 应用设计的最基本功能,因此第 1 个 Java 程序主要练习输出。

2.1.1　从"你好,世界!"开始练习 Java 输出

许多编程语言都是从"你好,世界!"开始练习的,第 1 章已经比较了 Java 语言和 C++ 语言实现"你好,世界!"问候的编程方法,那是所述第 1 个 Java 程序的雏形。下面用 Java 语言编写 HelloworldExample 类,在所述 HelloworldExample 类中给字符串类型属性赋予"你好,世界!"值,并通过主函数 main()显示该属性,其源代码如下:

```java
package project;
public class HelloworldExample {
    public String msg;
    public HelloworldExample() {
        msg="";
    }
    public String SetMsg(String msg) {
        msg="你好,世界! \n";
        return msg;
    }
    public static void main(String[] args) {
        HelloworldExample hw = new HelloworldExample();
        hw.msg=hw.SetMsg(hw.msg);
        System.out.println(hw.msg);
    }
}
```

第 1 个 Java 程序的运行结果如图 2.1 所示。

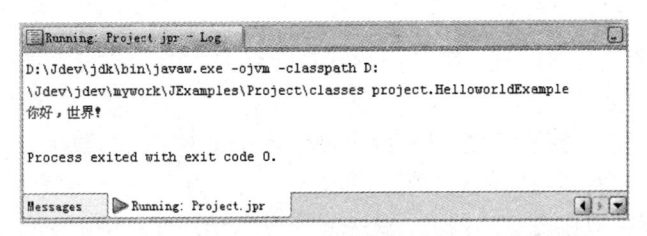

图 2.1　在 JDeveloper 开发环境中运行第 1 个 Java 程序

在图 2.1 中，上述 Java 程序经过 javaw 集成开发工具编译、连接和运行，显示了"你好，世界！"问候语，并正常退出程序。

2.1.2 第 1 个 Java 程序的语法分析

下面分析第 1 个 Java 程序的语法，包括变量声明、函数定义、成员引用、方法调用等。

（1）变量声明。

Java 程序可以使用基本的数据类型，包括整数类型 int、浮点数类型 float、双精度类型 double、布尔类型 boolean、字符类型 char 和字符串类型 String。例如，4、15、0x1008 都是整数类型的数据；8.88、3.14、2.2E-23 都是浮点数类型的数据；true、false 都是布尔类型的数据；'\n'、'c'都是字符类型的数据；"你好，世界！\n"、"欢迎来到 Java 世界。"都是字符串类型的数据。

在第 1 个 Java 程序中，声明了字符串类型的变量 msg，其语句如下：

public String msg;

public 关键字表示上述变量 msg 是 HelloworldExample 类的公共属性，其他类及其方法可以访问该属性。例如，在主函数中访问了该属性，其语句如下：

hw.msg=hw.SetMsg(hw.msg);
System.out.println(hw.msg);

访问类的属性时，用连接符'.'将类变量的名称与其属性的名称连接起来，表示访问该类的所述属性。

也可以在第 1 个 Java 程序的 HelloworldExample 类中声明其他基本数据类型的变量，下面给出声明上述其他基本数据类型的语句示例。

public int i;
public char c;
public float f = (float)2.2E-23;
public double d=2.2E-23;
public boolean b;

在上述代码中，定义了整数类型的变量 i、字符类型的变量 c、浮点数类型的变量 f、双精度类型的变量 d 和布尔类型的变量 b。

（2）表达式。

在第 1 个 Java 程序示例中，只运用了 1 个运算符，即赋值运算符=，其语句如下：

msg="";
msg="你好，世界！\n";

上述代码分别将字符串类型的变量 msg 赋值为空字符串和"你好，世界！\n"字符串。事实上，Java 语言的运算符包括算术运算符、赋值运算符、比较运算符、逻辑运算符、位操作运算符、数组运算符和对象运算符。

算术运算符用来进行加、减、乘、除等基本的算术运算，这些运算符的表示与示例如表 2.1 所示，这里 x=6，y=8。

在表 2.1 中，取模运算符%用来求出两个操作数相除得出的余数。

++运算符和--运算符是特殊的运算符，其运算优先级（即运算的顺序）与其位置有关。如果++运算符或--运算符放在变量的前面，就先对变量本身进行自增 1 或自减 1 的运算，然后将此计算结果与表达式的其他部分运算。如果++运算符或--运算符放在变量的后面,就先计算此变量与表达式其他部分的计算结果,然后对变量本身进行自增1或自减1的运算。

表 2.1 算术运算符及示例列表

运算符	名称	Java 表达式	代数式	运算结果
+	加	x+y	x+y	14
-	减	x-y	x-y	-2
*	乘	x*y	x×y	48
/	除	x/y	x÷y	0.75
%	取模	x%y	x mod y	0
++	自加1	x++	x=x+1	7
--	自减1	x--	x=x-1	5

赋值运算符可以看成算术运算符的特殊扩展,赋值运算符用来给变量赋予一个值,如表 2.2 所示,这里 x=6,y=8。

表 2.2 赋值运算符及示例列表

运算符	名称	Java 表达式	代数式	运算结果
+=	加等于	x+=y	x=x+y	14
-=	减等于	x-=y	x=x-y	-2
*=	乘等于	x*=y	x=x×y	48
/=	除等于	x/=y	x=x÷y	0.75
%=	取模等于	x%=y	x=x mod y	0

在表 2.2 中,经过上述运算后 x 的值分别为 14、-2、48、0.75 和 0。

在 Java 程序中,经常需要比较计算后的结果,其比较的结果可能是布尔类型的值,false 表示假,true 表示真。比较运算符主要包括等于、不等于、小于、小于等于、大于、大于等于,如表 2.3 所示,这里 x=6,y=8。

表 2.3 比较运算符及示例列表

运算符	名称	例子	运算结果
==	等于	x==y	false
!=	不等于	x!=y	true
<	小于	x<y	true
<=	小于等于	x<=y	true
>	大于	x>y	false
>=	大于等于	x>=y	false

布尔类型的变量还可以通过逻辑运算符组合起来,其运算结果也是布尔类型的数据。最

典型的逻辑运算符是逻辑与运算符&&、逻辑或运算符||，如表 2.4 所示，其中 x=true，y=false。逻辑与运算符表示只有当两边的操作数都为真时其运算结果才为真；逻辑或运算符表示只要两边的操作数有一个为真时其运算结果就为真。

表 2.4 逻辑运算符及示例列表

运算符	名称	例子	运算结果
&&	与	x&&y	false
		x&&x	true
		y&&y	false
||	或	x||y	true
		x||x	true
		y||y	false
!	取反	!x	false
		!y	true

在表 2.4 中，逻辑与运算符&&和逻辑或运算符||从表达式的左边开始进行计算。对于逻辑与运算符&&来说，如果左边运算结果为 false，那么 Java 程序不需要对整个表达式的其余部分进行计算，就能判定该表达式的值为 false。对于逻辑或运算符||来说，如果左边运算结果为 true，那么 Java 程序不需要对整个表达式的其余部分进行计算，就能判定该表达式的值为 true。因此，为了提高计算效率，往往要把最可能为 false 的表达式放在逻辑与运算符的最左边，把最可能为 true 的表达式放在逻辑或运算符的最左边。

位操作运算符与逻辑运算符类似，不过其运算的计数机制为二进制，这就是位操作运算符的独特之处。位操作运算符一般不用于复杂的浮点数或双精度类型数据，常用来对整数类型数据进行二进制操作，如表 2.5 所示，这里 x=1，y=0。

表 2.5 位操作运算符及示例列表

运算符	名称	例子	运算结果
&	按位与	x&y	0
		x&x	1
|	按位或	x|y	1
		y|y	0
^	按位异或	x^y	1
~	按位取反	~x	0
		~y	1

对整数类型数据的位操作是按照每一位数据进行上述二进制操作的，例如当 x=6，y=8 时，其位操作的结果如表 2.6 所示。

表 2.6 x=6，y=8 时位运算的结果

运算符	名称	例子	运算结果
&	与	x&y	0
|	或	x|y	14
^	按位异或	x^y	14
~	取反	~x	-7
		~y	-9

下面对表 2.6 所示的结果进行计算机验证，编制 Java 程序 ComputingExample.java。

```java
package project;
public class ComputingExample {
    public int x, y;
    public String msg;
    public ComputingExample() {
        x=6;
        y=8;
        msg="";
    }
    public void SetMsg(String str) {
        msg=str;
    }
    public static void main(String[] args) {
        ComputingExample ce = new ComputingExample();
        int x=ce.x, y=ce.y, z;
        ce.SetMsg("x="+x+", y="+y);
        System.out.println(ce.msg);
        z=x&y;
        ce.SetMsg("x&y="+z);
        System.out.println(ce.msg);
        z=x|y;
        ce.SetMsg("x|y="+z);
        System.out.println(ce.msg);
        z=x^y;
        ce.SetMsg("x^y="+z);
        System.out.println(ce.msg);
        z=~x;
        ce.SetMsg("~x="+z);
        System.out.println(ce.msg);
        z=~y;
        ce.SetMsg("~y="+z);
        System.out.println(ce.msg);
    }
}
```

上述 Java 程序的运行结果如图 2.2 所示，该程序显示各种位操作的结果。

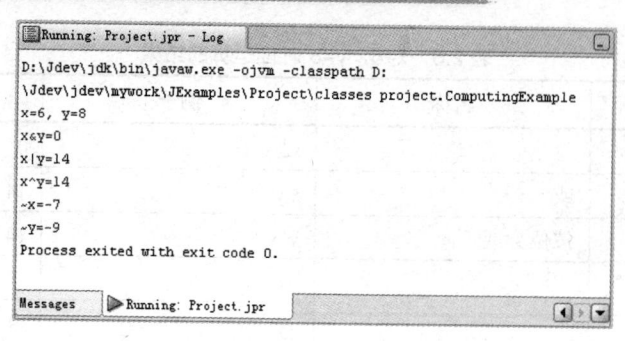

```
Running: Project.jpr - Log
D:\Jdev\jdk\bin\javaw.exe -ojvm -classpath D:
\Jdev\jdev\mywork\JExamples\Project\classes project.ComputingExample
x=6, y=8
x&y=0
x|y=14
x^y=14
~x=-7
~y=-9
Process exited with exit code 0.
```

图 2.2　位操作示例的运行结果

在图 2.2 中，按位取反运算符的结果比较特殊，因为取反运算导致符号位由 0 变成 1，所以其运算结果为负数。此外，还有移位运算符<<和>>，分别表示向左移动 1 位和向右移动 1 位，从数学上相当于原数乘以 2 和除以 2。而按位赋值运算符&=、|=和^=的含义与前述赋值运算符类似，只是这里按位进行操作，再赋值而已。

数组运算符[]将数组中的元素数据表示出来，可用来读取和改写数组中元素的数据，数组标号的取值范围为从 0 到数组长度减 1 的范围。

对象运算符 instanceof 用来检测待测对象是否为待测类的实例之一，其结果为布尔类型的数据。

最后，有必要了解 Java 程序中运算符的优先级，如表 2.7 所示。

表 2.7　Java 程序的运算符优先级

优先级	运算符
第 1 级	.　[]　()
第 2 级	++　--　!　-　~　new()
第 3 级	*　/　%
第 4 级	+　-
第 5 级	<<　>>　>>>
第 6 级	<　<=　.　>=　>　Instanceof
第 7 级	==　!=
第 8 级	&
第 9 级	^
第 10 级	|
第 11 级	&&
第 12 级	||
第 13 级	=　*=　/=　%=　+=　-=　<<=　>>=　&=　|=　^=　>>>=

（3）Java 程序的控制结构。

Java 语言的控制结构和 C/C++语言类似，主要包括分支结构、循环结构和顺序结构。第 1 个 Java 程序的控制结构只采用了顺序结构，一条一条语句依次运行，比较简单。

Java 程序的分支结构可以用 2 种关键字实现，第 1 种是 if/else 分支结构，第 2 种是 switch

分支结构。if/else 分支结构适合于任何条件选择的情况，可以对表达式的运算结果进行分支控制，也可以对函数调用的返回值进行分支控制。switch 分支结构适用于有多个确定结果的选择情况，根据不同的确定结果选择不同的控制语句。

if/else 分支结构的大致结构如下：

```
if(条件)
{
    Java 语句 1;
}
else
{
    Java 语句 2;
}

或者
if(条件 1)
{
    Java 语句 1;
}
else if(条件 2)
{
    Java 语句 2;
}
…
else if(条件 n)
{
    Java 语句 n;
}
else
{
    Java 语句 n+1;
}
```

switch 分支结构的大致结构如下：

```
switch(表达式)
{
    case 取值 1:
        Java 语句 1;
        break;
    case 取值 2:
        Java 语句 2;
        break;
    …
    case 取值 n:
        Java 语句 n;
        break;
    default:
```

```
        Java 语句 n+1;
}
```

Java 程序的循环结构可以用 3 种关键字实现，第 1 种是 for 循环结构，第 2 种是 while 循环结构，第 3 种是 do 循环结构。for 循环结构适合于有参数循环递增或递减的情况，可以对参数的取值范围进行循环控制，也可以转换其他循环控制结构。while 循环结构适用于对表达式条件进行循环控制的情况，do 循环结构是先执行一次 Java 语句，再进入 while 循环结构。

for 循环结构的大致结构如下：
```
for(初始条件; 结束条件; 参数递增/递减)
{
    Java 语句;
}
```

while 循环结构的大致结构如下：
```
while(条件)
{
    Java 语句;
}
```

do 循环结构的大致结构如下：
```
do
{
    Java 语句;
}
while(条件);
```

（4）Java 类的设计。

Java 语言是一种面向对象程序设计语言，Java 类就是其面相对象程序设计的特征。例如，字符串类型在 Java 语言中设计成了一种类，类名为 String，所以对字符串类型的变量赋值可以采用以下 3 种语句形式：
```
String msg= "你好，世界！\n";
String msg=new String();
msg= "你好，世界！\n";
String msg=new String("你好，世界！\n");
```

下面改写第 1 个 Java 程序，用来对上述规则进行验证，其 Java 程序 HelloworldStringTest 的源代码如下：
```
package project;
public class HelloworldStringTest {
    public String msg1, msg2;
    public HelloworldStringTest() {
        msg1=new String();
    }
    public void SetMsg() {
        msg1="你好，世界！\n ";
        msg2=new String("你好，世界！\n ");
    }
    public static void main(String[] args) {
        HelloworldStringTest hw = new HelloworldStringTest();
```

```
            hw.SetMsg();
            System.out.println(hw.msg1);
            System.out.println(hw.msg2);
       }
}
```

上述代码中字符串类型变量 msg1 用来测试第 2 种语句形式，msg2 用来测试第 3 种语句形式，该 Java 程序的运行结果如图 2.3 所示。

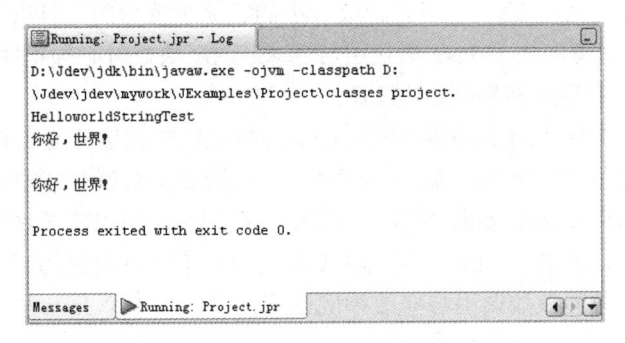

图 2.3 测试 String 类的 Java 程序

从图 2.3 可以看出，这两种语句形式的运行结果是一样的，所以验证了上述规则。事实上，Java 程序还把数组定义成一种类，所以可以用 new 关键字对数组类型变量进行赋值。

2.2 Java 编程的经验总结

通过第 1 个 Java 程序的练习和分析，可以总结以下 Java 编程的经验，Java 编程学习的窍门之一就是勤于总结编程经验。这些经验在 13 年 Java 编程经验的基础上进行了提炼和升华，以便于初学者参考和启示。

（1）Java 程序结构的经验总结。

首先，对 Java 分支结构进行经验总结。

- 在 Java 程序结构中，关系运算符用来测定两个值是否相等、其中一个是否大于另一个或者其中一个小于另一个。
- Java 语句可以是简单语句，只执行一个操作；也可以是用花括号{和}括起来的复合语句，能执行多个操作。
- if/else 语句可以实现在条件满足时执行一组 Java 语句，而在条件不满足时执行另一组 Java 语句。
- 组合使用 if/else 语句可以实现对多种条件的测试。
- 使用逻辑与运算符和逻辑或运算符可以实现多种条件的组合测试。
  - ➢ Java 逻辑与运算符&&和逻辑或运算符||可以用来测试多个条件。
  - ➢ Java 逻辑取反运算符!可以用于非真条件的测试。
- 如果在 if 或 else 语句中需要执行多个 Java 语句，就必须将这些语句放在一对花括号{和}内，书写程序时要合理使用缩格。
- switch 语句可以用来测试条件是否和某些特定值匹配，据此控制 Java 程序的分支转向。

其次，对 Java 循环控制结构总结经验。
- 使用 for 语句，可以将该语句所包含的 Java 语句重复执行指定的次数。
- 只要条件为真，while 语句能一直重复执行它所包含的 Java 语句。
- do 语句将它所包含的 Java 语句执行至少一次，然后根据指定的条件决定是否重复执行该 Java 语句。

（2）Java 函数的经验总结。

Java 函数可以把较大的 Java 程序分解成较小的、易于管理的、具有一定功能的程序块，函数可以把完成特定任务的相关 Java 语句组合起来。调用函数时必须指明函数的名称和参数，许多函数在完成任务后都返回特定类型的值。

当 Java 程序把参数传递给 Java 函数时，Java 虚拟机将参数值克隆到临时的存储区域"栈"中。Java 函数对其参数的任何修改都在栈中进行，函数结束时就会清空栈中内容，而不会保留对该参数的修改。因为 Java 函数不知道参数的内存地址，所以它无法改变该参数的值。不过，Java 函数可以修改类中 public 类型属性变量的值，需要调用类的成员，包括数组都是一种类。下面对 Java 函数的参数调用与修改举例说明，就在第 1 个 Java 程序的基础上修改，存储为文件 HelloworldFunction.java。

```java
package project;
public class HelloworldFunction {
    public String msg, msg1;
    public HelloworldFunction() {
        msg="";
        msg1="";
    }
    public void SetMsg(String message) {
        message="你好，世界！\n";
        msg1=message;
    }
    public static void main(String[] args) {
        HelloworldFunction hw = new HelloworldFunction();
        hw.SetMsg(hw.msg);
        System.out.println("msg="+hw.msg);
        System.out.println("msg1="+hw.msg1);
    }
}
```

上述代码中字符串类型变量 msg 用来测试对 Java 函数参数修改是否能保留，msg1 用来测试 Java 函数对类的成员属性变量的修改，该程序的运行结果如图 2.4 所示。

在图 2.4 中，msg 变量的值一直是空字符串，Java 函数 SetMsg()对其参数的修改并没有改变 msg 变量的值。而 msg1 变量的值由空字符串变为"你好，世界！\n"，这是因为在 Java 函数 SetMsg()中用其修改后的参数对 msg1 变量进行了赋值。

（3）Java 类的编程经验总结。
- 定义类时需要指定类的名称、数据成员以及方法，类和基本数据类型一样提供了变量声明的模板。
- 创建 Java 对象实例时必须使用 new 运算符，new 之后紧跟该类的构造函数及参数。

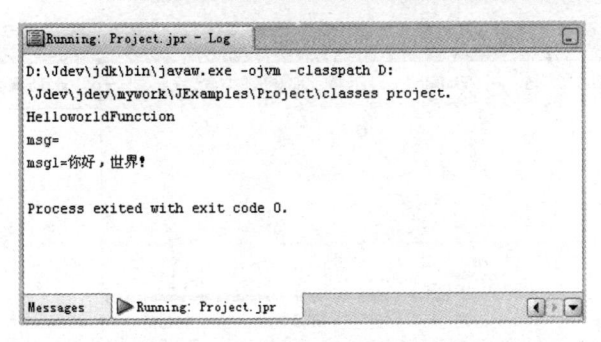

```
Running: Project.jpr - Log
D:\Jdev\jdk\bin\javaw.exe -ojvm -classpath D:
\Jdev\jdev\mywork\JExamples\Project\classes project.
HelloworldFunction
msg=
msg1=你好，世界！

Process exited with exit code 0.
```

图 2.4　测试 Java 函数的参数修改和类属性修改

- Java 程序用运算符'.'对对象的数据成员进行赋值，也可以用它激活该类的成员方法。
- 为了简化类数据成员的初始化，Java 程序使用专用的构造函数，每次创建该对象时就调用所述构造函数。例如，在第 1 个 Java 程序中函数 HelloworldExample()就是其构造函数，用来对其成员变量 msg 进行初始化，赋予空字符串。
- 构造函数是一种类方法，它能够简化类数据成员的初始化，构造函数的名称与类的名称相同。
- 构造函数没有返回值，如果构造函数的参数名和类成员变量的名称冲突，就可以在类成员名的前面使用 this 关键字加以区别。

2.3　从第 1 个 Java 程序开始升级 Web 卓越工程师技能

第 1 个 Java 程序的编写、编译、调试和运行成功是一个好的开端，俗话说"好的开始是成功的一半"，此话一点不假。在第 1 个 Java 程序的基础上可以扩展到 Web 编程的各个应用领域，以此提升 Web 卓越工程师的各种编程技能。

2.3.1　从第 1 个 Java 程序扩展到 Java 桌面应用

Java 程序的桌面应用是建立在图形用户界面基础上的，构建图形用户界面的方法主要有抽象工具包（AWT）、Swing 和 Applet 等，这里用 AWT 扩展第 1 个 Java 程序，设计梵塔问题的求解程序。Java 桌面应用是手机端或嵌入式系统端 Web 应用开发的基础之一，这种技能拓展是 Web 卓越工程师培养的一个重要方向。Java.awt 包，简称 AWT，包括组件、容器和编排工具。每个组件都能定制各自的颜色和风格，属于 AWT 的组件包括：①Button；②Canvas；③Checkbox；④CheckboxGroup；⑤Choice；⑥Label；⑦List；⑧Scrollbar；⑨TextComponent；⑩TextArea。

下面介绍什么是梵塔问题，该问题是计算机科学中的神话故事，描述的是古印度和尚利用搬铜盘练功，有 3 个塔，要把第 1 个塔上的 50 个铜盘全部搬到第 3 个塔上，他们预言当搬完这些铜盘时，世界末日就到了。这 3 个塔分别记为 A、B、C，即要将一些圆盘从 A 塔搬到 C 塔上，这里设定圆盘数目为 3～10 的整数，如图 2.5 所示。

如果图 2.5 中的 3 个圆盘都从 A 塔搬到 C 塔上，那么该梵塔问题就解决了，如图 2.6 所示。所有的 3 个圆盘都已从 A 塔移动到 C 塔上，窗口的右边显示该求解程序的计算步骤。

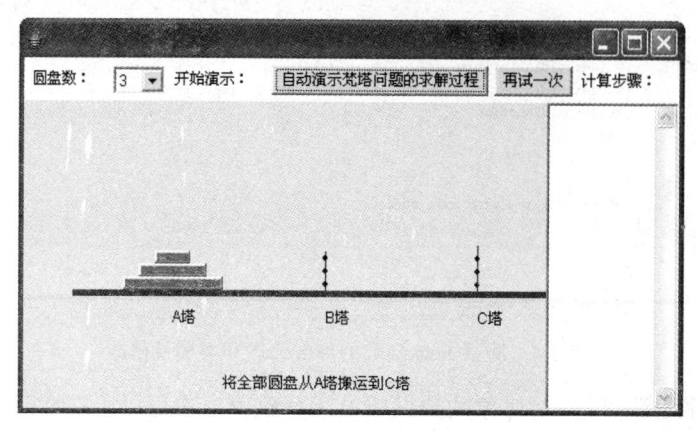

图 2.5　梵塔问题的初始状态

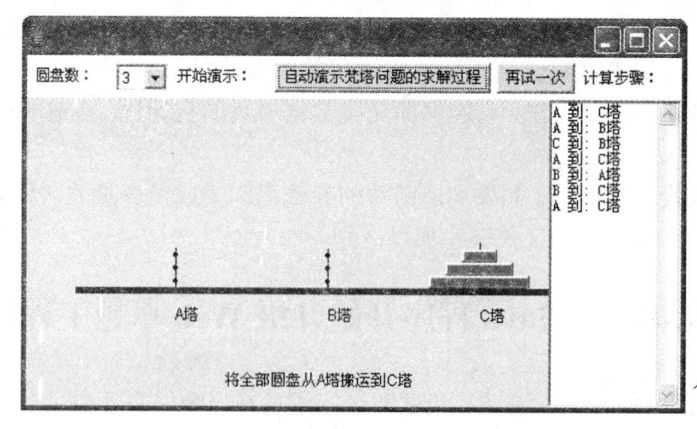

图 2.6　梵塔问题的求解结果

对于 Java 桌面应用的屏幕设计，顶级窗口对象是无菜单、无边界的窗口，窗口的版面默认为 BorderLayout。构建窗口时，该窗口至少含有一个框架、对话框或者另一个窗口。在多屏幕环境中，可以通过 Window(Window, GraphicsConfiguration)构建窗口，在不同的屏幕设备上创建窗口。GraphicsConfiguration 对象是指目标屏幕设备的 GraphicsConfiguration 对象。在虚拟的多屏幕环境中，桌面区域可以扩展多个物理屏幕设备，所有配置的边界都和虚拟设备坐标系有关。虚拟坐标系的源是左上角的主物理屏幕，负坐标与虚拟设备上的主屏幕位置有关，如图 2.7 所示。

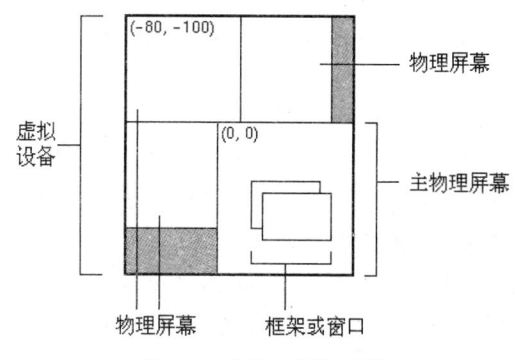

图 2.7　虚拟多屏幕环境

在上述示例的源代码包括 Tower.java 文件、TowerPoint.java 文件、HannoiTower.java 文件和 Disk.java 文件，Tower.java 的源代码如下：

```java
import java.awt.*;
import java.awt.event.*;
public class Tower extends Frame implements ActionListener,Runnable {
    HannoiTower tower=null;
    Button renew,auto=null;
    char towerName[]={'A','B','C'};
    int disknum,diskw,diskh;
    Thread thread;
    TextArea msg=null;
    Choice c=new Choice();
    public Tower() {
        thread=new Thread(this);
        diskw=80;
        diskh=10;
        msg=new TextArea(12,12);
        msg.setText(null);
        tower=new HannoiTower(disknum,diskw,diskh,towerName,msg);
        renew=new Button("再试一次");
        auto=new Button("自动演示梵塔问题的求解过程");
        c.addItem("3");
        c.addItem("4");
        c.addItem("5");
        c.addItem("6");
        c.addItem("7");
        c.addItem("8");
        c.addItem("9");
        c.addItem("10");
        c.select("3");
        disknum=Integer.valueOf(c.getSelectedItem());//选择圆盘的数目
        c.addItemListener(new ItemListener(){
            public void itemStateChanged (ItemEvent event) {
                repaint();
                disknum=Integer.valueOf(c.getSelectedItem());
            }
        });
        renew.addActionListener(this);
        auto.addActionListener(this);
        add(tower,BorderLayout.CENTER);
        Panel panel=new Panel();
        Label txt=new Label("圆盘数：");
        panel.add(txt);
        panel.add(c);
        txt=new Label("开始演示：");
        panel.add(txt);
```

```java
        panel.add(auto);
        panel.add(renew);
        txt=new Label("计算步骤: ");
        panel.add(txt);
        add(panel,BorderLayout.NORTH);
        add(msg,BorderLayout.EAST);
        addWindowListener(new WindowAdapter() {
    public void windowClosing(WindowEvent e) {
    System.exit(0);
    }
        });
        setVisible(true);
        setBounds(60,20,670,540);
        validate();
    }
    public void actionPerformed(ActionEvent e) {
        if(e.getSource()==renew) {
            if(!(thread.isAlive())) {
                this.remove(tower);
                msg.setText(null);
                disknum=Integer.valueOf(c.getSelectedItem());
                tower=new HannoiTower(disknum,diskw,diskh,towerName,msg);
                add(tower,BorderLayout.CENTER);
                validate();
            }
        }
        if(e.getSource()==auto) {
            if(!(thread.isAlive())) {
                thread=new Thread(this);
            }
            try
            {
                thread.start();
            }
            catch(Exception ee) {
                System.out.println(ee);
            }
        }
    }
    public void run() {
        this.remove(tower);
        msg.setText(null);
        tower=new HannoiTower(disknum,diskw,diskh,towerName,msg);
        add(tower,BorderLayout.CENTER);
        validate();
        tower.autodemo(disknum,towerName[0] ,towerName[1],towerName[2]);
```

```java
    }
    public static void main(String args[]) {
        new Tower();
    }
}
```

在上述源代码中，使用了多线程编程技术，实现梵塔问题求解和动画演示的同步进行。在主窗口中，分为北部、南部和东部：北部显示一些命令按钮和提示信息；南部显示梵塔问题求解的动画演示；东部显示该问题求解的步骤。TowerPoint.java 的源代码如下：

```java
public class TowerPoint {
    int x,y; //x 表示塔点的横坐标，y 表示塔点的纵坐标
    boolean diskexist;
    Disk disk=null;
    HannoiTower con=null;
    public TowerPoint(int x,int y,boolean ex) {
        this.x=x;
        this.y=y;
        diskexist=ex;
    }
    public boolean exist() {
        return diskexist;
    }
    public void setexist(boolean ex) {
        diskexist=ex;
    }
    public int getX() {
        return x;
    }
    public int getY() {
        return y;
    }
    public void putdisk(Disk disk,HannoiTower con) {
        this.con=con;
        con.setLayout(null);
        this.disk=disk;
        con.add(disk);
        int w=disk.getBounds().width;
        int h=disk.getBounds().height;
        disk.setBounds(x-w/2,y-h/2,w,h);
        diskexist=true;
        con.validate();
    }
    public Disk getdisk() {
        return disk;
    }
}
```

上述源代码定义了梵塔的坐标点，用来绘制塔柱和圆盘。HannoiTower.java 源代码如下：

```java
import javax.swing.*;
import java.awt.*;
import java.awt.event.*;
public class HannoiTower extends JPanel implements MouseListener,MouseMotionListener
{
    TowerPoint point[];
    int x,y;
    boolean move=false;
    Disk disk[];
    int startX,startY;
    int startI;
    int disknum=0;
    int width,height;
    char towerName[]={'A','B','C'};
    TextArea msg=null;
    public   HannoiTower(int number,int w,int h,char[] name,TextArea text) {
        towerName=name;
        disknum=number;
        width=w;
        height=h;
        msg=text;
        setLayout(null);
        addMouseListener(this);
        addMouseMotionListener(this);
        disk= new Disk[disknum];
        point=new TowerPoint[3*disknum];
        int space=20;
        for(int i=0;i<disknum;i++) {
            point[i]=new TowerPoint(40+width,100+space,false);
            space=space+height;
        }
        space=20;
        for(int i=disknum;i<2*disknum;i++) {
            point[i]=new TowerPoint(160+width,100+space,false);
            space=space+height;
        }
        space=20;
        for(int i=2*disknum;i<3*disknum;i++) {
            point[i]=new TowerPoint(280+width,100+space,false);
            space=space+height;
        }
        int tempWidth=width;
        int sub=(int)(tempWidth*(1.0/disknum));
//根据圆盘的数目调整圆盘大小递减的幅度
        for(int i=disknum-1;i>=0;i--) {
            disk[i]=new Disk(i,this);
```

```java
                disk[i].setSize(tempWidth,height);
                tempWidth=tempWidth-sub;
        }
        for(int i=0;i<disknum;i++) {
                point[i].putdisk(disk[i],this);
                if(i>=1)
                        disk[i].setupdisk(true);
        }
    }
    public void paintComponent(Graphics g) {
        super.paintComponent(g);
        g.drawLine(point[0].getX(),point[0].getY()-height/2,
                    point[disknum-1].getX(),point[disknum-1].getY()+height/2);
        g.drawLine(point[disknum].getX(),point[disknum].getY()-height/2,
                    point[2*disknum-1].getX(),point[2*disknum-1].getY()+height/2);
        g.drawLine(point[2*disknum].getX(),point[2*disknum].getY()-height,
                    point[3*disknum-1].getX(),point[3*disknum-1].getY()+height/2);
        g.drawLine(point[disknum-1].getX()-width,point[disknum-1].getY()+height/2,
                    point[3*disknum-1].getX()+width-1,point[3*disknum-1].getY()+height/2);
        int leftx=point[disknum-1].getX()-width;
        int lefty=point[disknum-1].getY()+height/2;
        int w=(point[3*disknum-1].getX()+width)-(point[disknum-1].getX()-width);
        int h=height/2;
        g.setColor(Color.darkGray);
        g.fillRect(leftx,lefty,w,h);
        g.setColor(Color.black);
        int size=4;
        for(int i=0;i<3*disknum;i++) {
            g.fillOval(point[i].getX()-size/2,point[i].getY()-size/2,size,size);
        }
        g.drawString(""+towerName[0]+"塔",
                    point[disknum-1].getX(),point[disknum-1].getY()+30);
        g.drawString(""+towerName[1]+"塔",
                    point[2*disknum-1].getX(),point[disknum-1].getY()+30);
        g.drawString(""+towerName[2]+"塔",
                    point[3*disknum-1].getX(),point[disknum-1].getY()+30);
        g.drawString("将全部圆盘从"+towerName[0]+"塔搬运到"+towerName[2]+"塔",
                    point[disknum-1].getX()+width/2,point[disknum-1].getY()+80);
    }
    public void mousePressed(MouseEvent e) {
        Disk    disk=null;
        Rectangle rect=null;
        if(e.getSource()==this)
            move=false;
        if(move==false)
          if(e.getSource() instanceof Disk) {
```

```java
                disk=(Disk)e.getSource();
                startX=disk.getBounds().x;
                startY=disk.getBounds().y;
                rect=disk.getBounds();
                for(int i=0;i<3*disknum;i++) {
                    int x=point[i].getX();
                    int y=point[i].getY();
                    if(rect.contains(x,y)) {
                        startI=i;
                        break;
                    }
                }
            }
        }
    public void mouseMoved(MouseEvent e) { }
    public void mouseDragged(MouseEvent e) {
        Disk disk=null;
            if(e.getSource() instanceof Disk) {
                disk=(Disk)e.getSource();
                move=true;

                e=SwingUtilities.convertMouseEvent(disk,e,this);
            }
            if(e.getSource()==this) {
                if(move&&disk!=null) {
                   x=e.getX();
                   y=e.getY();
                   if(disk.getupdisk()==false)
                      disk.setLocation(x-disk.getWidth()/2,y-disk.getHeight()/2);
                }
            }
    }
    public void mouseReleased(MouseEvent e) {
         Disk disk=null;
         move=false;
         Rectangle rect=null;
         if(e.getSource() instanceof Disk) {
             disk=(Disk)e.getSource();
             rect=disk.getBounds();
             e=SwingUtilities.convertMouseEvent(disk,e,this);
         }
         if(e.getSource()==this) {
             boolean containTowerPoint=false;
             int x=0,y=0;
             int endI=0;
             if(disk!=null) {
```

```java
            for(int i=0;i<3*disknum;i++) {
                x=point[i].getX();
                y=point[i].getY();
                if(rect.contains(x,y)) {
                    containTowerPoint=true;
                    endI=i;
                    break;
                }
            }
        }
        if(disk!=null&&containTowerPoint) {
            if(point[endI].exist()==true) {
                disk.setLocation(startX,startY);
            }
            else {
                if(endI==disknum-1||endI==2*disknum-1||endI==3*disknum-1) {
                    point[endI].putdisk(disk,this);
                    if(startI!=disknum-1&&startI!=2*disknum-1&&startI!=3*disknum-1) {
                        (point[startI+1].getdisk()).setupdisk(false);
                        point[startI].setexist(false);
                    }
                    else {
                        point[startI].setexist(false);
                    }
                }
                else {
                    if(point[endI+1].exist()==true) {
                        Disk tempDisk=point[endI+1].getdisk();
                        if((tempDisk.getNumber()-disk.getNumber())>=1) {
                            point[endI].putdisk(disk,this);
                            if(startI!=disknum-1&&startI!=2*disknum-1&&startI!=3*disknum-1)
                            {
                                (point[startI+1].getdisk()).setupdisk(false);
                                point[startI].setexist(false);
                                tempDisk.setupdisk(true);
                            }
                            else {
                                point[startI].setexist(false);
                                tempDisk.setupdisk(true);
                            }
                        }
                        else {
                            disk.setLocation(startX,startY);
                        }
                    }
                    else {
```

```
                        disk.setLocation(startX,startY);
                    }
                }
            }
        }
        if(disk!=null&&!containTowerPoint) {
            disk.setLocation(startX,startY);
        }
    }
}
public void mouseEntered(MouseEvent e) { }
public void mouseExited(MouseEvent e) { }
public void mouseClicked(MouseEvent e) { }
public void autodemo(int disknum,char one,char two,char three) {
    if(disknum==1) {
        msg.append(""+one+" 到: "+three+"塔\n");
        Disk disk=gettop(one);
        int startI=gettoplocation(one);
        int endI=gettopup(three);
        if(disk!=null) {
            point[endI].putdisk(disk,this);
            point[startI].setexist(false);
            try
            {
                Thread.sleep(1000);
            }
            catch(Exception ee)
            {
                System.out.println(ee);
            }
        }
    }
    else {
        autodemo(disknum-1,one,three,two);
        msg.append(""+one+" 到: "+three+"塔\n");
        Disk disk=gettop(one);
        int startI=gettoplocation(one);
        int endI=gettopup(three);
        if(disk!=null) {
            point[endI].putdisk(disk,this);
            point[startI].setexist(false);
            try
            {
                Thread.sleep(1000);
            }
            catch(Exception ee)
```

```java
            {
                System.out.println(ee);
            }
        }
            autodemo(disknum-1,two,one,three);
        }
    }
    public Disk gettop(char diskname) {
        Disk disk=null;
        if(diskname==towerName[0]) {
            for(int i=0;i<disknum;i++) {
                if(point[i].exist()==true) {
                    disk=point[i].getdisk();
                    break;
                }
            }
        }
        if(diskname==towerName[1]) {
            for(int i=disknum;i<2*disknum;i++) {
                if(point[i].exist()==true) {
                    disk=point[i].getdisk();
                    break;
                }
            }
        }
        if(diskname==towerName[2]) {
            for(int i=2*disknum;i<3*disknum;i++) {
                if(point[i].exist()==true) {
                    disk=point[i].getdisk();
                    break;
                }
            }
        }
        return disk;
    }
    public int gettopup(char diskname) {
        int position=0;
        if(diskname==towerName[0]) {
            int i=0;
            for(i=0;i<disknum;i++) {
                if(point[i].exist()==true) {
                    position=Math.max(i-1,0);
                    break;
                }
            }
            if(i==disknum) {
```

```java
                    position=disknum-1;
                }
            }
            if(diskname==towerName[1]) {
                int i=0;
                for(i=disknum;i<2*disknum;i++) {
                    if(point[i].exist()==true) {
                        position=Math.max(i-1,0);
                        break;
                    }
                }
                if(i==2*disknum) {
                    position=2*disknum-1;
                }
            }
            if(diskname==towerName[2]) {
                int i=0;
                for(i=2*disknum;i<3*disknum;i++) {
                    if(point[i].exist()==true) {
                        position=Math.max(i-1,0);
                        break;
                    }
                }
                if(i==3*disknum) {
                    position=3*disknum-1;
                }
            }
            return position;
        }
        public int gettoplocation(char diskname) {
            int position=0;
            if(diskname==towerName[0]) {
                int i=0;
                for(i=0;i<disknum;i++) {
                    if(point[i].exist()==true) {
                        position=i;
                        break;
                    }
                }
                if(i==disknum) {
                    position=disknum-1;
                }
            }
            if(diskname==towerName[1]) {
                int i=0;
                for(i=disknum;i<2*disknum;i++) {
```

```java
            if(point[i].exist()==true) {
                position=i;
                break;
            }
        }
        if(i==2*disknum) {
            position=2*disknum-1;
        }
    }
    if(diskname==towerName[2]) {
        int i=0;
        for(i=2*disknum;i<3*disknum;i++) {
            if(point[i].exist()==true) {
                position=i;
                break;
            }
        }
        if(i==3*disknum) {
            position=3*disknum-1;
        }
    }
    return position;
}
```

上述源代码用递归逻辑实现梵塔问题的求解，将多圆盘的梵塔问题逐步降维，直至降为单圆盘的梵塔问题，即将 1 个圆盘从 1 个塔柱移到另一个塔柱的问题。该程序的图形界面设计用到了 Swing 技术，能动态显示梵塔问题的动画演示过程，如图 2.8 所示。

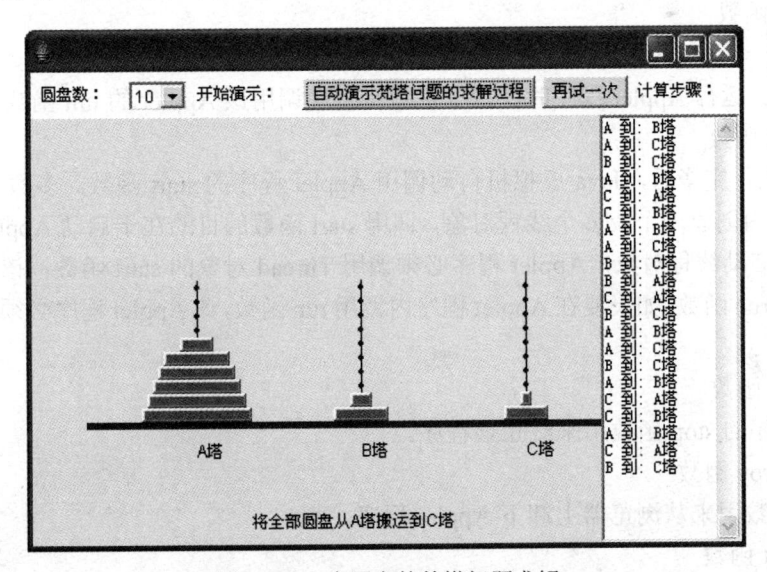

图 2.8　10 个圆盘的梵塔问题求解

最后是圆盘类的定义，其源程序 Disk.java 如下：

```java
import java.awt.*;
public class Disk extends Button {
    int number; //表示圆盘的编号
    boolean updisk=false;   //表示上方是否有圆盘
    public Disk(int number,HannoiTower con) {
      this.number=number;
      setBackground(Color.gray);
      addMouseMotionListener(con);
      addMouseListener(con);
    }
    public boolean getupdisk() {
      return updisk;
    }
    public void setupdisk(boolean b) {
      updisk=b;
    }
    public int getNumber() {
     return number;
    }
}
```

2.3.2　从第 1 个 Java 程序扩展到 Java Applet 网络应用

Java 小程序（Applet）是一种灵活的 Web 网络编程技术，适合于在网络上动态显示互动信息，下面从第 1 个 Java 程序扩展为在网页上显示当前的日期和时间，以提醒网络用户注意时间。

Java Applet 程序使用了以下几种专用函数：

（1）init 函数

较为复杂一些的 Java Applet 程序一般都需要初始化图像文件、声音文件、字体文件或者其他一些对象。运行 Applet 程序时，Java 虚拟机自动调用该 Applet 的 init 函数。

（2）start 函数

init 函数执行完毕后，Java 虚拟机自动调用 Applet 程序的 start 函数。多数 Applet 程序都要在 start 函数内创建一个或多个线程对象，调用 start 函数的目的在于启动 Applet 程序的实质性操作。为了启动线程对象，Applet 程序必须调用 Thread 对象的 start 函数；该函数又将调用 Thread 对象的 run 函数。如果要在 Applet 程序内调用 run 函数，该 Applet 程序必须实现 Runnable 接口。

（3）stop 函数

Applet 程序的 stop 函数用来终止该程序。

（4）destroy 函数

destroy 函数用来从浏览器上卸下 Applet 程序。

（5）paint 函数

paint 函数用来在浏览器上绘制 Applet 程序的窗口界面，更新时由 repaint 函数调用 paint 函数。

下面给出示例 Applet 程序 ShowTime.java，该程序使用线程不停地在 Applet 窗口上显示当前日期和时间。

```java
package project;
import java.awt.*;
import java.applet.*;
import java.util.*;
public class ShowTime extends Applet implements Runnable {
   //定义一个 run 函数
   Thread TimeThread=null;
   Font font=new Font("TimesRoman",Font.BOLD,18);
   FontMetrics fontMetrics;
   String DateTime;
   Date CurrentDateTime;
   int x,y;
   public void init() {
      y=getSize().height/2;
   }
   public void start() {
     if(TimeThread==null) {
        TimeThread=new Thread(this);
        TimeThread.start();
     }
   }
   public void run() {
      while(true) {
        CurrentDateTime=new Date();
        repaint();
        try
        {
           TimeThread.sleep(500);    //线程挂起(睡眠)
        }
        catch(InterruptedException e)
        {
           System.out.println(e);
        }
      }
   }
   public void paint(Graphics g) {
      g.setFont(font);
      fontMetrics=g.getFontMetrics();
      DateTime=CurrentDateTime.toString();
      x=(getSize().width-fontMetrics.stringWidth(DateTime))/2;
      g.drawString(DateTime,x,y);
   }
}
```

在上述 Java Applet 代码中，创建了线程对象 TimeThread，该 Java Applet 程序在浏览器上通过网页运行，其网页的源代码保存为 ShowTime.html 文件。

```
<HTML>
<HEAD>
<TITLE>Title</TITLE>
</HEAD>
<BODY>
<APPLET CODE="project.ShowTime" HEIGHT="300" WIDTH="400"
        ALIGN="bottom">This browser does not support Applets. </APPLET>
</BODY>
</HTML>
```

该 Java Applet 程序在浏览器 IE 上的运行结果如图 2.9 所示，在小程序查看器中的运行结果如图 2.10 所示。

图 2.9　显示当前日期和时间的 Java Applet 程序在浏览器 IE 上的运行结果

图 2.10　上述 Java Applet 在小程序查看器中的运行结果

2.3.3　从第 1 个 Java 程序扩展到 JSP 网站应用

从 Java Applet 程序到 JSP 网页程序的转变是主体地位的转换：对 Java Applet 程序来说 HTML 等网页仍然是主体，Applet 程序只是点缀；对 JSP 网页程序来说，JSP 网页完全改变了 HTML 等经典网页，是经典网页程序的替代品，处于主体地位。下面以 2.3.2 小节所述的 Java Applet 程序为基础，设计一个根据当前时间提示不同问候语的 JSP 程序。

- 当时间处于凌晨 0 点到早上 6 点之间时，JSP 程序提示"凌晨好，请保证睡眠！"的问候语。

- 当时间处于早上 6 点到早上 9 点之间时，JSP 程序提示"早上好"的问候语。
- 当时间处于早上 9 点到中午 12 点之间时，JSP 程序提示"上午好"的问候语。
- 当时间处于中午 12 点到下午 2 点之间时，JSP 程序提示"中午好，吃午饭了吗？"的问候语。
- 当时间处于下午 2 点到下午 6 点之间时，JSP 程序提示"下午好"的问候语。
- 当时间处于下午 6 点到晚上 8 点之间时，JSP 程序提示"傍晚好，吃晚饭了吗?"的问候语。
- 当时间处于晚上 8 点到晚上 12 点之间时，JSP 程序提示"晚上好"的问候语。

```jsp
<!DOCTYPE HTML PUBLIC "-//W3C//DTD HTML 4.01 Transitional//EN"
"http://www.w3.org/TR/html4/loose.dtd">
<%@ page contentType="text/html;charset=GBK" import="java.util.*"%>
<html>
  <head>
    <meta http-equiv="Content-Type" content="text/html; charset=GBK"/>
    <title>问候语</title>
    <style type="text/css">
      body
      {
        background-color: #00f7f7;
      }
      a:link
      {
        color: #e73900;
      }
    </style>
  </head>
  <body>
  <%
    Date CurrentDateTime=new Date();
    int Hours=CurrentDateTime.getHours();
    String msg="";
    if(Hours>=0 && Hours<6)
       msg="凌晨好，请及时睡眠！";
    else if(Hours>=6 && Hours<9)
       msg="早上好";
    else if(Hours>=9 && Hours<12)
       msg="上午好";
    else if(Hours>=12 && Hours<14)
       msg="中午好，吃午饭了吗？";
    else if(Hours>=14 && Hours<18)
       msg="下午好";
    else if(Hours>=18 && Hours<20)
       msg="傍晚好，吃晚饭了吗？";
    else
```

```
        msg="晚上好";
    %>
    <%=msg %>
    </body>
</html>
```

该 JSP 程序 greeting.jsp 的运行结果如图 2.11 所示，这样 JSP 网页就显得更有人性，可以加入到个人网站的网页中。

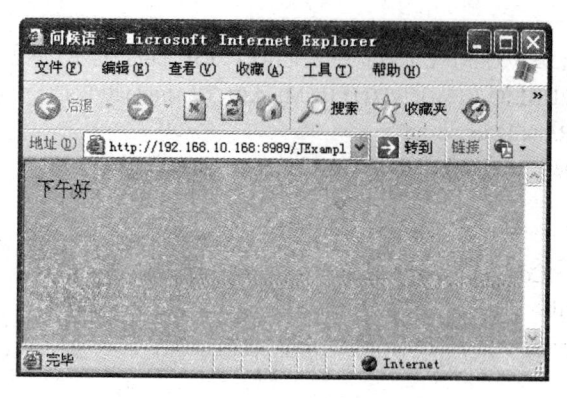

图 2.11 分时问候的 JSP 程序

在个人网站上除了可以添加个性化的根据不同时段问候的 JSP 程序外，还可以使用动态的在线购书的购书车程序。购书车是一种购物车，在电子商务领域购物车是常用的组件，该组件用来存储购物的相关数据，每一个项目包含编号、名称、单价、数量等属性。

首先，设计购书车的 JavaBean 程序，称为 BookCart.java 文件。

```
//========================== BookCart.java ==========================
package project;
import java.util.*;
import java.io.Serializable;
public class BookCart implements Serializable {
    protected Hashtable itemdata=new Hashtable();
    public BookCart() { }
    public void setItemData(Hashtable id) {
        itemdata=id;
    }
    public Hashtable getItemData() {
        return itemdata;
    }
    public void addItem(String id, String name, String press, double price, int num) {
        String[] item={id,name,press,Double.toString(price),Integer.toString(num)};
        if(itemdata.containsKey(id)) {
            String[] citem=(String [])itemdata.get(id);
            int cnum=Integer.parseInt(citem[4]);
            num=num+cnum;
            citem[3]=Integer.toString(num);
        }
```

```java
        else
            itemdata.put(id,item);
    }
    public void removeItem(String id) {
        if(itemdata.containsKey(id))
            itemdata.remove(id);
    }
    public Enumeration getEnumeration() {
        return itemdata.elements();
    }
    public double getCost() {
        Enumeration eNum=itemdata.elements();
        String[] citem;
        double totalcost=0.00;
        while(eNum.hasMoreElements()) {
            citem=(String[])eNum.nextElement();
            totalcost+=(Integer.parseInt(citem[4])*Double.parseDouble(citem[3]));
        }
        return totalcost;
    }
    public int getNumOfItems() {
        Enumeration eNum=itemdata.elements();
        String[] citem;
        int num=0;
        while(eNum.hasMoreElements()) {
            citem=(String[])eNum.nextElement();
            num+=Integer.parseInt(citem[4]);
        }
        return num;
    }
}
```

上述 JavaBean 程序是用来实现在线购书逻辑的 Java 程序，下面用 AddBook.jsp 网页程序调用该 JavaBean 程序。

```jsp
<!DOCTYPE HTML PUBLIC "-//W3C//DTD HTML 4.01 Transitional//EN"
"http://www.w3.org/TR/html4/loose.dtd">
<%-- ********************** AddBook.jsp ******************* --%>
<%@ page contentType="text/html;charset=GBK" import="java.util.*"%>
<jsp:useBean id="bookcart" scope="session" class="project.BookCart" />
<html>
  <head>
    <meta http-equiv="Content-Type" content="text/html; charset=GBK"/>
    <title>在线购书</title>
    <style type="text/css">
      body    {
background-color: #00f7f7;   }
        a:link   {
          color: #e73900;   }
    </style>
  </head>
  <body>
```

```jsp
<%
    Date CurrentDateTime=new Date();
    int Hours=CurrentDateTime.getHours();
    String msg="";
    if(Hours>=0 && Hours<6)
       msg="凌晨好,请保证睡眠！";
    else if(Hours>=6 && Hours<9)
       msg="早上好";
    else if(Hours>=9 && Hours<12)
       msg="上午好";
    else if(Hours>=12 && Hours<14)
       msg="中午好";
    else if(Hours>=14 && Hours<18)
       msg="下午好";
    else if(Hours>=18 && Hours<20)
       msg="傍晚好";
    else
       msg="晚上好";
%>
<%=msg %>
<%
    request.setCharacterEncoding("GBK");
    String id=request.getParameter("id");
    if(id!=null)
     {
       String name=request.getParameter("name");
       String press=request.getParameter("press");
       Double price=new Double(request.getParameter("price"));
       bookcart.addItem(id,name,press,price.doubleValue(),1);
     }
%>
<a href="AddBook.jsp">购书数量：</a>
<%=bookcart.getNumOfItems() %><p>
<table border=1>
<caption><h3>书籍目录</h3></caption>
<tr><th>书号</th><th>书名</th><th>出版社</th><th>单价</th><th>购买</th></tr>
<tr><form action="AddBook.jsp" method="post">
   <td>0000701</td><td>Oracle 9i JDeveloper 开发指南</td>
   <td>中国水利水电出版社</td><td>58.0</td>
   <td><input type=submit name=submit value=购买></td>
   <input type=hidden name=id value=0000701>
   <input type=hidden name=name value="Oracle9i JDeveloper 开发指南">
   <input type=hidden name=press value="中国水利水电出版社">
   <input type=hidden name=price value=58.0>
</form></tr><tr><form action="AddBook.jsp" method="post">
   <td>0000702</td><td>Oracle 10g 数据库管理</td>
   <td>中国水利水电出版社</td><td>65.0</td>
   <td><input type=submit name=submit value=购买></td>
   <input type=hidden name=id value=0000702>
   <input type=hidden name=name value="Oracle 10g 数据库管理">
```

```
            <input type=hidden name=press value="中国水利水电出版社">
            <input type=hidden name=price value=65.0>
            </form></tr><tr><form action="AddBook.jsp" method="post">
            <td>0000702</td><td>Oracle 10g 应用服务器管理与网络计算</td>
            <td>中国水利水电出版社</td><td>65.0</td>
            <td><input type=submit name=submit value=购买></td>
            <input type=hidden name=id value=0000703>
            <input type=hidden name=name value="Oracle 10g 应用服务器管理与网络计算">
            <input type=hidden name=press value="中国水利水电出版社">
            <input type=hidden name=price value=65.0>
            </form></tr><tr><form action="AddBook.jsp" method="post">
            <td>0000704</td><td>Oracle 10g 数据库 Java 开发</td>
            <td>中国水利水电出版社</td><td>48.0</td>
            <td><input type=submit name=submit value=购买></td>
            <input type=hidden name=id value=0000704>
            <input type=hidden name=name value="Oracle 10g 数据库 Java 开发">
            <input type=hidden name=press value="中国水利水电出版社">
            <input type=hidden name=price value=48.0>
            </form></tr><tr><form action="AddBook.jsp" method="post">
            <td>0000705</td><td>高级专家系统：原理、设计及应用</td>
            <td>科学出版社</td><td>34.0</td>
            <td><input type=submit name=submit value=购买></td>
            <input type=hidden name=id value=0000705>
            <input type=hidden name=name value="高级专家系统：原理、设计及应用">
            <input type=hidden name=press value="科学出版社">
            <input type=hidden name=price value=34.0>
            </form></tr></table>
            <p><a href="ShowBook.jsp">显示已选购的书籍列表</a></body></html>
```

在线购书程序运行的结果显示购书数量、每本书的信息及其购买操作按钮，如图 2.12 所示。

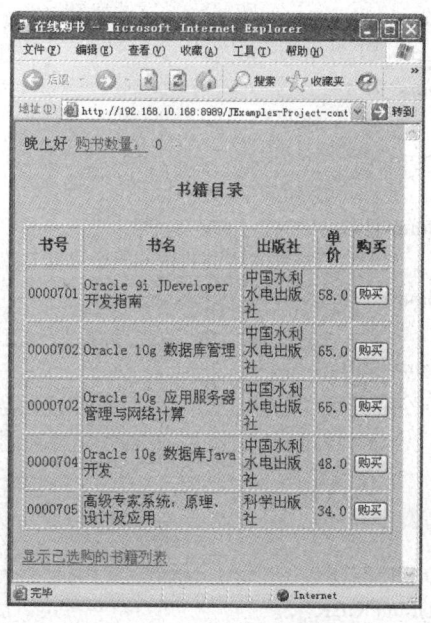

图 2.12 在线购书的 JSP 网页

在线购书后，购书车内存储的书籍信息将会改变，可以通过 ShowBook.jsp 程序显示出来，运行结果如图 2.13 所示。

```jsp
<!DOCTYPE HTML PUBLIC "-//W3C//DTD HTML 4.01 Transitional//EN"
 "http://www.w3.org/TR/html4/loose.dtd">
<%-- *********************** ShowBook.jsp ******************* --%>
<%@ page contentType="text/html;charset=GBK" import="java.util.*"%>
<jsp:useBean id="bookcart" scope="session" class="project.BookCart" />
<html>
  <head>
    <meta http-equiv="Content-Type" content="text/html; charset=GBK"/>
    <title>显示购书车的内容</title>
    <style type="text/css">
      body
      {
        background-color: #00f7f7;
      }
      a:link
      {
        color: #e73900;
      }
    </style>
  </head>
  <body>
  <%
    Date CurrentDateTime=new Date();
    int Hours=CurrentDateTime.getHours();
    String msg="";
    if(Hours>=0 && Hours<6)
      msg="凌晨好，请保证睡眠！";
    else if(Hours>=6 && Hours<9)
      msg="早上好";
    else if(Hours>=9 && Hours<12)
      msg="上午好";
    else if(Hours>=12 && Hours<14)
      msg="中午好";
    else if(Hours>=14 && Hours<18)
      msg="下午好";
    else if(Hours>=18 && Hours<20)
      msg="傍晚好";
    else
      msg="晚上好";
  %>
  <%=msg %>
  <%
    request.setCharacterEncoding("GBK");
    String id=request.getParameter("id");
```

```jsp
    if(id!=null)
    {
      String name=request.getParameter("name");
      String press=request.getParameter("press");
      Double price=new Double(request.getParameter("price"));
      bookcart.addItem(id,name,press,price.doubleValue(),1);
    }
%>
<a href="AddBook.jsp">购书数量：</a>
<%=bookcart.getNumOfItems() %><p>
<table border=1><caption><h3>显示已选购的书籍列表</h3></caption>
<tr><th>书号</th><th>书名</th><th>出版社</th><th>单价</th><th>数量</th></tr>
<%
    Enumeration eNum=bookcart.getEnumeration();
    String[] citem;
    while(eNum.hasMoreElements())
    {
      citem=(String[])eNum.nextElement();
%>
<tr><td><%=citem[0] %></td><td><%=citem[1] %></td><td><%=citem[2] %></td>
    <td><%=citem[3] %></td><td><%=citem[4] %></td></tr>
<%
    }
%>
</table> <p><a href="AddBook.jsp">回到购书页面</a></body></html>
```

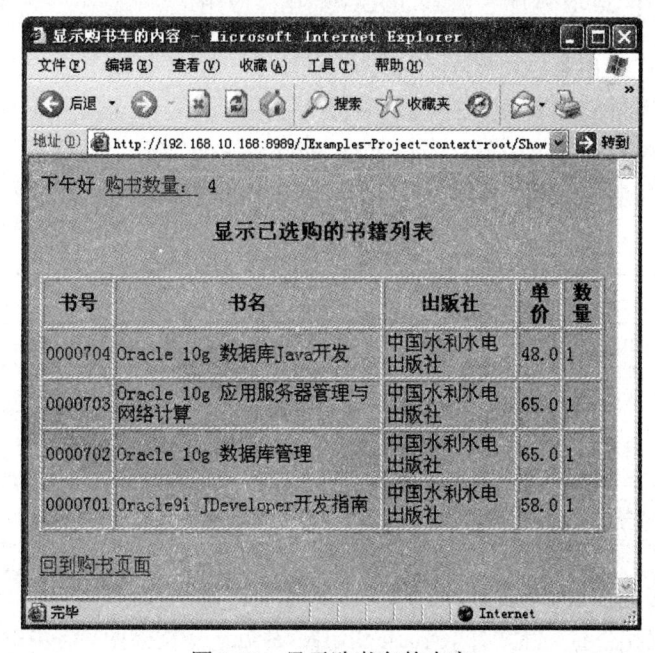

图 2.13 显示购书车的内容

在上述例子中，涉及一个中文参数传递的问题，即 Java 虚拟机处理参数传递时，默认地使用标准字符编码方式,这种方式可能不能正常显示中文字符,会出现乱码,如图 2.14 所示。

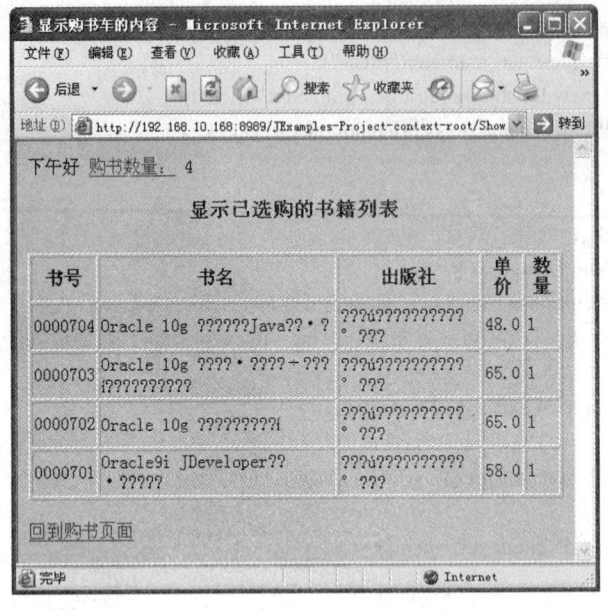

图 2.14 未设定中文字符编码的结果

为了解决此问题,需要在调用参数之前,加入以下语句来设置参数传递也使用 GBK 中文字符编码。这样,就能将乱码重新恢复为正常的中文显示。

```
request.setCharacterEncoding("GBK");
```

2.3.4 从第 1 个 Java 程序扩展到 JDBC 数据库应用

上述购书车的程序也可以将数据存储在数据库中,这样数据更加安全、可靠,不过需要通过 JDBC 技术连接 Web 数据库。这里,不妨使用最简单的 Access 数据库,以便于程序员在无需太多数据库知识的条件下更好地学习面向 Web 应用的 JDBC 技术。

首先,将上述购书车的数据设计成数据库 book,如表 2.8 和图 2.15 所示。

表 2.8 书目表

id	name	press	price	num
0000701	Oracle 9i JDeveloper 开发指南	中国水利水电出版社	58.0	1
0000702	Oracle 10g 数据库管理	中国水利水电出版社	65.0	1
0000703	Oracle 10g 应用服务器管理与网络计算	中国水利水电出版社	65.0	1
0000704	Oracle 10g 数据库 Java 开发	中国水利水电出版社	48.0	1
0000705	高级专家系统:原理、设计及应用	科学出版社	34.0	0

在表 2.8 中,显示了 id、name、press、price 和 num 五个字段的信息,分别表示书的编号、书名、出版社、价位和数量。例如,《Oracle 9i JDeveloper 开发指南》这本书的编号为 0000701,其出版社为中国水利水电出版社,全价为 58 元/本,数量是 1 本。

然后,建立该数据库的 ODBC 数据源,其数据源名为 book,如图 2.16 所示。

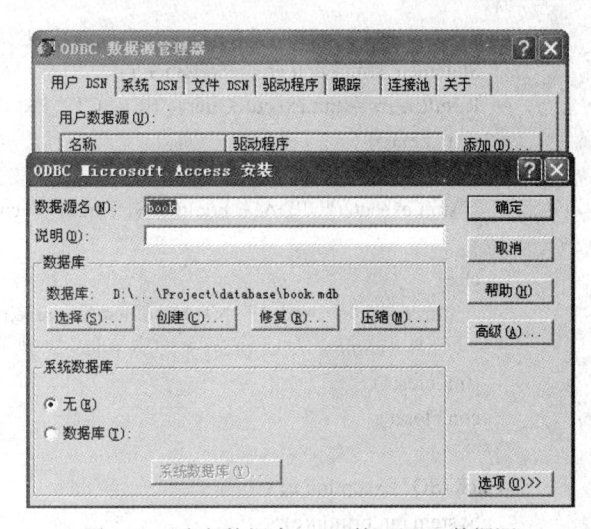

图 2.15 设计数据库 book 的表 booklist

图 2.16 建立数据库 book 的 ODBC 数据源

在 2.3.3 小节中，购书车将购书信息存储到哈希表中，下面通过 JDBC 将购书数据存储到数据库 book 中，如图 2.17 所示，这样修改后的购书车程序为 JBookCart.java。

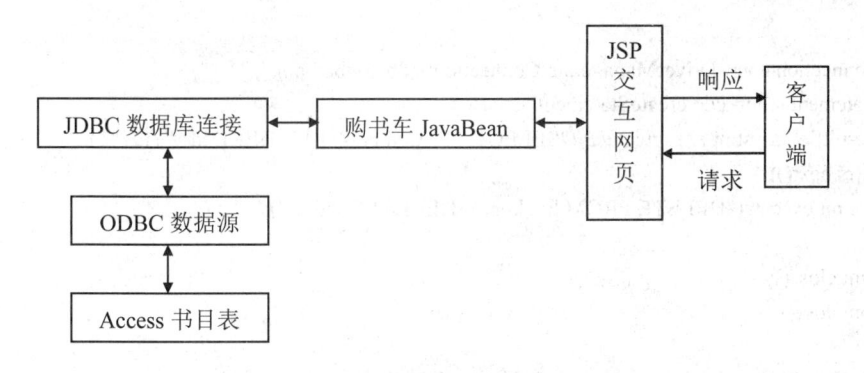

图 2.17 通过 JDBC 和 ODBC 实现客户端与购书车的信息交互

```
//========================= JBookCart.java =========================
import java.sql.*;
public class JBookCart {
   public JBookCart() {
     try
     {
        Class.forName("sun.jdbc.odbc.JdbcOdbcDriver");
     }
   catch (Exception e) {
        System.out.println(e);
     }
   }
   public void addItem(String id, String name, String press, double price, int num) {
     try
```

```java
        {
            Connection con= DriverManager.getConnection("jdbc:odbc:book", "", "");
            Statement stmt= con.createStatement();
            ResultSet rs =stmt.executeQuery("SELECT * FROM booklist WHERE id='"+id+"'");
            if (rs.next()) {
                int cnum=rs.getInt("num")+num;
                stmt.execute("UPDATE booklist SET num='"+cnum+"' WHERE id='"+id+"'");
            }
            else
                stmt.execute("INSERT INTO booklist (id,name,press,price,num) values('" + id + "',
                    '" + name + "','" + press + "','" + price + "','" + num + "')");
            stmt.close();
            con.close();
        }
        catch (SQLException e) {
            System.out.println(e);
        }
    }
    public void removeItem(String id) {
        try
        {
            Connection con= DriverManager.getConnection("jdbc:odbc:book", "", "");
            Statement stmt= con.createStatement();
            ResultSet rs =stmt.executeQuery("SELECT * FROM booklist WHERE id='"+id+"'");
            if (rs.next()) {
                stmt.execute("DELETE FROM booklist WHERE id='"+id+"'");
            }
            stmt.close();
            con.close();
        }
        catch (SQLException e) {
            System.out.println(e);
        }
    }
    public double getCost() {
        double totalcost=0.00;
        try
        {
            Connection con = DriverManager.getConnection("jdbc:odbc:book", "", "");
            Statement stmt = con.createStatement();
            ResultSet rs=stmt.executeQuery("SELECT * FROM booklist");
            while (rs.next())
                totalcost+=rs.getInt("num")*rs.getDouble("price");
        }
        catch (Exception e) {
            System.out.println(e);
```

```
            }
        return totalcost;
    }
    public int getNumOfItems() {
        int num=0;
        try
        {
            Connection con = DriverManager.getConnection("jdbc:odbc:book", "", "");
            Statement stmt = con.createStatement();
            ResultSet rs=stmt.executeQuery("SELECT * FROM booklist");
            while (rs.next())
                num+=rs.getInt("num");
        }
        catch (Exception e) {
            System.out.println(e);
        }
        return num;
    }
}
```

在 JDBC 数据库访问基础上，修改后的购书网页程序为 JAddBook.jsp。

```
<%-- ********************* JAddBook.jsp ****************** --%>
<%@ page contentType="text/html;charset=GBK" import="java.sql.*"%>
<jsp:useBean id="bookcart" scope="session" class="JBookCart" />
<html><head><meta http-equiv="Content-Type" content="text/html; charset=GBK"/>
    <title>在线购书</title>
    <style type="text/css">
      body
      {
        background-color: #00f7f7;
      }
      a:link
      {
        color: #e73900;
      }
    </style></head><body>
<%
    java.util.Date CurrentDateTime=new java.util.Date();
    int Hours=CurrentDateTime.getHours();
    String msg="";
    if(Hours>=0 && Hours<6)
        msg="凌晨好，请保证睡眠！";
    else if(Hours>=6 && Hours<9)
        msg="早上好";
    else if(Hours>=9 && Hours<12)
        msg="上午好";
    else if(Hours>=12 && Hours<14)
```

```
        msg="中午好";
    else if(Hours>=14 && Hours<18)
        msg="下午好";
    else if(Hours>=18 && Hours<20)
        msg="傍晚好";
    else
        msg="晚上好";
%>
<%=msg %>
<%
    request.setCharacterEncoding("GBK");
    String id=request.getParameter("id");
    if(id!=null) {
        String name=request.getParameter("name");
        String press=request.getParameter("press");
        Double price=new Double(request.getParameter("price"));
        bookcart.addItem(id,name,press,price.doubleValue(),1);
    }
%>
<a href="JAddBook.jsp">购书数量：</a><%=bookcart.getNumOfItems() %><p>
<table border=1><caption><h3>书籍目录</h3></caption>
<tr><th>书号</th><th>书名</th><th>出版社</th><th>单价</th><th>购买</th></tr>
<tr><form action="JAddBook.jsp" method="post">
    <td>0000701</td><td>Oracle 9i JDeveloper 开发指南</td>
<td>中国水利水电出版社</td><td>58.0</td>
    <td><input type=submit name=submit value=购买></td>
    <input type=hidden name=id value=0000701>
    <input type=hidden name=name value="Oracle9i JDeveloper 开发指南">
    <input type=hidden name=press value="中国水利水电出版社">
    <input type=hidden name=price value=58.0>
    </form></tr><tr><form action="JAddBook.jsp" method="post">
    <td>0000702</td><td>Oracle 10g 数据库管理</td><td>中国水利水电出版社</td>
    <td>65.0</td><td><input type=submit name=submit value=购买></td>
    <input type=hidden name=id value=0000702>
    <input type=hidden name=name value="Oracle 10g 数据库管理">
    <input type=hidden name=press value="中国水利水电出版社">
    <input type=hidden name=price value=65.0>
    </form></tr><tr><form action="JAddBook.jsp" method="post">
    <td>0000702</td><td>Oracle 10g 应用服务器管理与网络计算</td>
    <td>中国水利水电出版社</td><td>65.0</td>
    <td><input type=submit name=submit value=购买></td>
    <input type=hidden name=id value=0000703>
    <input type=hidden name=name value="Oracle 10g 应用服务器管理与网络计算">
    <input type=hidden name=press value="中国水利水电出版社">
    <input type=hidden name=price value=65.0>
    </form></tr><tr><form action="JAddBook.jsp" method="post">
```

```
        <td>0000704</td><td>Oracle 10g 数据库 Java 开发</td>
        <td>中国水利水电出版社</td><td>48.0</td>
        <td><input type=submit name=submit value=购买></td>
        <input type=hidden name=id value=0000704>
        <input type=hidden name=name value="Oracle 10g 数据库 Java 开发">
        <input type=hidden name=press value="中国水利水电出版社">
        <input type=hidden name=price value=48.0>
        </form></tr><tr><form action="JAddBook.jsp" method="post">
        <td>0000705</td><td>高级专家系统：原理、设计及应用</td>
        <td>科学出版社</td><td>34.0</td>
        <td><input type=submit name=submit value=购买></td>
        <input type=hidden name=id value=0000705>
        <input type=hidden name=name value="高级专家系统：原理、设计及应用">
        <input type=hidden name=press value="科学出版社">
        <input type=hidden name=price value=34.0>
        </form></tr></table><p><a href="JShowBook.jsp">显示已选购的书籍列表</a>
    </body></html>
```

这样，通过数据库访问实现了在线购书程序，其运行结果如图 2.18 所示。当用户单击【购买】按钮时，相应书籍的购买数量就增加 1，就将这种购书结果更新到数据库中。同时，购书数量的数据从数据库中重新统计，并刷新页面显示，表明购书数量已增加 1。

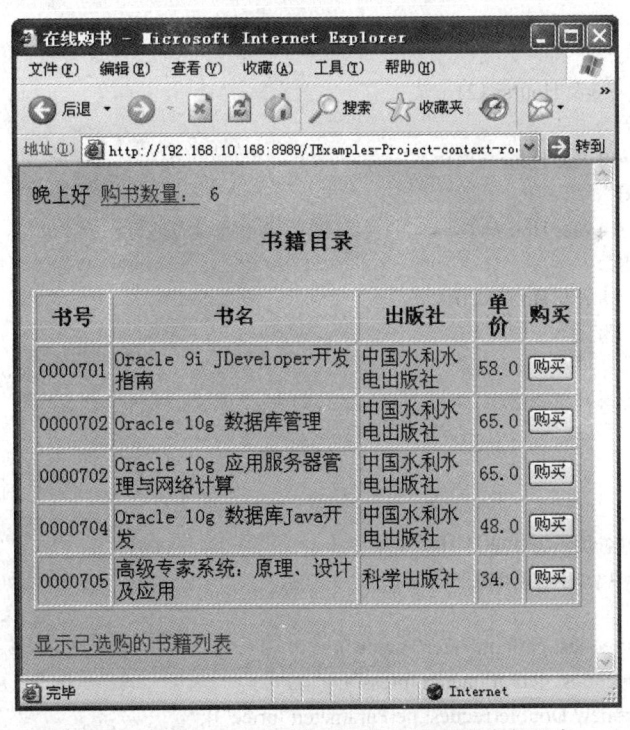

图 2.18 用 JDBC 数据库访问实现的在线购书程序

为了适应数据库操作的同步结果更新，显示购书车内容的对应网页也修改为 JShowBook.jsp。

```
<!DOCTYPE HTML PUBLIC "-//W3C//DTD HTML 4.01 Transitional//EN"
    "http://www.w3.org/TR/html4/loose.dtd">
```

```jsp
<%-- ********************** JShowBook.jsp ****************** --%>
<%@ page contentType="text/html;charset=GBK" import="java.sql.*"%>
<jsp:useBean id="bookcart" scope="session" class="JBookCart" />
<html><head><meta http-equiv="Content-Type" content="text/html; charset=GBK"/>
    <title>显示购书车的内容</title>
    <style type="text/css">
      body
      {
         background-color: #00f7f7;
      }
      a:link
      {
         color: #e73900;
      }
    </style></head><body>
<%
    java.util.Date CurrentDateTime=new java.util.Date();
    int Hours=CurrentDateTime.getHours();
    String msg="";
    if(Hours>=0 && Hours<6)
        msg="凌晨好，请保证睡眠！";
    else if(Hours>=6 && Hours<9)
        msg="早上好";
    else if(Hours>=9 && Hours<12)
        msg="上午好";
    else if(Hours>=12 && Hours<14)
        msg="中午好";
    else if(Hours>=14 && Hours<18)
        msg="下午好";
    else if(Hours>=18 && Hours<20)
        msg="傍晚好";
    else
        msg="晚上好";
%>
<%=msg %>
<%
    request.setCharacterEncoding("GBK");
    String id=request.getParameter("id");
    if(id!=null) {
        String name=request.getParameter("name");
        String press=request.getParameter("press");
        Double price=new Double(request.getParameter("price"));
        bookcart.addItem(id,name,press,price.doubleValue(),1);
    }
%>
<a href="JAddBook.jsp">购书数量：</a><%=bookcart.getNumOfItems() %><p>
```

```
<table border=1><caption><h3>显示已选购的书籍列表</h3></caption>
<tr><th>书号</th><th>书名</th><th>出版社</th><th>单价</th><th>数量</th></tr>
<%
  try
  {
    Connection con= DriverManager.getConnection("jdbc:odbc:book", "", "");
    Statement stmt= con.createStatement();
    ResultSet rs = stmt.executeQuery("SELECT * FROM booklist");
    while (rs.next())
    {
%>
<tr><td><%=rs.getString("id") %></td><td><%=rs.getString("name") %></td>
  <td><%=rs.getString("press") %></td><td><%=rs.getString("price") %></td>
  <td><%=rs.getString("num") %></td></tr>
<%
    }
    stmt.close();
    con.close();
  }
  catch (SQLException e) {
    System.out.println(e);
  }
%>
</table><p><a href="JAddBook.jsp">回到购书页面</a></body></html>
```

访问更新后的数据库后，将其最新购书数据显示在页面上，如图 2.19 所示。

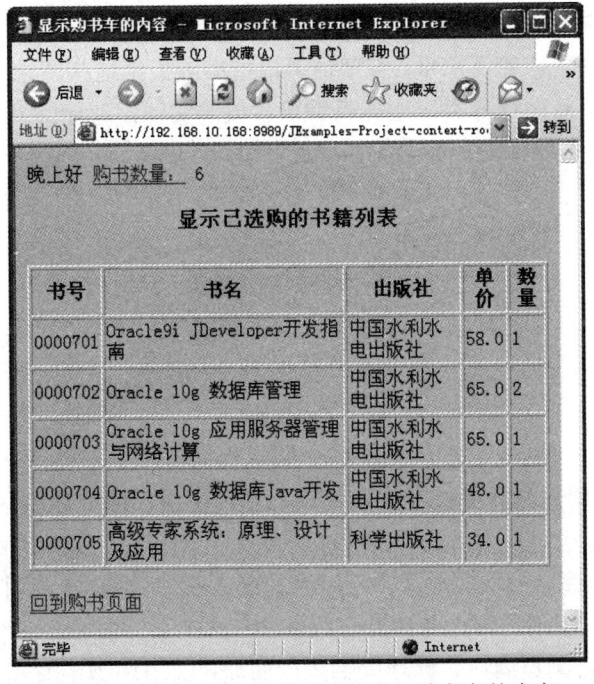

图 2.19　通过 JDBC 数据库连接显示购书车的内容

最大的不同在于，此时可以直接打开 Access 数据库 book，查看该购书车的购书信息表 booklist，如图 2.20 所示。

id	name	press	price	num
0000701	Oracle9i JDeveloper开发指南	中国水利水电出版社	58	1
0000702	Oracle 10g 数据库管理	中国水利水电出版社	65	2
0000703	Oracle 10g 应用服务器管理与网络计算	中国水利水电出版社	65	1
0000704	Oracle 10g 数据库Java开发	中国水利水电出版社	48	1
0000705	高级专家系统：原理、设计及应用	科学出版社	34	1

图 2.20　在线购书后的 Access 数据库书目表 booklist

从上述 Access 表中可以看出，该表中的数据和 JSP 网页的交互数据是一致的。此时，可以在后台管理书籍数据，这样就便于书店管理员对店内书籍的销售情况进行统计和管理。

2.3.5　从第 1 个 Java 程序扩展到 J2EE 企业级 Web 应用

个人网站的规模是相当有限的，和企业级应用相比是小巫见大巫。因此，针对专业企业级 Java 应用，Sun 公司专用提出了 Java 2 解决方案，称为 J2EE，即面向企业级应用的 Java 2 版本。从第 1 个 Java 程序到 J2EE 企业级 Web 应用是版本上的升级，这个过程也是程序员技能的升级。不妨以 2.3.3 小节和 2.3.4 小节所述的在线书店为基础，扩展为在线购物中心，卖主可以通过在线购物中心创建商店，顾客可以通过在线购物中心购买商品，管理员负责审批新商店的申请，并对现有商店进行管理。所述在线购物中心主要用到 JSP 技术和 EJB 技术，EJB 技术用来构建企业级 JavaBean 程序，EJB 程序主要包括会话 Bean、实体 Bean 和消息驱动的 Bean。在线购物中心有 3 类用户，即卖主、客户和管理员。

（1）管理员。管理员是超级用户，能完全控制各种可执行的活动，如图 2.21 所示。所有的商店创建请求都发送到管理员那里，管理员可以批准或拒绝这些请求。管理员也能管理当前商品的列表，对这些商品进行分类，还能查看留言板的实体，或删除其中一些实体。

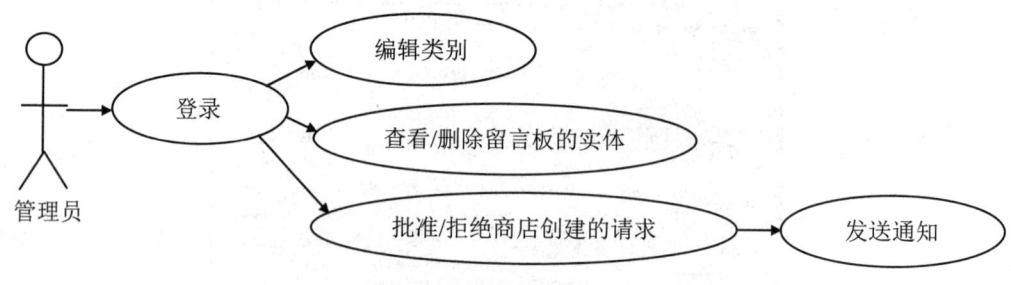

图 2.21　在线购物中心的管理员角色

（2）卖主。任何用户都能通过在线购物中心程序提交创建商店的请求，如图 2.22 所示。当该请求被管理员批准了时，该请求用户就成为了卖主。卖主负责建立商店，并对它进行日常维护。卖主可以创建该商店的商品列表，可以添加或者删除商品项。卖主也能查看该商店的一些报表，也可以选择关闭该商店，并离开在线购物中心。

（3）客户。客户可浏览商店，选择要购买的商品，使用购物车购物，查看购物车的内容，并在购物车中添加或删除商品，如图 2.23 所示。客户需要登录才能交易，在线付款需要使用银行帐号或信用卡。如果要购买的商品还没有运送，有时还可取消该商品的订购。

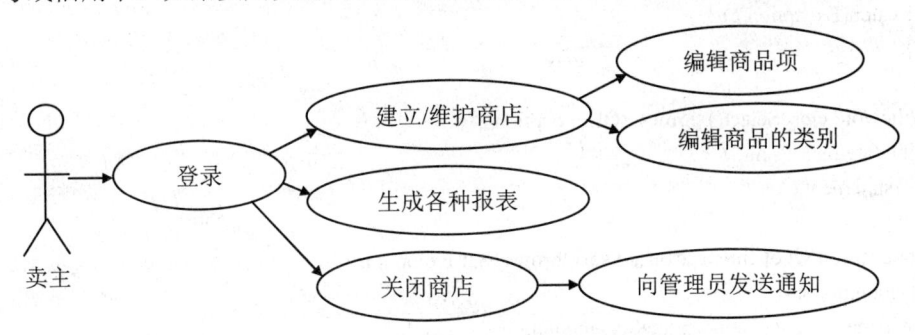

图 2.22　在线购物中心的卖主角色

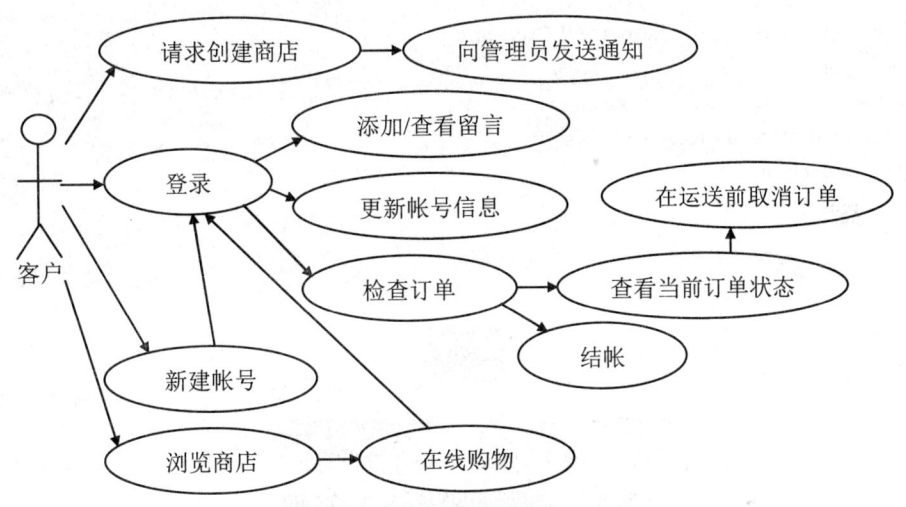

图 2.23　在线购物中心的客户角色

由于在线购物中心一般采用较为复杂的数据库管理系统，例如 Oracle、SQL Server、DB2 等，这里仅以 Access 数据库作为示例较为简单地介绍，如图 2.24 所示，具体的设计与实现部分将在后续章节专门介绍。

下面给出通过 Access 数据库实现在线购物中心的部分代码，首先看访问 Access 数据库的源代码文件 DBAccess.java。

```java
package sample.db;
import sample.*;
import java.sql.Connection;
import java.sql.*;
import java.sql.ResultSet;
import java.sql.SQLException;
public class DBAccess {
    protected Statement statement;
    protected Connection connection;
    public DBAccess() {
        try{
```

```java
      this.connection = DBConnectionManager.getInstance().getConnection();
   } catch(Exception e) {
   }
}
public void closeSelect() throws SQLException {
   if (statement != null)
      statement.close();
}
public ResultSet openSelect(String sql) throws SQLException {
   Debug.out(sql);
   statement = connection.createStatement();
   ResultSet rs=statement.executeQuery(sql);
   return rs;
}
public int runSql(String sql) throws SQLException {
   Debug.out(sql);
   statement = connection.createStatement();
   int result=statement.executeUpdate(sql);
   this.closeSelect();
   return result;
}
}
```

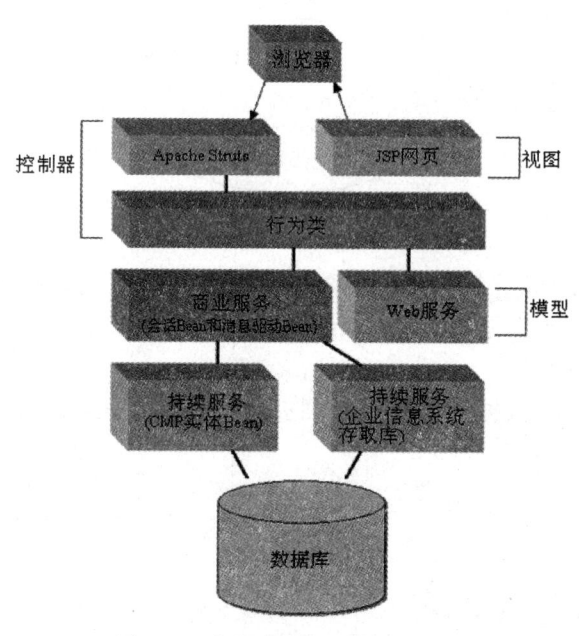

图 2.24 在线购物中心的系统结构

下面再介绍购物车的源程序，保存为 Cart.java 文件。

```java
package sample;
import java.util.*;
import java.sql.*;
```

```java
import sample.db.*;
import sample.models.*;
public class Cart {
    public Cart () { }
    public Collection searchItem(String strSql) {
        Collection ret = new ArrayList();
        try {
            DBAccess dba = new DBAccess();
            ResultSet rs = dba.openSelect(strSql);
            while (rs.next()) {
                Item temp = new Item();
                temp.setItemId(rs.getString("itemid"));
                temp.setProductId(rs.getString("productid"));
                temp.getProduct().setName(rs.getString("name"));
                temp.setListPrice(rs.getBigDecimal("listprice"));
                temp.setUnitCost(rs.getBigDecimal("unitcost"));
                temp.setSupplier(rs.getString("supplier"));
                ret.add(temp);
            }
        }
        catch (Exception ex) {
            ex.printStackTrace();
        }
        return ret;
    }
    public Item getCartItem(String strSql) {
        Item item=new Item();
        try
        {
            DBAccess dba = new DBAccess();
            ResultSet rs = dba.openSelect(strSql);
            while(rs.next()) {
                item.setItemId(rs.getString("itemid"));
                item.setProductId(rs.getString("productid"));
                item.setListPrice(rs.getBigDecimal("listprice"));
                item.setSupplier(rs.getString("supplier"));
                item.setStatus(rs.getString("status"));
                item.setAttribute1(rs.getString("attr1"));
                item.setAttribute2(rs.getString("attr2"));
                item.setAttribute3(rs.getString("attr3"));
                item.setAttribute4(rs.getString("attr4"));
                item.setAttribute5(rs.getString("attr5"));
                item.getProduct().setName(rs.getString("name"));
                item.getProduct().setProductId(rs.getString("productid"));
            }
        }
```

```
        catch(Exception e) {
            e.printStackTrace();
        }
        return item;
    }
}
```

2.3.6 从第 1 个 Java 程序扩展到 Java 无线 Web 应用

事实上，从第 1 个 Java 程序可以不断扩展为越来越复杂、越来越精彩的无线应用程序，下面扩展为在手机上显示进度条的 Java 程序，该程序使用了 Java 线程的概念。进度条常用来提高用户的耐心，在等待后台程序运行的漫长过程中可以通过进度条的界面了解其进度，提高信心。其源代码分为 4 部分，分别为 ProgressObserver.java 文件、ProgressUI.java 文件、BackgroundTask.java 文件和 ProgressMIDlet.java 文件。ProgressObserver.java 源代码如下：

```
import javax.microedition.lcdui.Display;
/* 进度条的观察器模型 */
public interface ProgressObserver {
    /** 将进度条复位 */
    public void reset();
    /** 将进度条设置最大 */
    public void setMax();
    /*
     * 将自己绘制在屏幕上，如果进度条要开启自身的线程用于自动更新画面，
     * 也在这里构造并开启绘画线程（常用于动画滚动条）
     */
    public void show(Display display);
    /**
     * 滚动条退出命令，如果进度条曾经开启自身的线程用于自动更新画面，
     * （常用于动画滚动条），在这里关闭动画线程
     */
    public void exit();
    /**
     * 更新进度条
     */
    public void updateProgress(Object param1);
    public boolean isStoppable();
    public void setStoppable(boolean stoppable);
    public boolean isStopped();
    public void setStopped(boolean stopped);
    public void setTitle(String title);
    public void setPrompt(String prompt);
}
```

在上述代码中，进度条的观察器模型的优点是：
- 可通过 Form、Canvas 等实现接口。
- 支持可中断的任务，因为背景线程是无法强制性中断的，没必要在观察者中回调背景

线程相应方法。
- 如果支持可中断的话，可让背景线程来查询观察者的 isStopped()。
- 进度条只用来绘画在屏幕上，对后台线程毫无影响。

ProgressUI.java 程序用来设计人机交互界面，该文件的源代码如下：

```java
import javax.microedition.lcdui.Command;
import javax.microedition.lcdui.CommandListener;
import javax.microedition.lcdui.Display;
import javax.microedition.lcdui.Displayable;
import javax.microedition.lcdui.Form;
import javax.microedition.lcdui.Gauge;
/** 人机交互界面 */
public class ProgressUI implements ProgressObserver, CommandListener {
    private static final int GAUGE_MAX = 8;
    private static final int GAUGE_LEVELS = 4;
    private static ProgressUI pgUI;
    private Form f;
    private Gauge gauge;
    private Command stopCMD;
    boolean stopped;
    boolean stoppable;
    int current;
    protected ProgressUI() {
        f = new Form("");
        gauge = new Gauge("", false, GAUGE_MAX, 0);
        stopCMD = new Command("取消", Command.STOP, 10);
        f.append(gauge);
        f.setCommandListener(this);
    }
    public static ProgressUI getInstance() {
        if (pgUI == null) {
            return new ProgressUI();
        }
        return pgUI;
    }
    public void reset() {
        current=0;
        gauge.setValue(0);
        stopped=false;
        setStoppable(false);
        setTitle("");
        setPrompt("");
    }
    public void updateProgress(Object param1) {   //这里的参数设计为提示语
        current=(current+1)%GAUGE_LEVELS;
        gauge.setValue(current * GAUGE_MAX/GAUGE_LEVELS);
        if(param1!=null && param1 instanceof String) {
```

```java
            setPrompt((String)param1);
        }
    }
    public boolean isStoppable() {
        return stoppable;
    }
    public void setStoppable(boolean stoppable) {
        this.stoppable = stoppable;
        if(stoppable){
            f.addCommand(stopCMD);
        }else{
            f.removeCommand(stopCMD);
        }
    }
    public boolean isStopped() {
        return stopped;
    }
    public void setStopped(boolean stopped) {
        this.stopped=stopped;
    }
    public void setTitle(String title) {
        f.setTitle(title);
    }
    public void setPrompt(String prompt) {
        gauge.setLabel(prompt);
    }
    public void commandAction(Command arg0, Displayable arg1) {
        if(arg0==stopCMD) {
            if(isStoppable())
                stopped=true;
            else {
                setPrompt("can't stop!");
            }
        }
    }
    public void show(Display display) {
        display.setCurrent(f);
    }
    public void exit() { }
    public void setMax() {
        gauge.setValue(GAUGE_MAX);
    }
}
```

与上述界面程序对应，其后台任务程序为 BackgroundTask.java 文件，其源代码如下：

```java
import javax.microedition.lcdui.AlertType;
import javax.microedition.lcdui.Displayable;
```

```java
import javax.microedition.lcdui.Display;
import javax.microedition.lcdui.Alert;
/** 后台任务 */
public abstract class BackgroundTask extends Thread
{
    ProgressObserver poUI;
    protected Displayable preScreen;
    protected boolean needAlert;
    protected Alert alertScreen;
    private Display display;
    public BackgroundTask(ProgressObserver poUI, Displayable pre,
                    Display display) {
        this.poUI = poUI;
        this.preScreen = pre;
        this.display = display;
        this.needAlert = false;
    }
    public void run() {
        try {
            runTask();
        } catch (Exception e) {
            Alert al = new Alert("undefine exception", e.getMessage(), null,
                    AlertType.ALARM);
            al.setTimeout(Alert.FOREVER);
            display.setCurrent(al);
        } finally {
            if (poUI.isStoppable()) {
                if (poUI.isStopped()) { //如果用户中断了程序
                    if (needAlert) {
                        display.setCurrent(alertScreen, preScreen);
                    } else {
                        display.setCurrent(preScreen);
                    }
                }
            }
            poUI.exit();
        }
    }
    /*
     * 如果任务可中断,查看 pgUI.isStopped().并尽快退出此方法;
     * 如果任务需要更新进度栏，调用 pgUI.updateProgress("进度提示")。
     * 习惯上此方法的最后手动调用 taskComplete()，以防止用户在任务接近
     * 完成时取消
     */
    public abstract void runTask();
    /**
```

```
     * 这是一个偷懒的办法,当你构造好 BackgroundTask 对象后，直接调用这个方法，
     *可以帮助你初始化进度 UI,并显示出来。之后启动你的任务线程
     */
    public static void runWithProgressGauge(BackgroundTask btask, String title,
                                    String prompt, boolean stoppable,
Display display) {
        ProgressObserver po = btask.getProgressObserver();
        po.reset();
        po.setStoppable(stoppable);
        po.setTitle(title);
        po.setPrompt(prompt);
        po.show(display);
        btask.start();
    }
    public ProgressObserver getProgressObserver() {
        return poUI;
    }
    public void taskComplete() {
        getProgressObserver().setStopped(false);
    }
}
```

最后是手机上的无线应用主程序，该文件存储为 ProgressMIDlet.java，其源代码如下：

```
import javax.microedition.lcdui.Alert;
import javax.microedition.lcdui.AlertType;
import javax.microedition.lcdui.Command;
import javax.microedition.lcdui.CommandListener;
import javax.microedition.lcdui.Display;
import javax.microedition.lcdui.Displayable;
import javax.microedition.lcdui.Form;
import javax.microedition.midlet.MIDlet;
import javax.microedition.midlet.MIDletStateChangeException;
/** 手机上的无线应用主程序 */
public class ProgressMIDlet extends MIDlet implements CommandListener {
    Display display;
    Command workCmd;
    Command exitCmd;
    Form f;
    public ProgressMIDlet() {
        super();
        display = Display.getDisplay(this);
        workCmd = new Command("开始", Command.OK, 10);
        exitCmd = new Command("退出", Command.EXIT, 10);
        f = new Form("测试进度条");
        f.setCommandListener(this);
        f.addCommand(workCmd);
        f.addCommand(exitCmd);
```

```java
}
protected void startApp() throws MIDletStateChangeException {
    display.setCurrent(f);
}
protected void pauseApp() { }
protected void destroyApp(boolean arg0) throws MIDletStateChangeException { }
public void commandAction(Command arg0, Displayable arg1) {
    if (arg0 == workCmd) {
        ProgressObserver poUI = ProgressUI.getInstance();
        BackgroundTask bkTask = new BackgroundTask(poUI, arg1, display) {
            public void runTask() {
                alertScreen = new Alert("用户取消",
                        "按【取消】按钮,屏幕就会跳到主界面上!",
                        null, AlertType.ERROR);
                alertScreen.setTimeout(Alert.FOREVER);
                needAlert = true;
                //do something first
                getProgressObserver().updateProgress(null);
                try {
                    Thread.sleep(3000);
                } catch (Exception e) {
                    e.printStackTrace();
                }
                getProgressObserver().updateProgress("睡眠 3 秒...");
                if (getProgressObserver().isStopped())
                    return;
                getProgressObserver().updateProgress(null);
                //do something second
                try {
                    Thread.sleep(3000);
                } catch (Exception e) {
                    e.printStackTrace();
                }
                getProgressObserver().setMax();
                display.setCurrent(new Form("完成"));
                taskComplete();
            }
        };
        BackgroundTask.runWithProgressGauge(bkTask, "睡眠 6 秒",
                "开始睡眠...", true, display);
    }else if(arg0==exitCmd){
        try {
            destroyApp(false);
        } catch (MIDletStateChangeException e) {
            e.printStackTrace();
        }
```

```
            notifyDestroyed();
        }
    }
}
```

为了编译、调试并运行该进度条程序,首先在打开的 J2ME 无线应用工具箱(WTK22)中新建项目 Progress,其 MIDlet 类名为 ProgressMIDlet,如图 2.25 所示。

然后,在所生成的 Progress 文件夹中,将上述源程序文件写入到其子文件夹 src 中,如图 2.26 所示。

图 2.25 新建无线应用 Java 项目 Progress 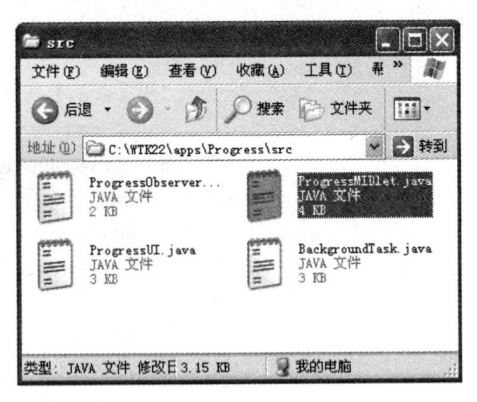　　　图 2.26 无线应用 Java 程序的存储文件夹

接着,单击无线应用 J2ME 工具箱上的【生成】按钮,对这些 Java 程序进行编译和连接操作,如图 2.27 所示。

图 2.27 生成无线应用项目 Progress 的类文件

最后,单击【运行】按钮,就能通过手机仿真器启动该无线应用项目 Progress,如图 2.28 所示。

图 2.28 运行无线应用项目 Progress

在如图 2.29 所示的手机仿真器中，按手机上的右键可以启动该无线应用程序 Progress。

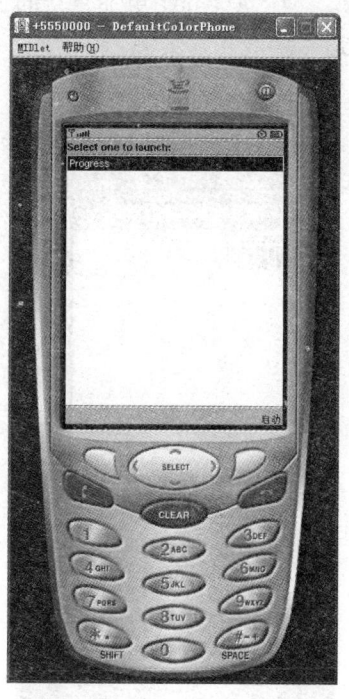

图 2.29　从手机仿真器启动无线应用 Java 项目 Progress

接着，按手机右键可以开始该程序，按手机左键可以退出该程序，如图 2.30 所示。

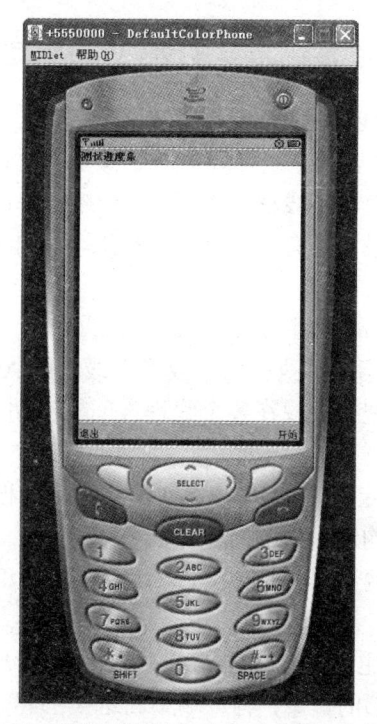

图 2.30　选择【开始】按钮或【退出】按钮

下一步，可以看到进度条了，按【取消】按钮可以终止该进度条的演示，等待可以保证该进度条的完成，如图 2.31 所示。下一章会介绍更加复杂的 Java 无线应用 J2ME 程序，即手机游戏软件开发，特别是"华容道"游戏开发案例。

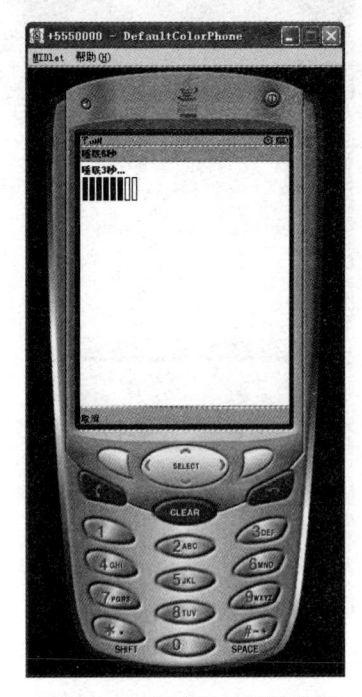

图 2.31　手机上的进度条程序

2.3.7　从第 1 个 Java 程序扩展到 Java 多线程 Web 编程应用

前面几个 Java 程序用到了线程的概念，这里专门举一个 Java 多线程编程应用的实例。当 Java Applet 程序使用多个线程时，各个线程看上去好像是同时执行的。但实际上，大多数情况是浏览器在幕后快速地轮流切换各个线程的执行，由于线程每次执行的时间非常短暂，从而产生了多线程同时执行的外部效果。只有在并行计算机上，才能真正实现面向 Web 应用的多个线程并行计算。

- Applet 程序执行线程的任务由相应的代码给定。
- 多线程 Applet 程序是指同时执行两个或多个线程的 Applet 程序。
- 浏览器在幕后快速地把执行权在各个线程之间轮流切换，从而产生了多个线程同时执行的外部效果。
- 在 Applet 程序内通过定义 Thread 对象创建并执行线程。创建的新线程启动后执行的是作为参数传递给其构造函数的对象里的代码。
- Java Applet 程序通过调用 Thread 类的 start 函数启动 Thread 对象，start 函数又将调用线程对象的 run 函数。

下面以在线购书过程中卖主和客户之间的关系为例，介绍多线程编程的方法。卖主不断向在线书店添加新书，并补充书的数量；客户端不断选购书籍。这样，对于卖主来说存在一个线程，对于客户来说也存在一个线程。一般来说，客户在前台进行在线购书操作，卖主在后台进行图书管理操作。在大多数情况下，对于购买同一图书，应以"先来先服务"的方式按顺序处理，这可以通过单线程的在线售书程序实现。当图书到来时，创建一个图书队列来存储所有图书。卖主线程通过将新对象添加到图书队列，来交付这个要处理的新对象。然后，客户线程从队列取出每个对象，并依次处理。当队列为空时，客户线程进入休眠状态。当新的对象添加到空队列时，客户线程会醒来，并处理该对象。因为大多数应用程序喜欢顺序处理方式，所以在线购书程序通常是单线程的。

创建客户线程的函数为 getThread，其源代码如下：

```
/**
 * 创建客户线程的函数
 * @返回客户线程
 */
private Thread getThread() {
    if (_thread==null) {
        _thread = new Thread() {
            public void run() {
                Consumer.this.run();
            }
        };
    }
    return _thread;
}
```

上述线程的 run()方法运行 Customer 类的 run()方法，构成客户线程的循环结构，其源代码如下：

```
/** 客户线程的方法 */
private void run() {
    while (!_isTerminated) {
        // 图书处理循环
        while (true) {
            Object o;
            synchronized (_queue) {
                if (_queue.isEmpty())
                    break;
                o = _queue.remove();
            }
            if (o == null)
                break;
            onConsume(o);
        }
        // 如果程序还没终止而队列仍然是空的，那么等到新图书到达为止。
        synchronized(_waitForJobsMonitor) {
            if (_isTerminated)
                break;
            if(_queue.isEmpty()) {
                try
                {
```

```
                _waitForJobsMonitor.wait();
            }
            catch (InterruptedException ex) {
            }
        }
    }
} // run()函数
```

2.4 小结

一生二，二生四，世间万物如此循环进化。Web 卓越工程师的学习过程也是这样的发展历程，从第 1 个 Java 程序开始，Web 卓越工程师学生就可以体会到初次编程成功的美味，1 次成功的美味会激发向更多成功挑战的尝试，更多的 Java 程序也就开始编写和调试。从第 1 个 Java 程序又可以向许多种 Web 应用开发扩展，与此同时 Web 卓越工程师学生的技能和感悟不断提升，Web 卓越工程师的成长之路由此展开。

第 3 章　第 1 个 Java 游戏 Web 设计与游戏项目开发升级

自 1962 年美国大学生斯蒂夫·拉塞尔在 PDP-1 型电子计算机上编制首个电脑游戏"宇宙战争"（Space War）起，游戏制作经历了一场又一场的革命，如"超级马里奥"、"红色警戒"、"文明"、"帝国时代"、"星际争霸"等，游戏开发语言也从 C/C++扩展到 Java 等语言。

3.1　第 1 个 Java 游戏 Web 设计

为了以实例介绍 Java 游戏的开发方法，用 Java 语言设计了第 1 个游戏三子棋。

3.1.1　基于 Web 的三子棋游戏 Java 设计

三子棋是一款家喻户晓的棋类游戏，其多变性吸引了许多玩家。此三子棋棋盘大小为 3×3，如图 3.1 所示。按照此游戏规则，双方轮流在 9 个方格的棋盘上画×或○，以所画的 3 个记号成直、横、斜线相连着为胜。

例如，红方先在右边的位置放下棋子，蓝方在中心位置放下棋子，如图 3.2 所示。当然，玩家也可以在其他位置先放下棋子，不同的第一个棋子位置，可能产生不同的下棋结局。

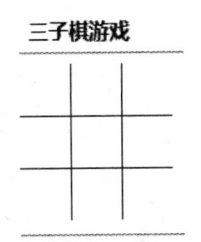

图 3.1　三子棋游戏的初始棋局 　　　　图 3.2　三子棋游戏的第 1 步

按照这种布局下棋下去，最后结局就是和棋，如图 3.3 所示。

当然，运气好的话，也可以下赢，如图 3.4 所示。

图 3.3　三子棋游戏的和棋结局 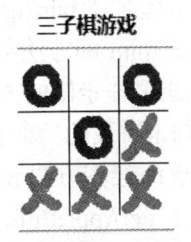　　　　图 3.4　三子棋游戏的获胜结局

这个三子棋游戏是以 Java Applet 形式编程实现的，生成类文件嵌入到 HTML 代码中显示出来，网页文件可以是 HTML 静态网页，也可以是 JSP 动态网页。

三子棋游戏的 Java 类名叫 sanzhiqi，是从 Applet 类扩展而来的，其接口起到鼠标监听器的作用，其源代码按照各个模块进行讲解。

（1）包模块。

这部分主要是 Java 文件名注释和导入各种必需的开发包，例如图形显示的 AWT 包、网络处理的 NET 包和小程序包 APPLET。

```
/*
 * sanzhiqi.java 文件
 * 三子棋游戏 Java 源代码
 */
import java.awt.*;
import java.awt.event.*;
import java.awt.image.*;
import java.net.*;
import java.applet.*;
```

（2）定义小程序类 sanzhiqi。

这部分主要是定义小程序类 sanzhiqi 的各个数据属性（如蓝棋位置 blue、红棋位置 red、方格重要性排序的数组 moves[]、获胜位置 won[]以及一些标记变量 DONE、OK、WIN、LOSE、STALEMATE）。

```
/** sanzhiqi Applet 类定义 */
public class sanzhiqi extends Applet implements MouseListener {
    /** 蓝棋的当前位置（计算机下蓝棋） */
    int blue;
    /** 红棋的当前位置（玩家下红棋） */
    int red;
    /** 按照重要度对方格排序 */
    final static int moves[] = {4, 0, 2, 6, 8, 1, 3, 5, 7};
    /** 获胜位置 */
    static boolean won[] = new boolean[1 << 9];
    static final int DONE = (1 << 9) - 1;
    static final int OK = 0;
    static final int WIN = 1;
    static final int LOSE = 2;
    static final int STALEMATE = 3;
```

（3）定义小程序类 sanzhiqi 的方法。

小程序类 sanzhiqi 的方法包括判定棋局是否获胜的 isWon()方法、对所有获胜位置的初始化处理、计算蓝棋最佳走法的方法 bestMove()、玩家走棋的方法 yourMove()、计算机走棋的方法 myMove()、判定游戏的当前状态的方法 status()、小程序初始化的方法 init()、小程序释放内存的方法 destroy()、绘图方法 paint()、鼠标按键释放事件响应的方法 mouseReleased()、获取小程序信息的方法 getAppletInfo()以及其他鼠标响应方法 mousePressed()、mouseClicked()、mouseEntered()、mouseExited()。

```
    /** 获胜棋局判定 */
    static void isWon(int pos) {
        for (int i = 0 ; i < DONE ; i++) {
```

```java
            if ((i & pos) == pos) {
                won[i] = true;
            }
        }
    }
    /** 对所有获胜位置初始化 */
    static {
        isWon((1 << 0) | (1 << 1) | (1 << 2));
        isWon((1 << 3) | (1 << 4) | (1 << 5));
        isWon((1 << 6) | (1 << 7) | (1 << 8));
        isWon((1 << 0) | (1 << 3) | (1 << 6));
        isWon((1 << 1) | (1 << 4) | (1 << 7));
        isWon((1 << 2) | (1 << 5) | (1 << 8));
        isWon((1 << 0) | (1 << 4) | (1 << 8));
        isWon((1 << 2) | (1 << 4) | (1 << 6));
    }
    /** 计算蓝棋的最佳走法，返回要走的方格 */
    int bestMove(int blue, int red) {
        int bestmove = -1;
loop:
        for (int i = 0 ; i < 9 ; i++) {
            int mw = moves[i];
            if (((blue & (1 << mw)) == 0) && ((red & (1 << mw)) == 0)) {
                int pw = blue | (1 << mw);
                if (won[pw]) { // 如果蓝棋赢了，就返回。
                    return mw;
                }
                for (int mb = 0 ; mb < 9 ; mb++) {
                    if (((pw & (1 << mb)) == 0) && ((red & (1 << mb)) == 0)) {
                        int pb = red | (1 << mb);
                        if (won[pb]) { // 如果红棋赢了，就继续循环。
                            continue loop;
                        }
                    }
                }
                // 如果是和棋，就执行以下操作。
                if (bestmove == -1) {
                    bestmove = mw;
                }
            }
        }
        if (bestmove != -1) {
            return bestmove;
        }
        // 如果没有合适的棋走，就试试第一个棋子。
        for (int i = 0 ; i < 9 ; i++) {
```

```java
            int mw = moves[i];
            if (((blue & (1 << mw)) == 0) && ((red & (1 << mw)) == 0)) {
                return mw;
            }
        }
        // 无棋可走了
        return -1;
    }
    /** 玩家走棋。如果走棋合法，就返回真。 */
    boolean yourMove(int m) {
        if ((m < 0) || (m > 8)) {
            return false;
        }
        if (((red | blue) & (1 << m)) != 0) {
            return false;
        }
        red |= 1 << m;
        return true;
    }
    /** 计算机走棋。如果走棋合法，就返回真。 */
    boolean myMove() {
        if ((red | blue) == DONE) {
            return false;
        }
        int best = bestMove(blue, red);
        blue |= 1 << best;
        return true;
    }
    /** 判定游戏的当前状态 */
    int status() {
        if (won[blue]) {
            return WIN;
        }
        if (won[red]) {
            return LOSE;
        }
        if ((red | blue) == DONE) {
            return STALEMATE;
        }
        return OK;
    }
    /** 下一轮游戏谁走第一步？ */
    boolean first = true;
    /** 蓝棋图片 */
    Image notImage;
    /** 红棋图片 */
```

```java
Image crossImage;
/** 小程序初始化，改变图片的大小，并载入图片。 */
public void init() {
    notImage = getImage(getCodeBase(), "images/not.gif");
    crossImage = getImage(getCodeBase(), "images/cross.gif");
    addMouseListener(this);
}
public void destroy() {
    removeMouseListener(this);
}
/** 绘图 */
public void paint(Graphics g) {
    Dimension d = getSize();
    g.setColor(Color.black);
    int xoff = d.width / 3;
    int yoff = d.height / 3;
    g.drawLine(xoff, 0, xoff, d.height);
    g.drawLine(2*xoff, 0, 2*xoff, d.height);
    g.drawLine(0, yoff, d.width, yoff);
    g.drawLine(0, 2*yoff, d.width, 2*yoff);
    int i = 0;
    for (int r = 0 ; r < 3 ; r++) {
        for (int c = 0 ; c < 3 ; c++, i++) {
            if ((blue & (1 << i)) != 0) {
                g.drawImage(notImage, c*xoff + 1, r*yoff + 1, this);
            } else if ((red & (1 << i)) != 0) {
                g.drawImage(crossImage, c*xoff + 1, r*yoff + 1, this);
            }
        }
    }
}
/* 玩家已单击小程序，就判定是否有合法的走棋，通过算法做出计算机响应走棋。 */
public void mouseReleased(MouseEvent e) {
    int x = e.getX();
    int y = e.getY();
    switch (status()) {
        case WIN:
        case LOSE:
        case STALEMATE:
            blue = red = 0;
            if (first) {
                blue |= 1 << (int)(Math.random() * 9);
            }
            first = !first;
            repaint();
            return;
```

```java
            }
            // 判定行号和列号
            Dimension d = getSize();
            int c = (x * 3) / d.width;
            int r = (y * 3) / d.height;
            if (yourMove(c + r * 3)) {
                repaint();
                switch (status()) {
                    case WIN: //赢棋显示处理
                        break;
                    case LOSE: //输棋显示处理
                        break;
                    case STALEMATE:
                        break;
                    default:
                        if (myMove()) {
                            repaint();
                            switch (status()) {
                                case WIN: //赢棋显示处理
                                    break;
                                case LOSE: //输棋显示处理
                                    break;
                                case STALEMATE:
                                    break;
                                default: //默认情况显示处理
                            }
                        } else { //其他情况显示处理
                        }
                }
            } else { //其他情况显示处理
            }
    }
    public void mousePressed(MouseEvent e) { }
    public void mouseClicked(MouseEvent e) { }
    public void mouseEntered(MouseEvent e) { }
    public void mouseExited(MouseEvent e) { }
    public String getAppletInfo() {
        return "三子棋游戏";
    }
}
```

3.1.2 第 1 个 Java 游戏 Web 设计的分析与总结

从三子棋游戏的 Web 设计实例来看，Java 游戏设计首先需要导入一些通用开发包，例如图形显示包 AWT、网络处理包 NET 和小程序包 APPLET。

其次，要定义此 Java 游戏的整个类，这个类名就是该 Java 文件的文件名。在此 Java 类中要定义一系列数据属性，以描述此 Java 游戏的数据量，例如计算机的成绩量、玩家的成绩量以及游戏对象和界面的一些属性变量。

最后，要对玩家玩游戏的操作进行方法定义，对玩家一些鼠标等操作事件进行游戏逻辑的响应、界面变换和动画演示以及游戏量的计算，直至玩家玩赢此游戏，给出游戏结果，或者玩家没玩过关卡，重新再玩此游戏。

这就是 Java 游戏设计的大致框架，按此框架不断完善、扩充和升级，就能制作出玩家爱玩、好玩和精彩的游戏产品。

3.2 从第 1 个 Java 游戏向"华容道"手机游戏 Java 程序的升级示例

俗话说："百闻不如一见，百见不如一做。"如果 Java 程序员亲眼目睹精彩的 Java 程序示例，或者自己动手编写该 Java 程序，其印象一定更加深刻。因此，这里介绍一个有趣的 Java 程序示例，即"华容道"手机游戏 Java 程序。

3.2.1 Java 游戏程序升级示例的需求分析

本 Java 程序示例要开发的是一个手机游戏 Java 程序，称为"华容道"游戏，描述的是三国时期曹操败走华容道时发生的故事，现在做成了策略战棋游戏。游戏中共有 10 个角色，分别为曹操、关羽、张飞、赵云、马超、黄忠和 4 个小兵，曹操占据 4 个小格，关羽、张飞、赵云、马超、黄忠分别占据 2 个小格，每个小兵占据 1 个小格。最初，曹操位于棋盘的中上方，只有中下方才有出口，其余地方都被围起来了。如图 3.5 所示。如果能将曹操移到棋盘的中下方，就表示曹操逃脱了，玩家就赢了，如图 3.6 所示。

图 3.5 "华容道"游戏的初始棋局　　　　图 3.6 "华容道"游戏的胜利棋局

上述 Java 程序示例需要使用 Java 的移动应用版本 J2ME，Java 开发包共有 3 个版本，即 J2ME、J2SE 和 J2EE。J2ME 是一种开发标准和框架，采用 3 层结构。最底层是配置层，即设备层；然后是简表层，MIDP 位于简表层；最上方是应用层。为了编写、调试和运行 Java 手机游戏，首先要下载并安装 J2ME 模拟器，这里使用 Sun 公司免费的 WTK2.2，如图 3.7 所示，

75

下载网址是 http://www.oracle.com/technetwork/java/download-135801.html。然后，安装该软件的补丁程序 j2me_wireless_toolkit-2_2-update_1-ml-windows.zip。

图 3.7　安装 WTK2.2

为了测试上述 J2ME 模拟器 WTK2.2 的安装结果，用简单示例程序测试它，如图 3.8 所示。

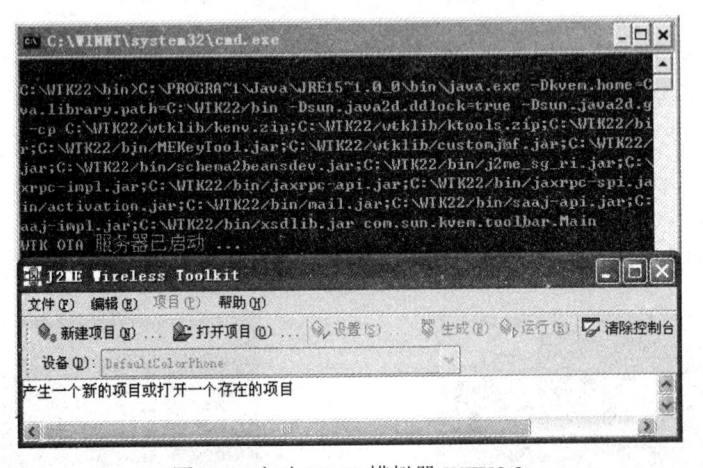

图 3.8　启动 J2ME 模拟器 WTK2.2

在图 3.8 中，通过 Java 运行环境 JRE 启动了 J2ME 模拟器 WTK2.2，可以在上述窗口中新建项目或者打开项目，装载无线应用编程的 Java 程序。对于上述的"你好，世界！"测试示例，首先单击【新建项目】菜单项，在"新建项目"对话框中输入新项目的名称为 Helloworld，相应的 MIDlet 类名为 Helloworld，如图 3.9 所示。

图 3.9　新建项目 Helloworld

在图 3.9 中，单击【产生项目】按钮，弹出项目"Helloworld"的设置窗口，如图 3.10 所示，这就是 MIDP 配置简表。

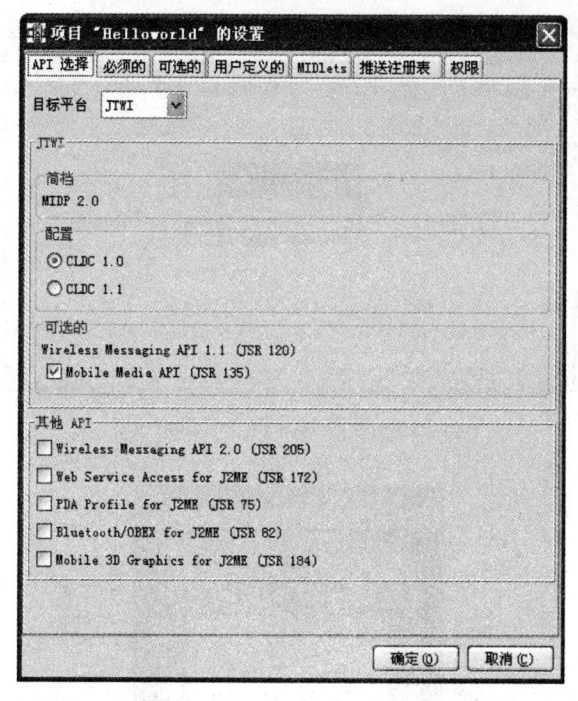

图 3.10 项目 "Helloworld" 的 MIDP 配置简表

在上述项目的源代码目录 C:\WTK22\apps\Helloworld\src 中，新建 Java 程序 Helloworld.java，其源代码如下：

```java
import javax.microedition.midlet.*;
import javax.microedition.lcdui.*;
public class Helloworld extends MIDlet {
    private Display display;
    public Helloworld() {
        display =Display.getDisplay(this);
    }
    public void startApp() {
        TextBox t = new TextBox("你好","你好",256,0);
        display.setCurrent(t);
    }
    public void pauseApp() { }
    public void destroyApp(boolean unconditional) { }
}
```

保存该 Java 程序后，在 J2ME 的 WTK2.2 窗口中单击【生成】按钮，就开始编译上述 Java 程序，生成其类文件 Helloworld.class，如图 3.11 所示。

然后，单击【运行】按钮，就会弹出手机界面，单击【启动】按钮，就在该手机窗口中显示"你好"的问候语，如图 3.12 所示。

在图 3.12 中，该手机仿真器是默认的彩色手机仿真器，也可以选择其他类型的手机仿真器，例如默认的灰色手机仿真器、金属皮肤的手机仿真器和类似文曲星的手机仿真器等。

77

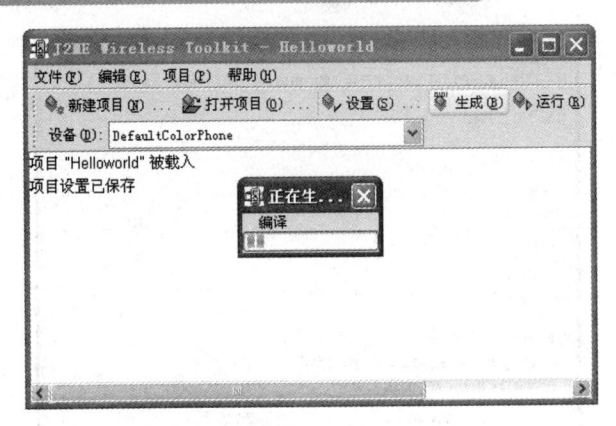

图 3.11　编译 Java 程序 Helloworld

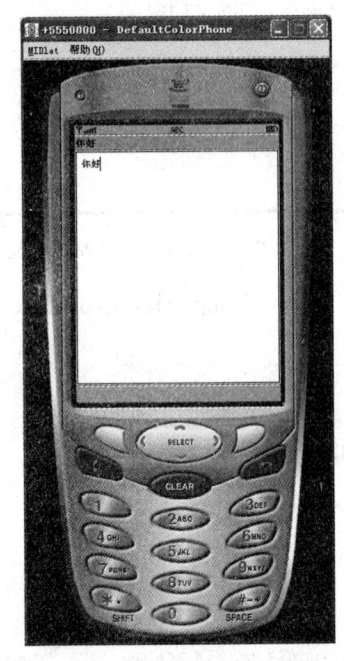

图 3.12　在手机仿真器上显示"你好"问候语

3.2.2　游戏算法设计

上述游戏的问题求解主要通过图搜索策略一步一步搜索出来，根据人工智能图搜索策略（蔡自兴，徐光祐. 人工智能及其应用（第 2 版）. 北京：清华大学出版社，1996），图搜索的一般步骤如下：

第 1 步，根据棋局的初始状态，创建只含有起始节点 S 的搜索图 G，并把 S 放入未扩展节点表 P 中。

第 2 步，创建对应的已扩展节点表 C，最初该表是一个空表。

第 3 步，如果 P 表非空，就依次选取其中的第 1 个节点，将该节点从 P 表移到 C 表中，并将该节点编号为节点 n；否则，该问题求解失败，退出程序，这时意味着"华容道"游戏布局无解。

第 4 步，如果节点 n 是目标节点，那么问题有解，即"华容道"游戏过关，并成功退出程序。可以根据上述解跟踪图 G 中的搜索路径，即从节点 S 到节点 n 的路径，其中需要用到图中设置的指针。

第 5 步，扩展节点 n，生成其后继节点（非节点 n 的祖先）的集合 H，将集合 H 中的元素作为节点 n 的后继节点加入到图 G 中。

第 6 步，对于那些未曾在图 G 中出现过的集合 H 元素，设置该元素到节点 n 的指针，并将集合 H 的这些元素加入到 P 表中。对于 P 表或 C 表中的元素，可以修改其到节点 n 的指针；对于 C 表中的元素，还可以修改该元素到其后裔节点的指针。

第 7 步，按照一定次序重新排列 P 表中的元素，并进入第 3 步。

算法的性能和质量主要体现在第 7 步中 P 表元素重新排列的准则，如果采用盲目重排，就是一种盲目搜索；如果利用启发性信息重排，就是一种启发式搜索。

3.2.3 图形类的设计

从图 3.5 和图 3.6 可以看出，上述 Java 游戏采用了图形化的棋牌，那么首先需要绘制这种图形化棋牌，这里定义为 ImageCard 类。ImageCard 类的定义建立在 J2ME 工具的 Graphics 类基础上，该类专门用来绘图。其中，drawImage()方法可以在指定的位置上显示图片，drawRect()方法用来绘制长方形，setColor()方法用来设置图形的颜色。J2ME 工具将图形绘制在画布上，用 Canvas 类定义画布，画布有刷屏 paint()、重绘 repaint()等方法。ImageCard 类用来存储图形常量和图片信息，Draw 类用来绘图，ImageCard 类的源代码如下：

```java
import javax.microedition.lcdui.*;
import javax.microedition.lcdui.game.*;
public class ImageCard {    //保存常量
    //绘图位置常量
    public static final int UNIT = 54;                          //方块的单位长度
    public static final int LEFT = 10;                          //画图的左边界顶点
    public static final int TOP = 9;                            //画图的上边界顶点
    //地图位置常量
    public static final int WIDTH = 4;                          //地图的宽度
    public static final int HEIGHT = 5;                         //地图的高度
    //地图标记常量
    public static final byte CaoCao = (byte) 'c';               //曹操的地图标记
    public static final byte GuanYu = (byte) 'g';               //关羽的地图标记
    public static final byte ZhangFei = (byte) 'z';             //张飞的地图标记
    public static final byte ZhaoYun = (byte) 'y';              //赵云的地图标记
    public static final byte MaChao = (byte) 'm';               //马超的地图标记
    public static final byte HuangZhong = (byte) 'h';           //黄忠的地图标记
    public static final byte Bing = (byte) 'b';                 //兵的地图标记
    public static final byte Blank = (byte) 'n';                //空白的地图标记
    public static final byte Cursor = (byte) 'u';               //光标的地图标记
    //地图组合标记常量
    public static final byte DLeft = (byte) 'l';                //组合图形左边标记
```

```java
        public static final byte DUp = (byte) '2';                    //组合图形上边标记
        public static final byte DLeftup = (byte) '3';                //组合图形左上标记
        //图片常量
        public static Image image_base;                               //基本图片
        public static Image image_Zhaoyun;                            //赵云的图片
        public static Image image_Caocao;                             //曹操的图片
        public static Image image_Huangzhong;                         //黄忠的图片
        public static Image image_Machao;                             //马超的图片
        public static Image image_Guanyu;                             //关羽的图片
        public static Image image_Zhangfei;                           //张飞的图片
        public static Image image_Bing;                               //卒的图片
        public static Image image_Blank;                              //空白的图片
        public static Image image_Frame;                              //游戏框架的图片
        public ImageCard() { } //构造函数
        public static boolean init() {    //初始化游戏中用到的图片
            try
            {
                image_Frame = Image.createImage("/Frame.png");
                image_Zhaoyun = Image.createImage("/ZhaoYun.png");
                image_Caocao = Image.createImage("/CaoCao.png");
                image_Huangzhong = Image.createImage("/HuangZhong.png");
                image_Machao = Image.createImage("/MaChao.png");
                image_Guanyu = Image.createImage("/GuanYu.png");
                image_Zhangfei = Image.createImage("/ZhangFei.png");
                image_Bing = Image.createImage("/BIng.png");
                image_Blank = Image.createImage("/Blank.png");
                return true;
            }
            catch (Exception e) {
                return false;
            }
        }
    }
```

在上述代码中，ImageCard 类用来存储绘图位置常量、地图位置常量、地图标记常量、地图组合标记常量和图片常量。绘图位置常量是指绘图时每个格子的长度和边界的位置；地图位置常量是指地图的长和宽；地图标记常量是指各个游戏角色所对应的标记；地图组合标记常量是指"曹操"、"关羽"等组合棋牌的格子组合方式；图片常量是指存储游戏角色信息的图片。所述棋牌游戏的初始布局信息存储在文本文件中，启动游戏程序时读取该文件中的地图标记信息。例如，读取字符"c"时，表示那是曹操图片的信息。而地图组合标记用来表示组合图片的实际位置，例如值 2 表示当前图片的上方就是其实际地图位置。

绘制图形的 Draw 类用来在指定的位置绘出角色图片，其源代码如下：

```java
import javax.microedition.lcdui.*;
public class Draw {    //绘制游戏中的图片
    public Draw(Canvas canvas) { }    //构造函数
    public static boolean paint(Graphics g, byte img, int x, int y) {
```

```java
        //在地图的 x,y 点绘制 img 指定的图片
        try
        {
            paint(g, img, x, y, ImageCard.UNIT); //把地图 x,y 点转化成画布的绝对坐标，绘图
            return true;
        }
        catch (Exception e) {
            return false;
        }
    }
    public static boolean paint(Graphics g, byte img, int x, int y, int unit) {
        try
        {
            switch (img) {
                case ImageCard.CaoCao:                //画曹操，变成绝对坐标，并做调整
                    g.drawImage(ImageCard.image_Caocao, ImageCard.LEFT + x * unit,
                        ImageCard.TOP + y * unit, Graphics.TOP | Graphics.LEFT);
                    break;
                case ImageCard.GuanYu:                //画关羽
                    g.drawImage(ImageCard.image_Guanyu, ImageCard.LEFT + x * unit,
                        ImageCard.TOP + y * unit, Graphics.TOP | Graphics.LEFT);
                    break;
                case ImageCard.HuangZhong:            //画黄忠
                    g.drawImage(ImageCard.image_Huangzhong, ImageCard.LEFT + x * unit,
                        ImageCard.TOP + y * unit, Graphics.TOP | Graphics.LEFT);
                    break;
                case ImageCard.MaChao:                //画马超
                    g.drawImage(ImageCard.image_Machao, ImageCard.LEFT + x * unit,
                        ImageCard.TOP + y * unit, Graphics.TOP | Graphics.LEFT);
                    break;
                case ImageCard.ZhangFei:              //画张飞
                    g.drawImage(ImageCard.image_Zhangfei, ImageCard.LEFT + x * unit,
                        ImageCard.TOP + y * unit, Graphics.TOP | Graphics.LEFT);
                    break;
                case ImageCard.ZhaoYun:               //画赵云
                    g.drawImage(ImageCard.image_Zhaoyun, ImageCard.LEFT + x * unit,
                        ImageCard.TOP + y * unit, Graphics.TOP | Graphics.LEFT);
                    break;
                case ImageCard.Bing:                  //画兵
                    g.drawImage(ImageCard.image_Bing, ImageCard.LEFT + x * unit,
                        ImageCard.TOP + y * unit, Graphics.TOP | Graphics.LEFT);
                    break;
                case ImageCard.Blank:                 //画空白
                    g.drawImage(ImageCard.image_Blank, ImageCard.LEFT + x * unit,
                        ImageCard.TOP + y * unit, Graphics.TOP | Graphics.LEFT);
                    break;
```

```
                    case ImageCard.Cursor:                         //画光标
                        g.drawRect(ImageCard.LEFT + x * unit, ImageCard.TOP +
                            y * unit, ImageCard.UNIT, ImageCard.UNIT);
                        break;
                    }
                    return true;
                }
            catch (Exception ex) {
                return false;
            }
        }
    }
}
```

在上述代码中，Draw 类用来在画布上绘制图形，其 paint 方法是一种重载的函数。实际上，游戏程序中只用到了含有 4 个参数的 paint 方法，该 paint 方法通过图片的相对位置参数调用含有 5 个参数的 paint 方法。含有 5 个参数的 paint 方法将相对坐标位置信息转换为绝对位置信息，并用 Graphics.drawImage 方法显示当前图片。

3.2.4 地图布局类的设计

"华容道"游戏实际上是一种状态图布局变化的过程，因而地图布局的设计比较关键，这里将地图布局设计成 Java 类 Map。Map 类用来从外部文本文件读取地图数据，将这些数据保存在地图信息数组中，其源代码如下：

```
import java.io.InputStream;
import javax.microedition.lcdui.*;
public class Map {
  //处理游戏地图，从外部文件加载并存放地图数据，按照地图数据绘制地图
  public byte grid[][];                    //存放地图数据
  public Map() {   //构造函数，负责初始化地图数据的存储结构
    this.grid = new byte[ImageCard.HEIGHT][ImageCard.WIDTH];
    //用二维数组存放地图数据，注意第一维是竖直坐标，第二维是水平坐标
  }
  public int[] read_map() {
    //从外部文件加载地图数据，并存放在存储结构中，返回值是光标点的位置
    int[] a = new int[2];                 //光标点的位置，0 是水平位置，1 是竖直位置
    try
    {
      InputStream is = getClass().getResourceAsStream("/map.txt");
      if (is != null) {
        for (int k = 0; k < ImageCard.HEIGHT; k++) {
          for (int j = 0; j < ImageCard.WIDTH; j++) {
            this.grid[k][j] = (byte) is.read();
            if ( this.grid[k][j] == ImageCard.Cursor) {      //判断出光标所在位置
              a[0] = j;                       //光标水平位置
              a[1] = k;                       //光标竖直位置
              this.grid[k][j] = ImageCard.Blank;   //将光标位置设成空白背景
            }
```

```
            }
            is.read();              //读取回车（13），忽略掉
            is.read();              //读取换行（10），忽略掉
        }
        is.close();
    }
    else {
        //读取文件失败
        a[0] = -1;
        a[1] = -1;
    }
}
catch (Exception e) {   //打开文件失败
    a[0] = -1;
    a[1] = -1;
}
return a;
}
public boolean draw_map(Graphics g) {    //调用 Draw 类的静态方法，绘制地图
    try
    {
        for (int i = 0; i < ImageCard.HEIGHT; i++) {
            for (int j = 0; j < ImageCard.WIDTH; j++) {
                Draw.paint(g, this.grid[i][j], j, i);        //绘制地图
            }
        }
        return true;
    } catch (Exception ex) {
        return false;
    }
}
}
```

在上述代码中，Map 类用二维数组 grid 存储"华容道"游戏的地图布局信息，其 read_map()函数用来从外部文本文件中读取地图布局信息，并给数组 grid 赋值，其 draw_map()函数用来将数组 grid 中存储的地图布局信息转换成图片显示出来。在从外部文件读取地图布局数据时，文件名的路径是相对于该程序类文件所在位置的相对路径。

3.2.5 游戏逻辑类的设计

"华容道"游戏操作是在手机上进行的，游戏控制的逻辑设计成 Java 类 GameLogic。所述 GameLogic 类定义了表示当前光标位置的变量 loc、表示要移动位置的变量 SelectArea、表示移动目的地的变量 MoveArea 和表示是否选择走棋的变量 Selected，其源代码如下：

```
import javax.microedition.lcdui.*;
public class GameLogic extends Canvas {
    private int[] loc = new int[2];           //光标的当前位置，0 是水平位置，1 是竖直位置
    private int[] SelectArea = new int[4];    //被选定的区域，即要移动的区域
```

```java
    private int[] MoveArea = new int[4];            //要移动到的区域
    private Map MyMap = new Map();                  //地图类
    public boolean selected;                        //是否已经选中要移动区域的标志
    public GameLogic() { } //构造函数
    public void Init_game() { //初始化游戏，读取地图，设置选择区域，清空要移到的区域
        this.loc = MyMap.read_map(); //读取地图文件，并返回光标的初始位置
        //0 为水平位置，1 为竖直位置
        this.SelectArea[0] = this.loc[0];           //初始化选中的区域
        this.SelectArea[1] = this.loc[1];
        this.SelectArea[2] = 1;
        this.SelectArea[3] = 1;
        this.MoveArea[0] = -1;                      //初始化要移动到的区域
        this.MoveArea[1] = -1;
        this.MoveArea[2] = 0;
        this.MoveArea[3] = 0;
    }
    protected void paint(Graphics g) {
        //画图函数，用于绘制用户画面，即显示图片，勾画选中区域和要移动到的区域
        try
        {
            g.drawImage(ImageCard.image_Frame, 0, 0, Graphics.TOP | Graphics.LEFT);
            //画背景
            MyMap.draw_map(g);                      //按照地图内容画图
            if ( this.selected )
                g.setColor(0,255,0);                //如果被选中，改用绿色画出被选中的区域
            g.drawRect(this.SelectArea[0] * ImageCard.UNIT + ImageCard.LEFT,
                this.SelectArea[1] * ImageCard.UNIT + ImageCard.TOP,
                this.SelectArea[2] * ImageCard.UNIT,
                this.SelectArea[3] * ImageCard.UNIT);   //画出选择区域，选中用绿色，否则用黑色
            g.setColor(255,255,255);                //恢复画笔颜色
            if (this.selected) {    //已经选中了要移动的区域
                g.setColor(255, 0, 255);            //改用红色
                g.drawRect(this.MoveArea[0] * ImageCard.UNIT + ImageCard.LEFT,
                        this.MoveArea[1] * ImageCard.UNIT + ImageCard.TOP,
                        this.MoveArea[2] * ImageCard.UNIT,
                        this.MoveArea[3] * ImageCard.UNIT);     //画出要移至的区域
                g.setColor(255, 255, 255);          //恢复画笔颜色
            }
        }
        catch (Exception ex) { }
        System.out.println(Runtime.getRuntime().totalMemory());
    }
    private void setRange() { //设置移动后能够选中的区域
        //调整当前光标位置到地图的主位置，即记录人物信息的位置
        if (this.MyMap.grid[this.loc[1]][this.loc[0]] == ImageCard.DLeft) {
            this.loc[0] -= 1;                                       //向左移
```

```java
        }
        else if (this.MyMap.grid[this.loc[1]][this.loc[0]] == ImageCard.DUp) {
            this.loc[1] -= 1;                                    //向上移
        }
        else if (this.MyMap.grid[this.loc[1]][this.loc[0]] == ImageCard.DLeftup)
        {
            this.loc[0] -= 1;                                    //向左移
            this.loc[1] -= 1;                                    //向上移
        }
        this.SelectArea[0] = this.loc[0];                        //设置光标的水平位置
        this.SelectArea[1] = this.loc[1];                        //设置光标的竖直位置
        //设置光标的宽度
        if (this.loc[0] + 1 < ImageCard.WIDTH) {
            this.SelectArea[2] = this.MyMap.grid[this.loc[1]][this.loc[0] + 1] != (byte) '1' ? 1 : 2;
        }
        else {
            this.SelectArea[2] = 1;
        }
        //设置光标的高度
        if (this.loc[1] + 1 < ImageCard.HEIGHT) {
            this.SelectArea[3] = this.MyMap.grid[this.loc[1] + 1][this.loc[0]] != (byte) '2' ? 1 : 2;
        }
        else {
            this.SelectArea[3] = 1;
        }
    }
    private boolean setMoveRange() { //设置要移动到的区域，能移动返回 true，否则返回 false
        for (int i = 0; i < this.SelectArea[2]; i++) {
            for (int j = 0; j < this.SelectArea[3]; j++) {
                if (this.loc[1] + j >= ImageCard.HEIGHT || this.loc[0] + i >= ImageCard.WIDTH ||
                    (!isInRange(this.loc[0] + i, this.loc[1] + j) &&
                        this.MyMap.grid[this.loc[1] + j][this.loc[0] + i] !=ImageCard.Blank)) {
                    return false;
                }
            }
        }
        this.MoveArea[0] = this.loc[0];
        this.MoveArea[1] = this.loc[1];
        this.MoveArea[2] = this.SelectArea[2];
        this.MoveArea[3] = this.SelectArea[3];
        return true;
    }
    private boolean isInRange(int x, int y) {
        //判断给定的(x, y)点是否在选定区域之内，x 是水平坐标，y 是竖直坐标
        if (x >= this.SelectArea[0] && x < this.SelectArea[0] + this.SelectArea[2] &&
            y >= this.SelectArea[1] && y < this.SelectArea[1] + this.SelectArea[3]) {
```

```java
      return true;
    }
    else {
      return false;
    }
  }
}
private boolean isInRange2(int x, int y) {
  //判断给定的(x,y)点是否在要移动到的区域之内，x 是水平坐标，y 是竖直坐标
  if (x >= this.MoveArea[0] && x < this.MoveArea[0] + this.MoveArea[2] &&
      y >= this.MoveArea[1] && y < this.MoveArea[1] + this.MoveArea[3]) {
    return true;
  }
  else {
    return false;
  }
}
protected void keyPressed(int keyCode) {
  //处理按下键盘的事件，这是 Canvas 的实例方法
  switch (getGameAction(keyCode)) {    //将按键的值转化成方向常量
    case Canvas.UP:                                            //向上
      if (!this.selected) {  //还没有选定要移动的区域
        if (this.loc[1] - 1 >= 0) {  //向上还有移动空间
          this.loc[1]--;                                       //向上移动一下
          setRange();   //设置光标移动的区域，该函数能将光标移动到地图主位置
          repaint();                                           //重新绘图
        }
      }
      else {   //已经选定了要移动的区域
        if (this.loc[1] - 1 >= 0) {  //向上还有移动空间
          this.loc[1]--;                                       //向上移动一下
          if (setMoveRange()) {  //能够移动，该函数能够设置要移动到的区域
            repaint();                                         //重新绘图
          }
          else {   //不能移动
            this.loc[1]++;                                     //退回来
          }
        }
      }
      break;
    case Canvas.DOWN:                                          //向下
      if (!this.selected) {  //还没有选定要移动的区域
        if (this.loc[1] + 1 < ImageCard.HEIGHT) {  //向下还有移动空间
          if (this.MyMap.grid[this.loc[1] + 1][this.loc[0]] == ImageCard.DUp) {
            //该图片有两个格高
            this.loc[1]++;                                     //向下移动一下
            if (this.loc[1] + 1 < ImageCard.HEIGHT) {  //向下还有移动空间
```

```java
                    this.loc[1]++;                              //向下移动一下
                    setRange();                                 //设置光标移动的区域，
                    //该函数能将光标移动到地图主位置
                    repaint();                                  //重新绘图
                }
                else {   //向下没有移动空间
                    this.loc[1]--;                              //退回来
                }
            }
            else {   //该图片只有一个格高
                this.loc[1]++;              //向下移动一次
                setRange();                 //设置光标移动的区域，该函数将光标移到地图主位置
                repaint();                  //重新绘图
            }
        }
        else {
        }
    }
    else {   //已经选定了要移动的区域
        if (this.loc[1] + 1 < ImageCard.HEIGHT) {       //向下还有移动空间
            this.loc[1]++;                              //向下移动一下
            if (setMoveRange()) { //能够移动，该函数能够设置要移动到的区域
                repaint();                              //重新绘图
            }
            else {   //不能移动
                this.loc[1]--;                          //退回来
            }
        }
    }
    break;
case Canvas.LEFT:                                       //向左
    if (!this.selected) {    //还没有选定要移动的区域
        if (this.loc[0] - 1 >= 0) {    //向左还有移动空间
            this.loc[0]--;                              //向左移动一次
            setRange();
            //设置光标移动的区域，该函数能将光标移动到地图主位置
            repaint();                                  //重新绘图
        }
    }
    else {    //已经选定了要移动的区域
        if (this.loc[0] - 1 >= 0) {    //向左还有移动空间
            this.loc[0]--;                              //向左移动一次
            if (setMoveRange()) {    //能够移动，该函数能够设置要移动到的区域
                repaint();                              //重新绘图
            }
            else {    //不能移动
```

```
              this.loc[0]++;                            //退回来
            }
         }
      }
      break;
case Canvas.RIGHT:                                      //向右
   if (!this.selected) {   //还没有选定要移动的区域
      if (this.loc[0] + 1 < ImageCard.WIDTH) { //向右还有移动空间
         if (this.MyMap.grid[this.loc[1]][this.loc[0] + 1] == ImageCard.DLeft) {
            //该图片有两个格宽
            this.loc[0]++;                              //向右移动一次
            if (this.loc[0] + 1 < ImageCard.WIDTH) {  //向右还有移动空间
               this.loc[0]++;                           //向右移动一下
               setRange();                              //设置光标移动的区域，
               //该函数能将光标移动到地图主位置
               repaint();                               //重新绘图
            }
            else {  //向右没有移动空间
               this.loc[0]--;                           //退回来
            }
         }
         else {  //该图片只有一个格宽
            this.loc[0]++;      //向右移动一次
            setRange();  //设置光标移动的区域，该函数能将光标移动到地图主位置
            repaint();                                  //重新绘图
         }
      }
      else
      {
      }
   }
   else
   {
      //已经选定了要移动的区域
      if (this.loc[0] + 1 < ImageCard.WIDTH)
      {
         //向右还有移动空间
         this.loc[0]++;                                 //向右移动一次
         if (setMoveRange())
         {
            //能够移动，该函数能够设置要移动到的区域
            repaint();                                  //重新绘图
         }
         else
         {
            //不能移动
```

```java
                this.loc[0]--;                                    //退回来
            }
        }
    }
    break;
    case Canvas.FIRE:
    if (this.selected) { //已经选定了要移动的区域
            Move();                                //将要移动的区域移动到刚选中的区域
            repaint();                             //重新绘图
            this.selected = false;                 //清除已选定要移动区域的标志
            if ( win()) {
                System.out.println("赢了");
            }
        }
        else {   //还没有选定要移动的区域
            if (this.MyMap.grid[this.loc[1]][this.loc[0]] == ImageCard.Blank) {
                //要移到的位置是一个空白
            }
            else {   //要移到的位置不是空白
                this.selected = true;              //设置已选定要移动区域的标志
            }
            repaint();                             //重新绘图
        }
        break;
    }
}
private boolean win() {     //判断是否已经救出了曹操
    if ( this.MyMap.grid[ImageCard.HEIGHT - 2 ][ImageCard.WIDTH - 3 ] ==
        ImageCard.CaoCao )
        return true;
    else
        return false;
}
private void Printgrid(String a) {     //打印当前地图的内容，用于调试
    System.out.println(a);
    for (int i = 0; i < ImageCard.HEIGHT; i++) {
        for (int j = 0; j < ImageCard.WIDTH; j++) {
            System.out.print( (char)this.MyMap.grid[i][j]);
        }
        System.out.println("");
    }
}
private void Move() { //将要移动的区域移动到刚选中的区域
    if (this.MoveArea[0] == -1 || this.MoveArea[1] == -1 ||
        this.SelectArea[0] == -1 || this.SelectArea[1] == -1) { //没有选中区域
    }
```

```java
        else {   //已经选中了要移动的区域和要移动到的区域
            byte[][] temp = new byte[this.SelectArea[3]][this.SelectArea[2]];
            //复制要移动的区域，因为这块区域可能会被覆盖掉
            for (int i = 0; i < this.SelectArea[2]; i++) {
                for (int j = 0; j < this.SelectArea[3]; j++) {
                    temp[j][i] = this.MyMap.grid[this.SelectArea[1] +j][this.SelectArea[0] + i];
                }
            }
            //调试信息：将要移动的区域移动到刚选中的区域（即要移动到的区域）
            for (int i = 0; i < this.SelectArea[2]; i++) {
                for (int j = 0; j < this.SelectArea[3]; j++) {
                    this.MyMap.grid[this.MoveArea[1] + j][this.MoveArea[0] + i] = temp[j][i];
                }
            }
            //调试信息：将要移动的区域中无用内容置成空白
            for (int i = 0; i < this.SelectArea[3]; i++) {
                for (int j = 0; j < this.SelectArea[2]; j++) {
                    if (!isInRange2(this.SelectArea[0] + j, this.SelectArea[1] + i)) {
                        //该点是不在要移动到的区域之内，需置空
                        this.MyMap.grid[this.SelectArea[1] + i][this.SelectArea[0] + j] =
                            ImageCard.Blank;
                    }
                    else
                    {
                    }
                }
            }
            //调试信息
            this.SelectArea[0] = this.MoveArea[0];        //重置选中位置的水平坐标
            this.SelectArea[1] = this.MoveArea[1];        //重置选中位置的竖直坐标
            this.MoveArea[0] = -1;                        //清空要移动到的位置
            this.MoveArea[1] = -1;                        //清空要移动到的位置
            this.MoveArea[2] = 0;                         //清空要移动到的位置
            this.MoveArea[3] = 0;                         //清空要移动到的位置
        }
    }
    /** 清空并消除。 */
    public void destroy() {
        hideNotify();
    }
}
```

在上述代码中，每个游戏角色用不同的图片表示，启动游戏时装载各个角色的图片。win()函数处理玩家赢了的情况，destroy()函数用来清空游戏程序的数据并消除游戏界面。

3.2.6 手机游戏主程序类的设计

最后一步是设计"华容道"手机游戏主程序类 HRgameMIDlet，该 Java 类保存为文件

HRgameMIDlet.java，其源代码如下：

```java
import javax.microedition.midlet.*;
import javax.microedition.lcdui.*;
public class HRgameMIDlet extends MIDlet implements CommandListener {
    private GameLogic gl;
    private Display display;
    public HRgameMIDlet() {
    try
    {
        display =Display.getDisplay(this);
        gl=new GameLogic();     //初始化实例变量
        gl.selected = false;                        //设置没有被选中的要移动区域
        ImageCard.init();                           //初始化图片常量
        gl.Init_game();
        //初始化游戏，读取地图，设置选择区域，清空要移动到的区域
        gl.addCommand(new Command("退出游戏", Command.EXIT, 1));
        //添加【退出游戏】按钮
        gl.setCommandListener(this);               //监听【退出游戏】按钮
    }
    catch (Exception e) {
        ve.printStackTrace();
    }
}
public void startApp() {
    display.setCurrent(gl);
}
public void pauseApp() { }
public void destroyApp(boolean unconditional) {
    display.setCurrent((Displayable)null);
    gl.destroy();
}
    public void commandAction(Command command, Displayable displayable) {
        //命令处理函数
        if (command.getCommandType() == Command.EXIT) {
            //处理"退出"
            destroyApp(false);
            notifyDestroyed();
        }
    }
}
```

在上述代码中，startApp()、pauseApp()和destroyApp()这三个函数在 MIDlet 类中必须重载一次，分别用来控制 J2ME 程序的启动、暂停和结束。在 HRgameMIDlet 类的构造函数中对 GameLogic 类进行实例化，启动游戏程序，并添加【退出游戏】按钮。对"退出"命令的处理方法是消除该 J2ME 程序，并通知已消除该程序。这样，单击【生成】按钮和【运行】按钮，就可以启动"华容道"J2ME 游戏程序，如图 3.13 所示。

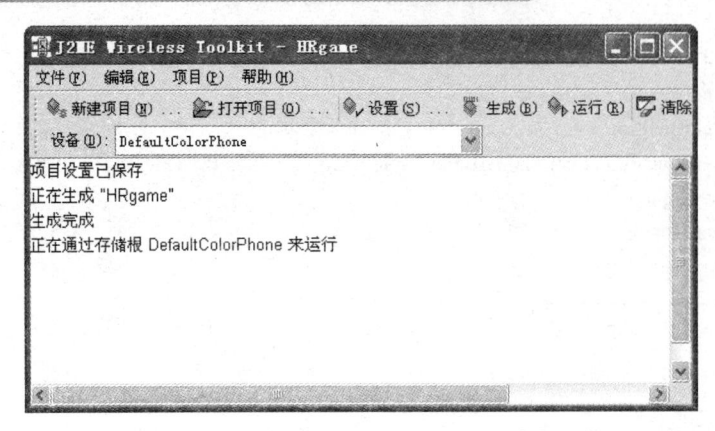

图 3.13 编译并运行"华容道"J2ME 游戏程序

启动上述 J2ME 游戏程序后,弹出手机仿真器界面,如图 3.14 所示,按手机右键,选择启动 HRgame 游戏。

图 3.14 启动"华容道"手机游戏

在图 3.14 中,为了测试【退出游戏】按钮,可以单击该按钮,就会关闭当前"华容道"游戏界面,返回到启动程序界面,如图 3.15 所示。

3.2.7 "华容道"手机游戏程序的测试结果

"华容道"游戏起源于三国时期的一个著名故事,赤壁之战后曹操被周瑜杀得大败,带残兵从华容道仓皇逃走,关羽放曹操逃离华容道。据有关资料介绍,对于图 3.5 所示的"华容道"手机游戏布局,国际上已知的最好走法是 81 步。首先移动兵,如图 3.16 所示。然后,向左移动右下角的兵,如图 3.17 所示。第 3 步,向下移动黄忠棋子,如图 3.18 所示。

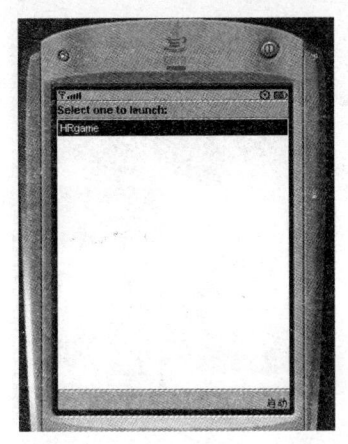

图 3.15　按【退出游戏】按钮就返回到启动程序菜单

图 3.16　第 1 步移动兵 　　　　图 3.17　第 2 步移动兵 　　　　图 3.18　第 3 步移动黄忠棋子

第 4 步，向右移动关羽棋子，如图 3.19 所示。第 5 步，向右移动马超棋子，如图 3.20 所示。第 6 步，向上移动左下角的兵，如图 3.21 所示。

图 3.19　第 4 步移动关羽棋子 　　图 3.20　第 5 步移动马超棋子 　　图 3.21　第 6 步移动兵

第 7 步，向左移动兵，如图 3.22 所示。第 8 步，向下移动马超棋子，如图 3.23 所示。第 9 步，向左移动关羽棋子，如图 3.24 所示。

图 3.22　第 7 步移动兵 　　　　图 3.23　第 8 步移动马超棋子 　　　图 3.24　第 9 步移动关羽棋子

第 10 步，向上向右移动兵，如图 3.25 所示。第 11 步，继续向上移动兵，如图 3.26 所示。第 12 步，向右移动马超棋子，如图 3.27 所示。

图 3.25　第 10 步移动兵 　　　　图 3.26　第 11 步移动兵 　　　　图 3.27　第 12 步移动马超棋子

第 13 步，向右向下移动兵，如图 3.28 所示。第 14 步，向下移动关羽棋子，如图 3.29 所示。第 15 步，向左移动兵，如图 3.30 所示。

图 3.28　第 13 步移动兵 　　　　图 3.29　第 14 步移动关羽棋子 　　图 3.30　第 15 步移动兵

第 16 步，继续向左移动兵，如图 3.31 所示。第 17 步，向上移动马超棋子，如图 3.32 所示。第 18 步，向上移动黄忠棋子，如图 3.33 所示。

图 3.31　第 16 步移动兵　　图 3.32　第 17 步移动马超棋子　　图 3.33　第 18 步移动黄忠棋子

第 19 步，向右移动兵，如图 3.34 所示。第 20 步，继续向右移动兵，如图 3.35 所示。第 21 步，向下移动关羽棋子，如图 3.36 所示。

图 3.34　第 19 步移动兵　　图 3.35　第 20 步移动兵　　图 3.36　第 21 步移动关羽棋子

第 22 步，向下向左移动兵，如图 3.37 所示。第 23 步，向左移动马超棋子，如图 3.38 所示。第 24 步，向左移动黄忠棋子，如图 3.39 所示。

第 25 步，向下移动赵云棋子，如图 3.40 所示。第 26 步，向右移动曹操棋子，如图 3.41 所示。第 27 步，向右移动张飞棋子，如图 3.42 所示。

第 28 步，向上移动兵，如图 3.43 所示。第 29 步，继续向上移动兵，如图 3.44 所示。第 30 步，向左移动马超棋子，如图 3.45 所示。

第 31 步，向下移动张飞棋子，如图 3.46 所示。第 32 步，向左移动曹操棋子，如图 3.47 所示。第 33 步，向上移动赵云棋子，如图 3.48 所示。

图 3.37　第 22 步移动兵 　　　图 3.38　第 23 步移动马超棋子 　　　图 3.39　第 24 步移动黄忠棋子

图 3.40　第 25 步移动赵云棋子 　　图 3.41　第 26 步移动曹操棋子 　　图 3.42　第 27 步移动张飞棋子

图 3.43　第 28 步移动兵 　　　图 3.44　第 29 步移动兵 　　　图 3.45　第 30 步移动马超棋子

第 34 步，向右移动黄忠棋子，如图 3.49 所示。第 35 步，向上移动兵，如图 3.50 所示。第 36 步，向左向上移动兵，如图 3.51 所示。

图 3.46　第 31 步移动张飞棋子 　　图 3.47　第 32 步移动曹操棋子 　　图 3.48　第 33 步移动赵云棋子

图 3.49　第 34 步移动黄忠棋子 　　图 3.50　第 35 步移动兵 　　　　　图 3.51　第 36 步移动兵

第 37 步，向右移动关羽棋子，如图 3.52 所示。第 38 步，向下移动马超棋子，如图 3.53 所示。第 39 步，向下移动张飞棋子，如图 3.54 所示。

图 3.52　第 37 步移动关羽棋子 　　图 3.53　第 38 步移动马超棋子 　　图 3.54　第 39 步移动张飞棋子

第 40 步，向左移动兵，如图 3.55 所示。第 41 步，向下移动曹操棋子，如图 3.56 所示。第 42 步，向右移动左上角的兵，如图 3.57 所示。

图 3.55　第 40 步移动兵 　　　图 3.56　第 41 步移动曹操棋子 　　　图 3.57　第 42 步移动兵

第 43 步，向上向右移动兵，如图 3.58 所示。第 44 步，继续向上移动兵，如图 3.59 所示。第 45 步，向上移动马超棋子，如图 3.60 所示。

图 3.58　第 43 步移动兵 　　　图 3.59　第 44 步移动兵 　　　图 3.60　第 45 步移动马超棋子

第 46 步，向左移动张飞棋子，如图 3.61 所示。第 47 步，向左向下移动兵，如图 3.62 所示。第 48 步，向下移动曹操棋子，如图 3.63 所示。

第 49 步，向左向下移动兵，如图 3.64 所示。第 50 步，向左移动赵云棋子，如图 3.65 所示。第 51 步，向上移动黄忠棋子，如图 3.66 所示。

第 52 步，向右移动曹操棋子，如图 3.67 所示。第 53 步，向下移动兵，如图 3.68 所示。第 54 步，继续向下移动兵，如图 3.69 所示。

第 55 步，向右移动左上角的兵，如图 3.70 所示。第 56 步，向上移动马超棋子，如图 3.71 所示。第 57 步，向上移动张飞棋子，如图 3.72 所示。

图 3.61　第 46 步移动张飞棋子 　　图 3.62　第 47 步移动兵 　　图 3.63　第 48 步移动曹操棋子

图 3.64　第 49 步移动兵 　　图 3.65　第 50 步移动赵云棋子 　　图 3.66　第 51 步移动黄忠棋子

图 3.67　第 52 步移动曹操棋子 　　图 3.68　第 53 步移动兵 　　图 3.69　第 54 步移动兵

　　第 58 步，向左移动兵，如图 3.73 所示。第 59 步，向下移动兵，如图 3.74 所示。第 60 步，向左移动曹操棋子，如图 3.75 所示。

图 3.70　第 55 步移动兵 　　　　图 3.71　第 56 步移动马超棋子 　　　图 3.72　第 57 步移动张飞棋子

图 3.73　第 58 步移动兵 　　　　图 3.74　第 59 步移动兵 　　　　　图 3.75　第 60 步移动曹操棋子

第 61 步，向下移动黄忠棋子，如图 3.76 所示。第 62 步，向右移动赵云棋子，如图 3.77 所示。第 63 步，向右移动兵，如图 3.78 所示。

图 3.76　第 61 步移动黄忠棋子 　　图 3.77　第 62 步移动赵云棋子 　　图 3.78　第 63 步移动兵

第 64 步，向右移动兵，如图 3.79 所示。第 65 步，向右移动马超棋子，如图 3.80 所示。第 66 步，向上移动张飞棋子，如图 3.81 所示。

图 3.79　第 64 步移动兵　　　图 3.80　第 65 步移动马超棋子　　　图 3.81　第 66 步移动张飞棋子

第 67 步，向左移动曹操棋子，如图 3.82 所示。第 68 步，向下移动兵，如图 3.83 所示。第 69 步，继续向下移动兵，如图 3.84 所示。

图 3.82　第 67 步移动曹操棋子　　　图 3.83　第 68 步移动兵　　　图 3.84　第 69 步移动兵

第 70 步，向左移动赵云棋子，如图 3.85 所示。第 71 步，向上移动黄忠棋子，如图 3.86 所示。第 72 步，向右向上移动兵，如图 3.87 所示。

第 73 步，向上移动关羽棋子，如图 3.88 所示。第 74 步，向右移动兵，如图 3.89 所示。第 75 步，向右移动左下角的兵，如图 3.90 所示。

第 76 步，向下移动曹操棋子，如图 3.91 所示。第 77 步，向左移动兵，如图 3.92 所示。第 78 步，继续向左移动兵，如图 3.93 所示。

第 79 步，向上移动关羽棋子，如图 3.94 所示。第 80 步，向上向右移动兵，如图 3.95 所示。第 81 步，向右移动曹操棋子，如图 3.96 所示。

101

图 3.85　第 70 步移动赵云棋子 　　图 3.86　第 71 步移动黄忠棋子 　　图 3.87　第 72 步移动兵

图 3.88　第 73 步移动关羽棋子 　　图 3.89　第 74 步移动兵 　　　　　图 3.90　第 75 步移动兵

图 3.91　第 76 步移动曹操棋子 　　图 3.92　第 77 步移动兵 　　　　　图 3.93　第 78 步移动兵

至此，曹操角色就移到"华容道"游戏的出口了，这样玩家就赢了。在 J2ME WTK2.2 窗口的程序运行结果中显示"赢了"，并可以关闭该 J2ME 程序，如图 3.97 所示。

图 3.94　第 79 步移动关羽棋子 　　图 3.95　第 80 步移动兵 　　图 3.96　第 81 步移动曹操棋子

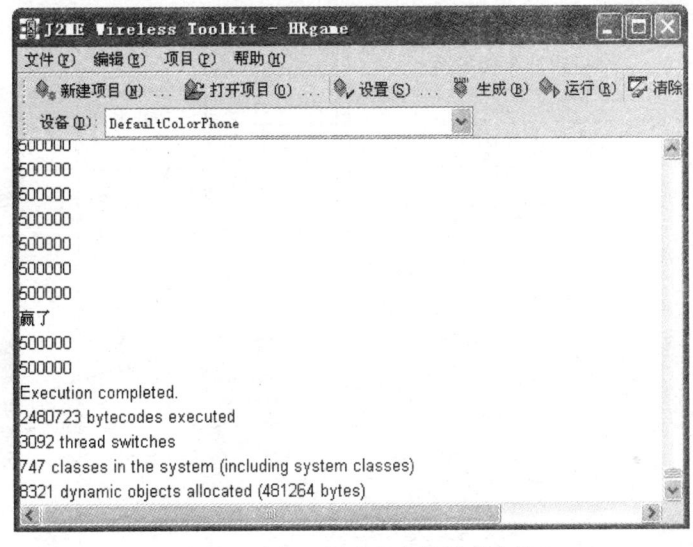

图 3.97　J2ME 游戏程序的测试结果

3.3　"渊龙志"网页游戏项目开发升级

　　以上述 Java 游戏开发案例为基础，用 JSP 技术设计网页游戏项目，例如"渊龙志"网页游戏（http://www.ytxxchina.com）。

3.3.1　基于 Web 和 JSP 的"渊龙志"网页游戏整体设计

　　"渊龙志"网页游戏以中国长达数千年的繁荣、和平、战争与统一故事、历史名人故事、哲学思想故事和古今中外爱国故事为文化素材，以"三国"历史故事个性化体验为突破口，设计面向各种网民个性定制的网页游戏互动平台。

　　"渊龙志"网页游戏用 JSP、JavaScript、CSS、HTML、免疫计算等技术研发而成，不需要下载安装任何插件，绿色、安全、可靠。

103

- JSP 程序用来验证玩家的身份，与后台游戏数据库进行交互，对玩家数据进行智能分析和处理。
- JavaScript 程序用来控制前端游戏网页数据动态处理、游戏动画调节与显示。
- CSS 样式表用来调整游戏网页的显示风格，让游戏网页更加美观，让玩家的视觉感受更舒适。
- HTML 程序是游戏网页的最基本元素，构成游戏网页的主要内容。
- 免疫计算用来构建网页游戏的正常模型和备份系统，应对计算机病毒、黑客攻击和软件故障的安全挑战。

Web 游戏应用服务器采用高性能二十核并发服务器，游戏数据库服务器也采用同样的高性能二十核并发服务器。Web 游戏应用服务器在遇到访问 JSP 游戏网页的请求时，首先执行其中的 JSP 游戏逻辑程序片段，然后将执行结果以 HTML+JavaScript+CSS 的格式返回给玩家，构成生动的游戏娱乐效果，如图 3.98 所示。

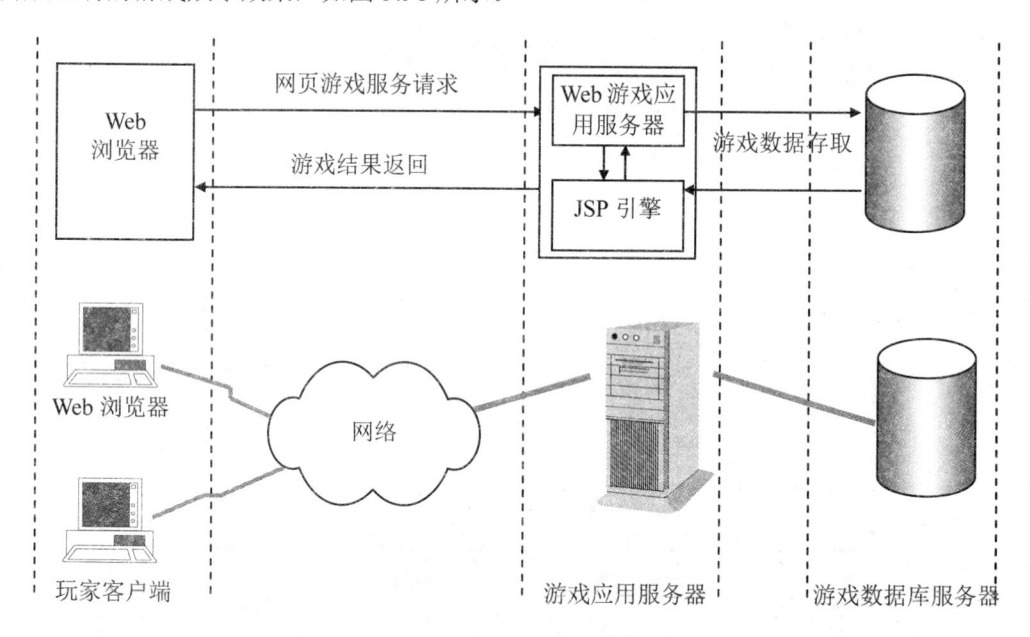

图 3.98　JSP 网页游戏的工作原理

3.3.2　"渊龙志"网页游戏项目开发的特点和优势

利用 JSP 技术开发的"渊龙志"网页游戏，面向广大三国迷玩家，提供三国故事系列网页游戏的最优体验，具有 9 个特点和优势。

（1）具有三国时代中蜀、魏、吴三国历史如实穿梭时空的体验，具有三国时代中各个历史名人的成长故事的"身临其境"体验。

（2）具有三国时代中各个历史战役的模拟定制交互体验，以及天时、地利、人和的兵法体验。

（3）具有爱国志士统一祖国的激情运动体验。

（4）具有看人、识人、培养人才、用人、防人的文官将领人事管理体验。

（5）具有土地、宝物、矿产资源、物品、水利、人脉等管理经营的体验。

（6）能体验出生、成长、学师、历练、结友、收徒、恋爱、结婚、生子、病老、死亡等虚拟人生。

（7）面向学生玩家，提供家长监督机制和上网时间定制机制，避免游戏时间与学习休息时间的冲突，净化学生玩家的上网环境，以追求国家统一为主要价值观，为上进玩家给予国统功勋奖励。

（8）面向特殊 VIP 玩家，提供定制的特殊美化界面和优待的三国游戏文化体验方式，可以为这些 VIP 玩家提供真人认证服务和优惠的包月 VIP 会员服务。

（9）"渊龙志"游戏适用于网站、电脑、手机、嵌入式系统和街机等平台，先从交互性网页游戏突破入手。

3.4 小结

本章从 Java 游戏设计的角度介绍了利用 Web 技术开发游戏项目的方法和实践，包括第 1 个 Java 游戏三子棋和大型网页游戏"渊龙志"。

三子棋游戏是用 Java 类设计了下棋的 Java 小程序，然后通过在 HTML 代码中嵌入此小程序，来运行游戏，供玩家体验。

"渊龙志"游戏是用 JSP 技术设计了网页游戏的登录、故事演示和交互、战斗与协同游戏、交友和聊天等功能，按照原型开发法从小做大，将会拓展移植到各种平台，包括手机、嵌入式系统和街机等。

第 4 章　Java 科学计算与 Web 仿真

Java 作为一种网络化编程语言，也适用于面向 Web 和网络协作的科学计算与仿真。本章以 Java 科学计算开发包 JScience 为例入手，介绍 Java 科学计算项目开发和 Web 仿真项目开发的技术、方法和案例。JScience 科学计算项目是教育开发工具 Edu-developer 项目的子项目，于 2010 年 12 月启动，现有 389 个成员。JScience 科学计算开发包为科学群体提供最广泛的 Java 库，在数学、物理、社会学、生物学、天文学、经济学等科学之间创建协同工作，将这些科学集成在单个科学计算体系中，为科学计算及其可视化提供最好服务 webstart。

4.1　Java 数值计算编程思想的案例分析

以 JScience 科学计算开发包为例，其数值计算的编程思想在于面向对象程序设计，将各种科学计算归类分层，最抽象最上层的计算建立最基本的类，然后派生出更加具体的一些计算类，构成可通用共享的组件和 API 函数库。

为了具体说明其编程思想，JScience 科学计算开发包具有以下 9 种主要功能模块，本节以前两种功能模块为例展开分析。

（1）测量单位服务的模块。
（2）兼容图形化应用开发与部署 OGC/ISO 规格的坐标系模块。
（3）群、环、域、空间等数学结构到 Java 接口的严格映射模块。
（4）线性代数模块（包括参数化矩阵类）。
（5）符号计算与分析的函数模块。
（6）实数等数的精度控制模块。
（7）支持精度测量模块。
（8）标准、相对、高能、量子和自然物理模型模块。
（9）精度保证计算与汇率转换的货币计算模块。

4.1.1　Java 测量单位服务模块的案例分析

Java 科学计算开发包 JScience 模块都已进入 Java 标准库，其中 javax.measure 包提供强类型测量，以执行参数一致性的编译时检查，避免接口错误。具体来说，其子包 javax.measure.converter 提供单位换算支持，其子包 javax.measure.quantity 提供质量、时间、距离、热、角度等事物的定量性质或属性，其子包 javax.measure.unt 提供编程单位处理。

Java 科学计算开发包 JScience 的所有案例都能通过以下命令执行：

```
java -jar jscience.jar test
```

首先介绍精确测量的案例，通过精确测量的 API 函数显示整数物理量的数值和单位。例如以下代码中，m0 变量是定义为质量 Amount 的对象，其数值为 100，单位为磅，通过 Amount 类的 valueOf 函数调用显示数值和单位，这两个值分别是其函数的两个参数。

Amount<Mass> m0 = Amount.valueOf(100, POUND);

Amount 类的定义是在 org.jscience.physics.amount 子包中，Amount.java 源代码的包定义和一系列导入语句如下：

```
/* JScience - 科学计算 Java 工具和库 */
package org.jscience.physics.amount;
import java.io.Serializable;
import javolution.context.ObjectFactory;
import javolution.lang.Immutable;
import javolution.lang.MathLib;
import javolution.text.Text;
import javolution.util.FastComparator;
import javolution.util.FastMap;
import javolution.xml.XMLFormat;
import javolution.xml.stream.XMLStreamException;
import org.jscience.mathematics.structure.Field;
import javax.measure.converter.ConversionException;
import javax.measure.converter.RationalConverter;
import javax.measure.converter.UnitConverter;
import javax.measure.quantity.Dimensionless;
import javax.measure.quantity.Quantity;
import javax.measure.unit.Unit;
import javax.measure.Measurable;
import javax.realtime.MemoryArea;
```

接下来是 Amount 类定义的框架，其源代码架构如下：

```
public final class Amount<Q extends Quantity> implements
        Measurable<Q>, Field<Amount<?>>, Serializable, Immutable {
    /** 0 的无维度精确测量 */
    public static final Amount<Dimensionless> ZERO = new Amount<Dimensionless>();
    static {
        ZERO._unit = Unit.ONE; ZERO._isExact = true; ZERO._exactValue = 0L;
        ZERO._minimum = 0; ZERO._maximum = 0;
    }
    /** 1 的无维度精确测量 */
    public static final Amount<Dimensionless> ONE = new Amount<Dimensionless>();
    static {
        ONE._unit = Unit.ONE; ONE._isExact = true; ONE._exactValue = 1L;
        ONE._minimum = 1.0; ONE._maximum = 1.0;
    }
    /** 进行测量的默认 XML 表示 */
    @SuppressWarnings("unchecked")
    protected static final XMLFormat<Amount> XML = new XMLFormat<Amount>(
            Amount.class) {
        @Override
        public Amount newInstance(Class<Amount> cls, InputElement xml) throws XMLStreamException {
            Unit unit = Unit.valueOf(xml.getAttribute("unit"));
            Amount<?> m = Amount.newInstance(unit);
```

```java
            if (xml.getAttribute("error") == null) // Exact.
                return m.setExact(xml.getAttribute("value", 0L));
            m._isExact = false;
            double estimatedValue = xml.getAttribute("value", 0.0);
            double error = xml.getAttribute("error", 0.0);
            m._minimum = estimatedValue - error;
            m._maximum = estimatedValue + error;
            return m;
        }
        @Override
        public void read(javolution.xml.XMLFormat.InputElement arg0, Amount arg1) throws
            XMLStreamException {   // 不需做什么
        }
        @Override
        public void write(Amount m, OutputElement xml) throws XMLStreamException {
            if (m._isExact) {
                xml.setAttribute("value", m._exactValue);
            } else {
                xml.setAttribute("value", m.getEstimatedValue());
                xml.setAttribute("error", m.getAbsoluteError());
            }
            xml.setAttribute("unit", m._unit.toString());
        }
    };
    /* 返回按照特定单位值的精确测量，Amount 类的 valueOf()函数用到了函数重载 */
    public static <Q extends Quantity> Amount<Q> valueOf(long value, Unit<Q> unit) {
        Amount<Q> m = Amount.newInstance(unit);
        return m.setExact(value);
    }
    /** 返回近似值的测量 */
    public static <Q extends Quantity> Amount<Q> valueOf(double value, Unit<Q> unit) {
        Amount<Q> m = Amount.newInstance(unit);
        m._isExact = false;
        double valInc = value * INCREMENT;
        double valDec = value * DECREMENT;
        m._minimum = (value < 0) ? valInc : valDec;
        m._maximum = (value < 0) ? valDec : valInc;
        return m;
    }
    /** 返回特殊近似值的测量 */
    public static <Q extends Quantity> Amount<Q> valueOf(double value,
            double error, Unit<Q> unit) {
        if (error < 0)
            throw new IllegalArgumentException("error: " + error + " is negative");
        Amount<Q> m = Amount.newInstance(unit);
        double min = value - error;
```

```
        double max = value + error;
        m._isExact = false;
        m._minimum = (min < 0) ? min * INCREMENT : min * DECREMENT;
        m._maximum = (max < 0) ? max * DECREMENT : max * INCREMENT;
        return m;
    }
……
```

上述例子的执行结果如图4.1所示。

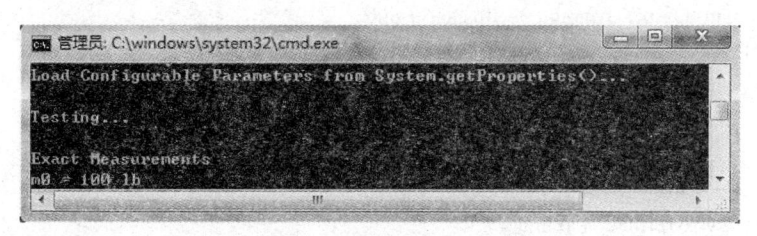

图4.1 质量测量的整数及单位显示

然后，这个整数质量进行乘法和除法预算，其乘法调用times()函数，其除法调用divide()函数，其代码如下：

```
Amount<Mass> m1 = m0.times(33).divide(2);
```

乘法times()函数和除法divide()函数在Amount类的方法定义中实现，其源代码如下：

```
/** 返回乘以特定精确因子的积测量（无维度），乘法函数times()也用了函数重载 */
public Amount<Q> times(long factor) {
    Amount<Q> m = Amount.newInstance(_unit);
    if (this._isExact) {
        long productLong = _exactValue * factor;
        double productDouble = ((double) _exactValue) * factor;
        if (productLong == productDouble)
            return m.setExact(productLong);
    }
    m._isExact = false;
    m._minimum = (factor > 0) ? _minimum * factor : _maximum * factor;
    m._maximum = (factor > 0) ? _maximum * factor : _minimum * factor;
    return m;
}
/** 返回乘以特定近似数因子的积测量（无维度） */
public Amount<Q> times(double factor) {
    Amount<Q> m = Amount.newInstance(_unit);
    double min = (factor > 0) ? _minimum * factor : _maximum * factor;
    double max = (factor > 0) ? _maximum * factor : _minimum * factor;
    m._isExact = false;
    m._minimum = (min < 0) ? min * INCREMENT : min * DECREMENT;
    m._maximum = (max < 0) ? max * DECREMENT : max * INCREMENT;
    return m;
}
/** 返回与另一个Amount量相乘的积 */
```

```java
@SuppressWarnings("unchecked")
public Amount<? extends Quantity> times(Amount that) {
    Unit<?> unit = Amount.productOf(this._unit, that._unit);
    if (that._isExact) {
        Amount m = this.times(that._exactValue);
        m._unit = unit;
        return m;
    }
    Amount<Q> m = Amount.newInstance(unit);
    double min, max;
    if (_minimum >= 0) {
        if (that._minimum >= 0) {
            min = _minimum * that._minimum;
            max = _maximum * that._maximum;
        } else if (that._maximum < 0) {
            min = _maximum * that._minimum;
            max = _minimum * that._maximum;
        } else {
            min = _maximum * that._minimum;
            max = _maximum * that._maximum;
        }
    } else if (_maximum < 0) {
        if (that._minimum >= 0) {
            min = _minimum * that._maximum;
            max = _maximum * that._minimum;
        } else if (that._maximum < 0) {
            min = _maximum * that._maximum;
            max = _minimum * that._minimum;
        } else {
            min = _minimum * that._maximum;
            max = _minimum * that._minimum;
        }
    } else {
        if (that._minimum >= 0) {
            min = _minimum * that._maximum;
            max = _maximum * that._maximum;
        } else if (that._maximum < 0) {
            min = _maximum * that._minimum;
            max = _minimum * that._minimum;
        } else {
            min = MathLib.min(_minimum * that._maximum, _maximum
                    * that._minimum);
            max = MathLib.max(_minimum * that._minimum, _maximum
                    * that._maximum);
        }
    }
}
```

```java
        m._isExact = false;
        m._minimum = (min < 0) ? min * INCREMENT : min * DECREMENT;
        m._maximum = (max < 0) ? max * DECREMENT : max * INCREMENT;
        return m;
    }
    /** 返回除以特定精确数的商测量（无维度），除法函数 divide()也用了函数重载 */
    public Amount<Q> divide(long divisor) {
        Amount<Q> m = Amount.newInstance(_unit);
        if (this._isExact) {
            long quotientLong = _exactValue / divisor;
            double quotientDouble = ((double) _exactValue) / divisor;
            if (quotientLong == quotientDouble)
                return m.setExact(quotientLong);
        }
        double min = (divisor > 0) ? _minimum / divisor : _maximum / divisor;
        double max = (divisor > 0) ? _maximum / divisor : _minimum / divisor;
        m._isExact = false;
        m._minimum = (min < 0) ? min * INCREMENT : min * DECREMENT;
        m._maximum = (max < 0) ? max * DECREMENT : max * INCREMENT;
        return m;
    }
    /** 返回除以特定近似数的商测量（无维度） */
    public Amount<Q> divide(double divisor) {
        Amount<Q> m = Amount.newInstance(_unit);
        double min = (divisor > 0) ? _minimum / divisor : _maximum / divisor;
        double max = (divisor > 0) ? _maximum / divisor : _minimum / divisor;
        m._isExact = false;
        m._minimum = (min < 0) ? min * INCREMENT : min * DECREMENT;
        m._maximum = (max < 0) ? max * DECREMENT : max * INCREMENT;
        return m;
    }
    /** 返回除以另一个 Amount 量的商测量 */
    @SuppressWarnings("unchecked")
    public Amount<? extends Quantity> divide(Amount that) {
        if (that._isExact) {
            Amount m = this.divide(that._exactValue);
            m._unit = Amount.productOf(this._unit, Amount
                    .inverseOf(that._unit));
            return m;
        }
        return this.times(that.inverse());
    }
```

这个乘法和除法运算案例的运行结果如图 4.2 所示。

上述例子是关于精确测量的，下面介绍非精确测量的例子，其源代码如下：

```java
Amount<Mass> m3 = Amount.valueOf(100.0, POUND); // IEEE 754 64 位浮点数精度
Amount<Mass> m4 = m0.divide(3); // 非精确整数表示
```

Amount<ElectricCurrent> m5 = Amount.valueOf("234 mA").to(AMPERE); // 换算出误差
Amount<Temperature> t0 = Amount.valueOf(-7.3, 0.5, DEGREE_CELSIUS); // 误差显示

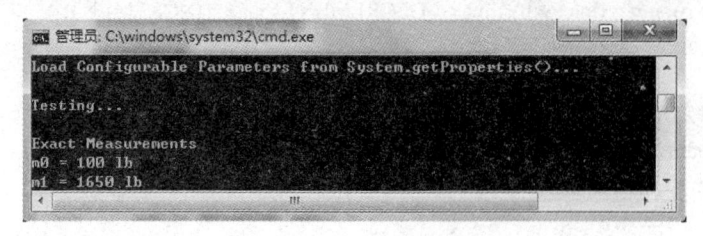

图 4.2　质量测量的乘法和除法运算结果

这些非精确测量例子的运行结果如图 4.3 所示。

图 4.3　非精确测量例子的运行结果

在图 4.3 中，通过 Amount 类的 valueOf()函数显示质量变量 m3 的 IEEE 754 64 位浮点数精度值，通过 Amount 类的 divide()函数计算出 m0 变量除以 3 的非精确整数表示，电流变量 m5 从 234mA 换算为单位为 A（AMPERE 的缩写）的带误差值，显示了温度 t0 的误差。

最后，介绍区间测量的例子，其源代码如下：

Amount<Volume> m6 = Amount.valueOf(20, 0.1, LITER);
Amount<Frequency> m7 = Amount.rangeOf(10, 11, KILO(HERTZ));

这些区间测量例子的运行结果如图 4.4 所示，分别显示了容积变量 m6 的取值范围（单位为 L）和频率变量 m7 的取值范围（单位为 kHz）。

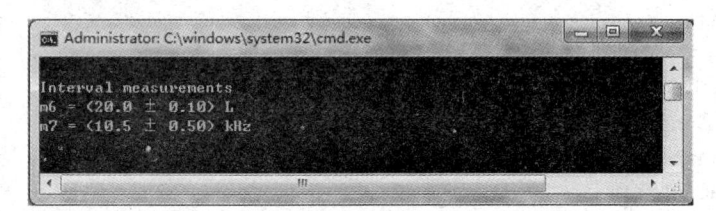

图 4.4　区间测量例子的运行结果

4.1.2　坐标转换的案例分析

首先介绍简单纬度（Lat）/经度（Long）坐标到 UTM（Universal Transverse Mercartor Grid System，通用横墨卡托格网系统，是一种平面直角坐标系）坐标的转换例子，其源代码如下：

CoordinatesConverter<LatLong, UTM> latLongToUTM =
　　　LatLong.CRS.getConverterTo(UTM.CRS);
LatLong latLong = LatLong.valueOf(34.34, 23.56, DEGREE_ANGLE);
UTM utm = latLongToUTM.convert(latLong);
System.out.println(utm);

上述 Java 程序的运行结果如图 4.5 所示,将纬度为 34.34、经度为 23.56 的坐标转换为 UTM 坐标[735493.1059631627 m, 3802824.452070163 m]。

图 4.5 简单纬度/经度坐标到 UTM 坐标转换示例的运行结果

4.2 Java 数值计算的神经网络编程实例

本节以 BP 神经网络的 Java 小程序（Applet）设计为编程实例,介绍 Java 用于神经网络训练、学习和应用计算的方法。Applet 是用 Java 语言编写的、运行于客户端浏览器上的小应用程序,这些程序直接嵌入到 HTML 页面中,运行 Applet 时下载这些程序到本地机器上执行。所以,小程序受网络带宽的限制较小,可以提高 Web 页面的交互能力和动态执行能力,产生良好的多媒体效果。

4.2.1 BP 神经网络 JavaBean 类 BPNNBean 的定义和实现

JavaBean 本质上是一种 Java 类,JavaBean 技术为 Java 应用程序提供了一种极具灵活性的设计模型。它主要作用是将 Java 代码和 HTML 代码分开,以方便 JSP 程序的编写、调试和维护,提高程序的可读性。实际上,JavaBean API 是独立可重用 Java 软件组件的标准,只有符合这种标准的 Java 类才能成为 JavaBean。也就是说一个 JavaBean 是一个符合 JavaBean API 标准的 Java 类,而不是任意的 Java 类都是 JavaBean,JavaBean 是由那些经常、重复使用的代码来构成。利用 JavaBean 技术,可以有效减少（甚至避免）重复出现的代码多次出现的网页文件中。总之,JavaBean 技术可以实现商务逻辑的封装,即将程序逻辑及相关功能转移到 JavaBean 组件中,提高 JSP 程序的可读性和可维护性。JavaBean 编译后形成一个 Java 类,在 JSP 网页文件中只需使用标记<jsp:useBean>来引用此 Java 类即可。

为了在 Web 网页上显示 BP 神经网络的训练过程和计算实例,首先用 JavaBean 技术定义 BP 神经网络类 BPNNBean,其源代码的头部如下：

```
package BPNN;
import java.util.Random;
```

其中,第一条语句是将 BP 神经网络类 BPNNBean 封装在 BPNN 包中,以便其他 Java 程序调用,例如 4.2.2 小节会介绍 BPNNApplet 小程序会调用 BPNN 包中 BP 神经网络类 BPNNBean。第 2 条语句是导入 java.util.Random 开发包,以便调用随机函数 Random(),来生成 BP 神经网络权值的初始随机数。

接下来,要定义 BP 神经网络类 BPNNBean 的基本框架,包括其数据属性和一系列操作方法,其源代码架构如下：

```
//BPNNBean 类定义开始
public class BPNNBean {
    // BPNNBean 类的数据属性
```

```java
        public int inNum;                        //输入节点数
        public int hideNum;                      //隐含节点数
        public int outNum;                       //输出节点数
        public Random R;                         //随机数变量
        public int epochs;                       //阈值
        public double x[];                       //输入向量
        public double x1[];                      //隐含节点状态值
        public double x2[];                      //输出节点状态值
        public double o1[];
        public double o2[];
        public double w[][];                     //隐含节点权值
        public double w1[][];                    //输出节点权值
        public double rate_w;                    //权值学习率（输入层-隐含层）
        public double rate_w1;                   //权值学习率（隐含层-输出层）
        public double rate_b1;                   //隐含层阈值学习率
        public double rate_b2;                   //输出层阈值学习率
        public double b1[];                      //隐含节点阈值
        public double b2[];                      //输出节点阈值
        public double pp[];
        public double qq[];
        public double yd[];
        public double e;                         //误差
        public double in_rate;                   //输入归一化比例系数
     // BPNNBean 类的方法
        public BPNNBean(int inNum, int hideNum, int outNum)
        { … }                                    //构造函数 BPNNBean()的实现在下面介绍
        public void train(double[][] p, double[][] t, int samplenum)
        { … }                                    //神经网络训练函数 train()的实现在下面介绍
        public double[] sim(double[] psim)
        { … }                                    //模拟计算函数 sim()的实现在下面介绍
    }   //BPNNBean 类定义结束
```

下分别对 BPNNBean 类的方法进行实现介绍，首先 BPNNBean 类的构造函数实现如下：

```java
        public BPNNBean(int inNum, int hideNum, int outNum) {
            R = new Random();
            this.epochs = 500;
            this.inNum = inNum;                  //用形参 inNum 设置数据属性输入层节点数
            this.hideNum = hideNum;              //用形参 hideNum 设置数据属性隐含层节点数
            this.outNum = outNum;                //用形参 outNum 设置数据属性输出层节点数
            x = new double[inNum];               //输入向量
            x1 = new double[hideNum];            //隐含节点状态值
            x2 = new double[outNum];             //输出节点状态值
            o1 = new double[hideNum];
            o2 = new double[outNum];
            w = new double[inNum][hideNum];      //隐含节点权值
            w1 = new double[hideNum][outNum];    //输出节点权值
            b1 = new double[hideNum];            //隐含节点阈值
            b2 = new double[outNum];             //输出节点阈值
            pp = new double[hideNum];
            qq = new double[outNum];
            yd = new double[outNum];
```

```
        for (int i = 0; i < inNum; i++)                    //权值初始化
            for (int j = 0; j < hideNum; j++)
                w[i][j] = R.nextDouble();
        for (int i = 0; i < hideNum; i++)
            for (int j = 0; j < outNum; j++)
                w1[i][j] = R.nextDouble();
        rate_w = 0.05;                                     //权值学习率（输入层-隐含层）
        rate_w1 = 0.05;                                    //权值学习率（隐含层-输出层）
        rate_b1 = 0.05;                                    //隐含层阈值学习率
        rate_b2 = 0.05;                                    //输出层阈值学习率
        e = 0.0;
        in_rate = 1.0;                                     //输入归一化系数
    }
```

BPNNBean 类的构造函数实际上是对该类的数据属性进行初始化处理，而 BP 神经网络训练函数是用样本数据训练 BP 神经网络的权值，如图 4.6 所示，训练函数 train()的源代码如下：

```
/*****BP 神经网络训练函数*****/
public void train(double[][] p, double[][] t, int samplenum) {
    e = 0.0;
    double pmax = 0.0;
    for (int isamp = 0; isamp < samplenum; isamp++) {
        for (int i = 0; i < inNum; i++) {
            if (Math.abs(p[isamp][i]) > pmax)
                pmax = Math.abs(p[isamp][i]);
        }
        for (int j = 0; j < outNum; j++) {
            if (Math.abs(t[isamp][j]) > pmax)
                pmax = Math.abs(t[isamp][j]);
        }
    } //样本计数器循环结束
    in_rate = pmax;
    for (int isamp = 0; isamp < samplenum; isamp++) { //循环训练一次样本
        for (int i = 0; i < inNum; i++)
            x[i] = p[isamp][i] / in_rate;
        for (int i = 0; i < outNum; i++)
            yd[i] = t[isamp][i] / in_rate;
        //构造每个样本的输入和输出标准
        for (int j = 0; j < hideNum; j++) {
            o1[j] = 0.0;
            for (int i = 0; i < inNum; i++)
                o1[j] = o1[j] + w[i][j] * x[i];
            x1[j] = 1.0 / (1. + Math.exp(-o1[j] - b1[j]));
        }
        for (int k = 0; k < outNum; k++) {
            o2[k] = 0.0;
            for (int j = 0; j < hideNum; j++)
                o2[k] = o2[k] + w1[j][k] * x1[j];
            x2[k] = 1.0 / (1.0 + Math.exp(-o2[k] - b2[k]));
        }
        for (int k = 0; k < outNum; k++) {
            qq[k] = (yd[k] - x2[k]) * x2[k] * (1. - x2[k]);
```

```
        e += Math.abs(yd[k] - x2[k]) * Math.abs(yd[k] - x2[k]); //计算均方差
        for (int j = 0; j < hideNum; j++)
            w1[j][k] = w1[j][k] + rate_w1 * qq[k] * x1[j];
    } //误差反向传播计算
    for (int j = 0; j < hideNum; j++) {
        pp[j] = 0.0;
        for (int k = 0; k < outNum; k++)
            pp[j] = pp[j] + qq[k] * w1[j][k];
        pp[j] = pp[j] * x1[j] * (1. - x1[j]);
        for (int i = 0; i < inNum; i++)
            w[i][j] = w[i][j] + rate_w * pp[j] * x[i];
    } //BP 神经网络的权值修正
    for (int k = 0; k < outNum; k++)
        b2[k] = b2[k] + rate_b2 * qq[k];
    for (int j = 0; j < hideNum; j++)
        b1[j] = b1[j] + rate_b1 * pp[j];
} //计数器 isamp 样本循环结束
e = Math.sqrt(e);
} //神经网络训练结束
```

例如，BP 神经网络通过 Access 数据库读取样本表数据，按照反向传播（BP）算法训练，其训练曲线如图 4.6 所示。

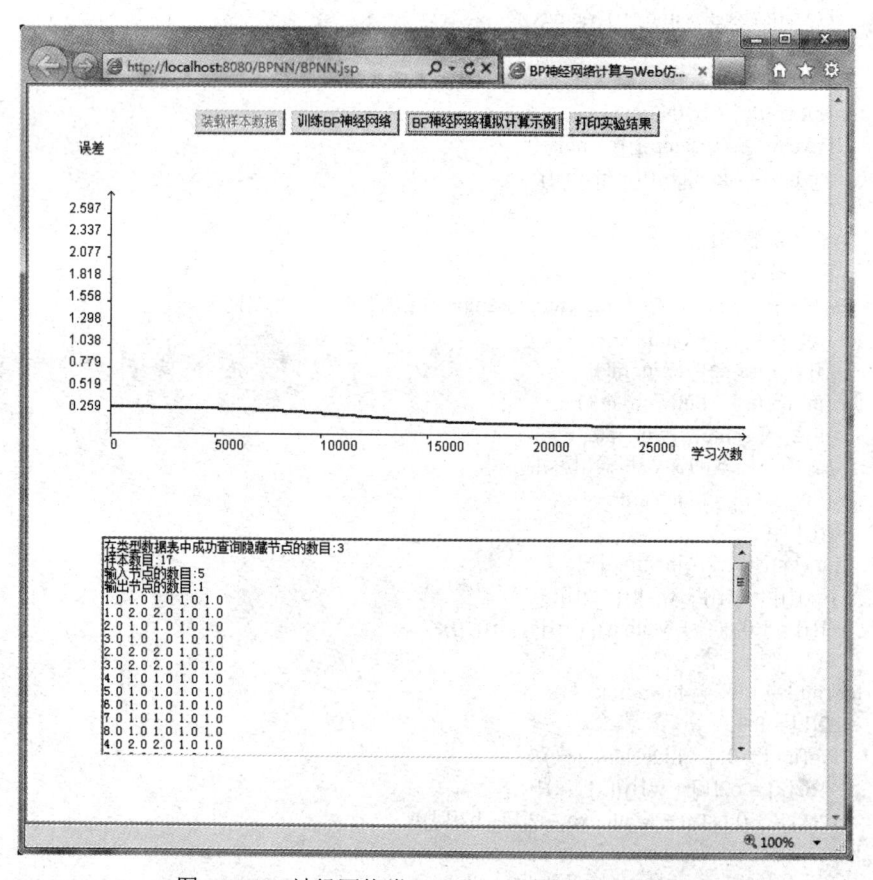

图 4.6　BP 神经网络类 BPNNBean 的样本训练曲线

BP 神经网络类 BPNNBean 训练的数据记录如下：
在类型数据表中成功查询隐藏节点的数目:3
样本数目:17
输入节点的数目:5
输出节点的数目:1
1.0 1.0 1.0 1.0 1.0
1.0 2.0 2.0 1.0 1.0
2.0 1.0 1.0 1.0 1.0
3.0 1.0 1.0 1.0 1.0
2.0 2.0 2.0 1.0 1.0
3.0 2.0 2.0 1.0 1.0
4.0 1.0 1.0 1.0 1.0
5.0 1.0 1.0 1.0 1.0
6.0 1.0 1.0 1.0 1.0
7.0 1.0 1.0 1.0 1.0
8.0 1.0 1.0 1.0 1.0
4.0 2.0 2.0 1.0 1.0
5.0 2.0 2.0 1.0 1.0
6.0 2.0 2.0 1.0 1.0
7.0 2.0 2.0 1.0 1.0
8.0 2.0 2.0 1.0 1.0
1.0 3.0 1.0 1.0 1.0

BP 神经网络

输入层的节点数为 5
隐藏层的节点数为 3
输出层的节点数为 1
学习比率为 8.0
从输入层到隐藏层的权值设定为：
w(0,0)0.039126600621275966
w(0,1)0.40329187723383403
w(0,2)0.20080314118404916
w(1,0)-2.108721897152352
w(1,1)1.098233948925477
w(1,2)4.260510363119819
w(2,0)0.5156353561505149
w(2,1)0.27992080979654194
w(2,2)0.8603079139651921
w(3,0)0.9100578880809319
w(3,1)0.1111058706308366
w(3,2)-0.1191470286472097
w(4,0)0.08551791039832964
w(4,1)0.2256741104352785
w(4,2)0.05788947682601669
从隐藏层到输出层的权值设定为：

```
w1(0,0)-2.4448191623250457
w1(1,0)0.7017005905111071
w1(2,0)4.246418598610322
b1
b1(0)0.32464475358159567
b1(1)-0.03660818616807502
b1(2)-1.343887441172075
b2
b2(0)-2.506778787515357
------------------------------------
```

BP 神经网络通过 train()函数训练好后，就可以用来模拟计算给定对象的预测分类，模拟计算函数 sim()按照以下代码实现：

```
/*****BP 神经网络模拟计算函数*****/
public double[] sim(double[] psim) {
    for (int i = 0; i < inNum; i++)
        x[i] = psim[i] / in_rate;
    for (int j = 0; j < hideNum; j++) {
        o1[j] = 0.0;
        for (int i = 0; i < inNum; i++)
            o1[j] = o1[j] + w[i][j] * x[i];
        x1[j] = 1.0 / (1. + Math.exp(-o1[j] - b1[j]));
    }
    for (int k = 0; k < outNum; k++) {
        o2[k] = 0.0;
        for (int j = 0; j < hideNum; j++)
            o2[k] = o2[k] + w1[j][k] * x1[j];
        x2[k] = 1.0 / (1.0 + Math.exp(-o2[k] - b2[k]));
        x2[k] = in_rate * x2[k];
    }
    return x2;
} //模拟计算函数 sim()实现结束
```

例如，对于以下测试例子，BP 神经网络类 BPNNBean 模拟计算的结果如图 4.7 所示。

4.2.2 BP 神经网络演示小程序 Applet 类 BPNNApplet 的定义和实现

小程序网页文件是利用<applet>标记将 Applet 类包含到网页中的。当包含 Applet 的网页被执行而遇到<applet>标记时，就将编译后的 Applet 类下载到本地机器上并在本地机器上执行该 Applet。因此，在执行 Applet 程序时，受网络带宽或者 Modem 存取速度的限制较小。

Applet 可以绘制图形、控制字体和颜色、插入动画和声音等，使嵌入 Applet 的网页能够产生特殊的效果。此外，Applet 还提供了一种窗口环境开发工具——抽象窗口工具箱 AWT（Abstract Window Toolkit），这使得 Applet 通过利用用户计算机的 GUI 元素，建立标准的图形用户界面，如窗口、按钮、滚动条等。

java.applet.Applet 类的构造方法只有一种形式，即 public Applet()。此构造方法是由浏览器调用，以完成对 Applet 类实例的创建。Applet 有五种相对重要的方法：init()、start()、stop()、 destroy()和 paint()方法，这五种方法影响着 Applet 的整个生命周期。

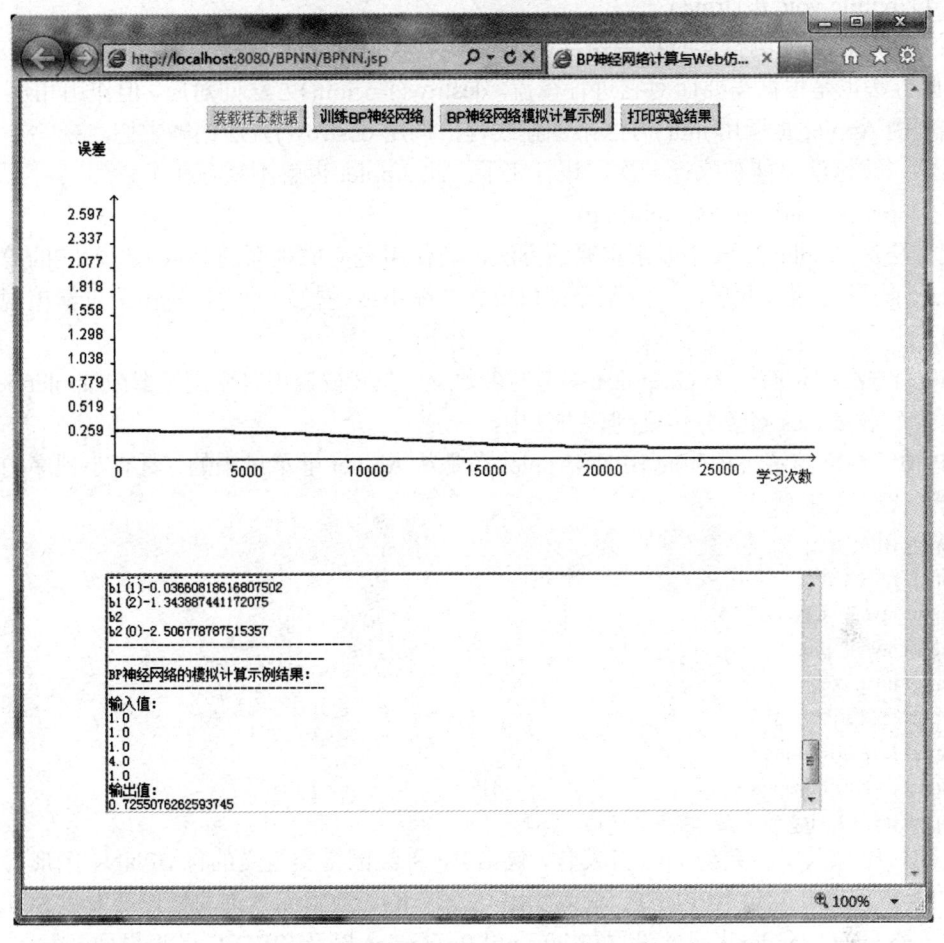

图 4.7 BP 神经网络类 BPNNBean 的模拟计算示例结果

（1）public void init()

该方法是由浏览器或 appletviewer 调用，它是 Applet 中首先被调用的方法，且仅仅被调用一次。其作用是为 Applet 做一些初始化工作，如接收来自网页的参数值等。如果没有初始化需要，可以不覆盖此方法。

（2）public void start()

该方法仅接于 init()方法之后由浏览器或 appletviewer 调用。但它不是仅仅被调用一次，而是每次重新访问 Applet（转到其他页面，然后又重新返回包含 Applet 页面）时都被调用。因此，希望每次访问 Applet 时都要执行的代码应该放在此方法中。此方法也是根据需要进行覆盖。

（3）public void stop()

该方法是在每次离开 Applet 所在页面或者 Applet 将要被销毁时由浏览器或 appletviewer 调用，这意味 stop()也是可以多次执行。该方法也是根据需要而对它进行覆盖。它往往与 start()方法搭配使用。例如，当我们离开 Applet 所在的页面时，显然希望停止 Applet 播放的动画，以释放系统资源，这时可以在 stop()方法中写代码来完成；当我们重新进入该页面时，又希望这些动画重新被显示，于是可以在 start()方法中写相应的代码来实现。

（4）public void destroy()

该方法是在关闭浏览器时被调用，用于通知此 Applet 它正在被销毁，以释放相应的系统资源。此方法也是根据需要而对它进行覆盖。destroy()与 init()方法向对应，但作用相反。例如，使用线程的 Applet 是调用 init()方法来创建线程，调用 destroy()方法销毁它们。

显然，该方法只能被执行一次，执行完了，此 Applet 也就不复存在了。

（5）public void paint(Graphics g)

此方法是 Applet 中一个非常重要的方法，其作用是完成画面的显示工作。它的第一次执行在 start()方法之后。此后，当浏览器窗口放大、缩小或是被别的窗口遮盖又重新出现时都会被调用。

paint()方法中带有一个 Graphics 类型的参数 g，在其被调用时由浏览器或 appletviewer 自动创建一个 Graphics 对象并传递到该方法中。

BP 神经网络演示小程序的 BPNNApplet 类是从 Applet 继承过来的，具有小程序的通用结构，其源代码头部如下：

```
import BPNN.*;
import java.awt.*;
import java.awt.event.*;
import java.applet.*;
import java.io.*;
import java.sql.*;
import java.util.Calendar;
import java.util.Properties;
import javax.swing.*;
```

上述代码导入了一系列 Java 开发包，包括 BP 神经网络类定义的包 BPNN、图形界面开发包 AWT、小程序开发包 APPLET、输入输出开发包 IO、数据库查询与操作开发包 SQL、日历工具包 java.util.Calendar、属性设置包 java.util.Properties 以及 SWING 图形界面开发包。

接下来，介绍 BP 神经网络演示小程序类 BPNNApplet 的框架结构，其源代码如下：

```
public class BPNNApplet extends Applet {      //数据属性部分
    public int task;                          //任务标记属性
    BPNNBean bpnet;                           //BP 神经网络 JavaBean 类的对象 bpnet 属性
    boolean clear;
    int row;
    int left;                                 //坐标系的左边位置
    int bottom;                               //坐标系的底边位置
    int top;                                  //坐标系的顶部位置
    double p1[][];                            //训练样本集输入
    double t1[][];                            //训练样本集输出
    double p2[][];                            //模拟数据输入
    int inNum;                                //输入层节点数
    int hideNum;                              //隐含层节点数
    int outNum;                               //输出层节点数
    int sampleNum;                            //样本总数
```

```
    PrintStream ps;
    int epochs;
    TextArea txtarea;
    String result="";
    JProgressBar ProgressBar = new JProgressBar(1,0,250);
    Timer timer;
    int num=0;
    Button button_load, button_train, button_sim, printButton;    //定义按钮
//方法定义部分
public void init()                              //小程序的初始化方法
{ … }
public void paint(Graphics g)                   //小程序的绘制方法
{ … }
public void drawBPTrain(Graphics g)             //训练 BP 神经网络并绘制学习曲线的方法
{ … }
public void drawBPSim(Graphics g)               //模拟计算 BP 神经网络示例的方法
{ … }
public void loadData()                          //数据装载方法
{ … }
public void update(Graphics g)                  //小程序的更新方法
{ … }
public void cleartext(Graphics g)               //清除运行文本结果显示框的方法
{ … }
public void clearall(Graphics g)                //清空所有中间结果的方法
{ … }
public void showtext(String txt)                //显示程序运行结果的方法
{ … }
static Frame getFrame(Component c)              //获取框架的方法
{ … }
static void printComponents(Component c)        //打印方法
{ … }
```

上述 BP 神经网络演示小程序 BPNNApplet 类绘制了一个简洁界面，网页上方放置了 4 个操作按钮，分别为【装载样本数据】按钮、【训练 BP 神经网络】按钮、【BP 神经网络模拟计算示例】按钮和【打印实验结果】按钮，如图 4.8 所示。这些按钮有操作先后因果关系，通过传递一些标记变量的值，控制这些按钮有效性的开关。

图 4.8　BP 神经网络类 BPNNBean 的操作按钮界面

按钮的下方是一个坐标系图形区域，显示 BP 神经网络的学习曲线，坐标系下方是程序运行结果的显示区域，随着程序运行动态变化显示，如图 4.9 所示。

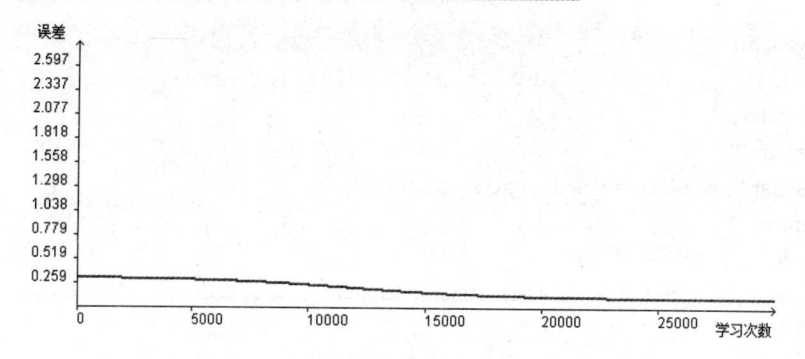

图 4.9 BP 神经网络类 BPNNBean 的坐标系曲线显示区域和程序运行数据显示界面

然后，先介绍 BP 神经网络演示小程序的初始化方法实现，其源代码如下：

```java
public void init() {
    left = 50;
    top = 80;
    bottom = 300;
    clear = false;
    row = 0;
    epochs = 30000; //学习步长（可调）
    setLayout(new BorderLayout());
    Panel topPanel = new Panel();
    Panel bottomPanel = new Panel();
    button_load = new Button("装载样本数据");
    button_load.addActionListener(new ActionListener() {
            public void actionPerformed(ActionEvent event) {
                loadData();
                button_train.setEnabled(true);
                printButton.setEnabled(true);
                button_load.setEnabled(false);
                repaint();
            }
        });
    topPanel.add(button_load);
    button_train = new Button("训练 BP 神经网络");
    button_train.addActionListener(new ActionListener() {
            public void actionPerformed(ActionEvent event) {
                task = 2;
```

```java
                repaint();
            }
        });
    topPanel.add(button_train);
    button_sim = new Button("BP 神经网络模拟计算示例");
    button_sim.addActionListener(new ActionListener() {
            public void actionPerformed(ActionEvent event) {
                task = 3;
                repaint();
            }
        });
    topPanel.add(button_sim);
    printButton = new Button("打印实验结果");
    printButton.setForeground(Color.black);
    printButton.addActionListener(new ActionListener() {
            public void actionPerformed(ActionEvent event) {
                printComponents(BPNNApplet.this);
            }
        });
    topPanel.add(printButton);
    button_train.setEnabled(false);
    button_sim.setEnabled(false);
    printButton.setEnabled(false);
    ProgressBar.setBackground(getBackground());
    ProgressBar.setAutoscrolls(true);
    ProgressBar.setForeground(Color.RED);
    ProgressBar.setSize(new Dimension(6, 300));
    ProgressBar.setPreferredSize(new Dimension(6, 300));
    ProgressBar.setBorder(BorderFactory.createEmptyBorder(0, 1, 0, 1));
    ProgressBar.setBorderPainted(false);
    ProgressBar.setValue(0);
    add("West",ProgressBar);
    add("North", topPanel);
    txtarea = new TextArea(12, 85);
    bottomPanel.add(txtarea);
    add("South", bottomPanel);
    try
    {
        Class.forName("sun.jdbc.odbc.JdbcOdbcDriver");
    }
    catch (Exception e) {
        System.out.println(e);
    }
}
```

下一步，介绍 BP 神经网络演示小程序的绘图方法实现，其源代码如下：

```java
public void paint(Graphics g) {
```

```
    setBackground(Color.white);
    switch (task) {
      case 1:
        printButton.setEnabled(true);
        break;
      case 2:
        drawBPTrain(g);
        button_sim.setEnabled(true);
        break;
      case 3:
        drawBPSim(g);
        break;
    } //switch 分支结构结束
    task = 0;
}
```

下一步，介绍 BP 神经网络训练方法的实现，其源代码如下：

```
public void drawBPTrain(Graphics g) {
    double etime = 1000.0;
    bpnet = new BPNNBean(inNum, hideNum, outNum);
    //绘制误差曲线坐标
    g.setColor(getBackground());
    g.fillRect(0, 0, left, bottom);
    g.setColor(getForeground());
    g.drawLine(left, bottom, left + 600, bottom);
    g.drawLine(left+597, bottom-3, left + 600, bottom);
    g.drawLine(left+597, bottom+3, left + 600, bottom);
    g.drawLine(left+3, top+3, left, top);
    g.drawLine(left-3, top+3, left, top);
    g.drawLine(left, bottom, left, top);
    for (int i = 0; i < epochs; i++) {
        bpnet.train(p1, t1, sampleNum);
        if (i == 0) {
            g.drawString("误差",left-30,top-35);
            g.drawString("学习次数",left+550,bottom+20);
            etime = (int) (150 / bpnet.e);
            for (int m = 1; m <= bottom / 20 - 5; m++) {
                g.drawLine(left, bottom - 20 * m, left - 3, bottom - 20 * m);
                g.drawString(String.valueOf((int) (m * 20 / etime * 1000) / 1000.0),
                    left - 40, bottom - 20 * m);
            }
        }
        if ((i / 50) * 50 == i)
            g.setColor(Color.blue);
        g.drawLine(left + i / 50, bottom - (int) (bpnet.e * etime), left + i / 50,
            bottom - (int) (bpnet.e * etime) - 1);
        if ((i / 5000) * 5000 == i) {
```

```
            g.setColor(Color.black);
            g.drawLine(left + i / 50, bottom, left + i / 50, bottom + 3);
            g.drawString(String.valueOf(i), left + i / 50, bottom + 15);
        }
    }
    result="---------------------------------\n";
    result+="BP 神经网络\n";
    result+="---------------------------------\n";
    result+="输入层的节点数为" + String.valueOf(bpnet.inNum) + "\n";
    result+="隐藏层的节点数为" + String.valueOf(bpnet.hideNum) + "\n";
    result+="输出层的节点数为" + String.valueOf(bpnet.outNum) + "\n";
    result+="学习比率为" + String.valueOf(bpnet.in_rate) + "\n";
    showtext(result);
    result="从输入层到隐藏层的权值设定为：\n";
    for (int i = 0; i < bpnet.inNum; i++)
        for (int j = 0; j < bpnet.hideNum; j++)
            result+="w(" + String.valueOf(i) + "," + String.valueOf(j) + ")" +
                String.valueOf(bpnet.w[i][j]) + "\n";
    result+="从隐藏层到输出层的权值设定为：\n";
    for (int i = 0; i < bpnet.hideNum; i++)
        for (int j = 0; j < bpnet.outNum; j++)
            result+="w1(" + String.valueOf(i) + "," + String.valueOf(j) + ")" +
                String.valueOf(bpnet.w1[i][j]) + "\n";
    result+="b1\n";
    for (int i = 0; i < bpnet.hideNum; i++)
        result+="b1(" + String.valueOf(i) + ")" + String.valueOf(bpnet.b1[i]) + "\n";
    result+="b2\n";
    for (int i = 0; i < bpnet.outNum; i++)
        result+="b2(" + String.valueOf(i) + ")" + String.valueOf(bpnet.b2[i]) + "\n";
    result+="---------------------------------\n";
    showtext(result);
    repaint();
} //BP 神经网络训练方法 drawbptarin()结束
```

下一步，介绍 BP 神经网络模拟计算方法的实现，其源代码如下：

```
public void drawBPSim(Graphics g)
{
    double p21[] = new double[inNum];
    double t2[] = new double[outNum];
    result="---------------------------------\n";
    result+="BP 神经网络的模拟计算示例结果：\n";
    result+="---------------------------------\n";
    showtext(result);
    p21[0]=1;
    p21[1]=1;
    p21[2]=1;
    p21[3]=4;
```

```
        p21[4]=1;
        t2 = bpnet.sim(p21);
        row++;
        result="输入值：\n";
        for (int i = 0; i < bpnet.inNum; i++)
            result+=String.valueOf(p21[i]) + "\n";
        row++;
        result+="输出值：\n";
        for (int i = 0; i < bpnet.outNum; i++)
            result+=String.valueOf(t2[i]) + "\n";
    showtext(result);
} //BP 神经网络模拟计算方法 drawbpsim()结束
```

下一步，介绍 BP 神经网络装载数据的方法实现，其源代码如下：
```
public void loadData() {    //读取要学习的样本数据
    row = 0;
    try
    {
        Connection con= DriverManager.getConnection("jdbc:odbc:BPNNDB", "", "");
        Statement stmt= con.createStatement();
        Statement stmt1= con.createStatement();
        int i=0;
        ResultSet rs=stmt.executeQuery("SELECT * FROM classes");
        ResultSet rs1=null;
        while(rs.next()) {
            i++;
        }
        hideNum=i;
        i=0;
        result="在类型数据表中成功查询隐藏节点的数目:"+hideNum+"\n";
        showtext(result);   //从样本数据表中读取样本的特征和类型信息，以供学习样本
        rs=stmt.executeQuery("SELECT * FROM samples");
        while(rs.next()) {
            i++;
        }
        sampleNum=i;
        i=0;
        inNum=5;
        outNum=1;
        result="样本数目:"+sampleNum+"\n";
        result+="输入节点的数目:"+inNum+"\n";
        result+="输出节点的数目:"+outNum+"\n";
        showtext(result);
        p1 = new double[sampleNum][inNum];
        t1 = new double[sampleNum][outNum];
        rs=stmt.executeQuery("SELECT * FROM samples");
        while(rs.next()) {
```

```
            int j=0;
            p1[i][0]=rs.getInt("f1");
            p1[i][1]=rs.getInt("f2");
            p1[i][2]=rs.getInt("f3");
            p1[i][3]=rs.getInt("f4");
            p1[i][4]=rs.getInt("f5");
            t1[i][0]=rs.getInt("f6");
            result="";
            for(;j<5;j++) {
                result+=String.valueOf(p1[i][j])+" ";
            }
            result+="\n";
            showtext(result);
            i++;
        }
        rs1.close();
        rs.close();
        stmt1.close();
        stmt.close();
        con.close();
    } //try 语句结束
    catch (Exception e) {
        System.out.println(e.getMessage());
    }
} //数据装载函数 loadData()结束
```

在 BP 神经网络装载样本数据之前，要先创建样本数据库 BPNNDB 的连接，为此需要创建 ODBC 数据源 BPNNDB。首先，从【控制面板】→【系统和安全】→【管理工具】打开 ODBC 数据源，如图 4.10 所示。

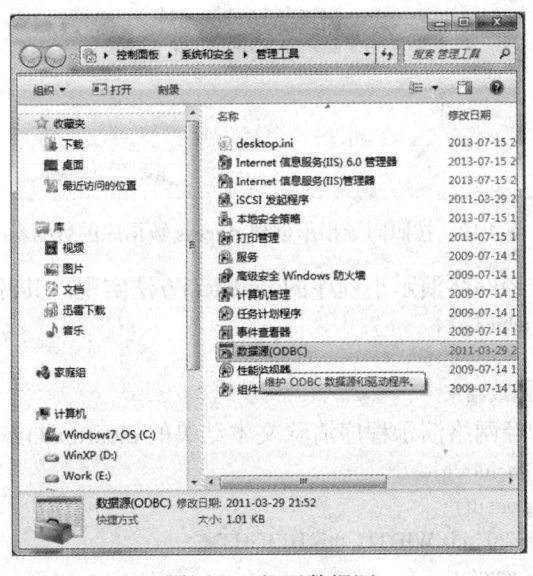

图 4.10 打开数据源

然后，从弹出的"ODBC 数据源管理器"窗口中选择【系统 DSN】标签，在此单击【添加(D)…】按钮，如图 4.11 所示。

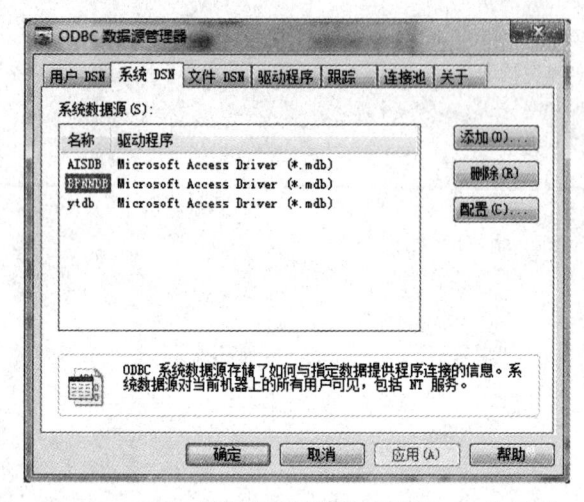

图 4.11 ODBC 数据源管理器的【系统 DSN】区域

在弹出的"创建新数据源"向导窗口中选择要安装的数据源驱动程序，例如 Microsoft Access Driver (*.mdb)，按照向导指引硬盘上的 Access 数据库文件，即可创建其数据源 BPNNDB，如图 4.12 所示。

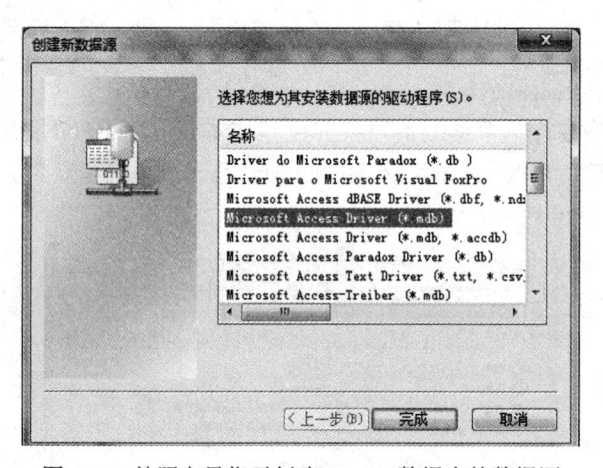

图 4.12 按照向导指示创建 Access 数据库的数据源

下一步，介绍 BP 神经网络演示小程序的 update()方法实现，其源代码如下：

```
public void update(Graphics g) {
    paint(g);
} //小程序的 update()函数结束
```

下一步，介绍 BP 神经网络演示程序清除文本结果的 cleartext()方法，其源代码如下：

```
public void cleartext(Graphics g) {
    g.setColor(getBackground());
    g.fillRect(0, bottom + 20, this.WIDTH, this.HEIGHT);
    g.setColor(getForeground());
```

}

下一步，介绍 BP 神经网络演示程序清除所有结果的 clearall()方法，其源代码如下：

```
public void clearall(Graphics g) {
    g.setColor(getBackground());
    g.fillRect(0, 0, this.WIDTH, this.HEIGHT);
    g.setColor(getForeground());
}
```

下一步，介绍 BP 神经网络演示程序显示文本结果的 showtext()方法，其源代码如下：

```
public void showtext(String txt) {
    try
    {
        txtarea.append(txt);
    } catch(Exception e) {
        System.out.println(e);
    }
}
```

下一步，介绍 BP 神经网络演示程序获取框架的 getFrame()方法，其源代码如下：

```
static Frame getFrame(Component c)
{
    while ((c = c.getParent()) != null) {
        if (c instanceof Frame)
            return (Frame) c;
    }
    return null;
}
```

最后，介绍 BP 神经网络演示程序打印结果界面的 printComponents ()方法，其源代码如下：

```
static void printComponents(Component c)
{
//打印图形结果
    Toolkit tk = Toolkit.getDefaultToolkit();
    Frame frame = getFrame(c);
    Properties props = new Properties();
    props.put("awt.print.printer", "durange");
    props.put("awt.print.numCopies", "2");
    if (tk != null) {
        String name = c.getName() + "打印结果";
        PrintJob pj = tk.getPrintJob(frame, name, props);
        if (pj != null)
        {
            Graphics pg = pj.getGraphics();
            if (pg != null) {
                try
                {
                    c.printAll(pg);
                }
                finally
```

```
            {
                pg.dispose();
            }
        }
        pj.end();
    }
    System.out.println(props);
  }
}
```

这个打印效果如图 4.13 所示，在打印之前会询问用户访问打印机的权限，因为浏览器对 Java 小程序访问打印机有安全权限考虑。

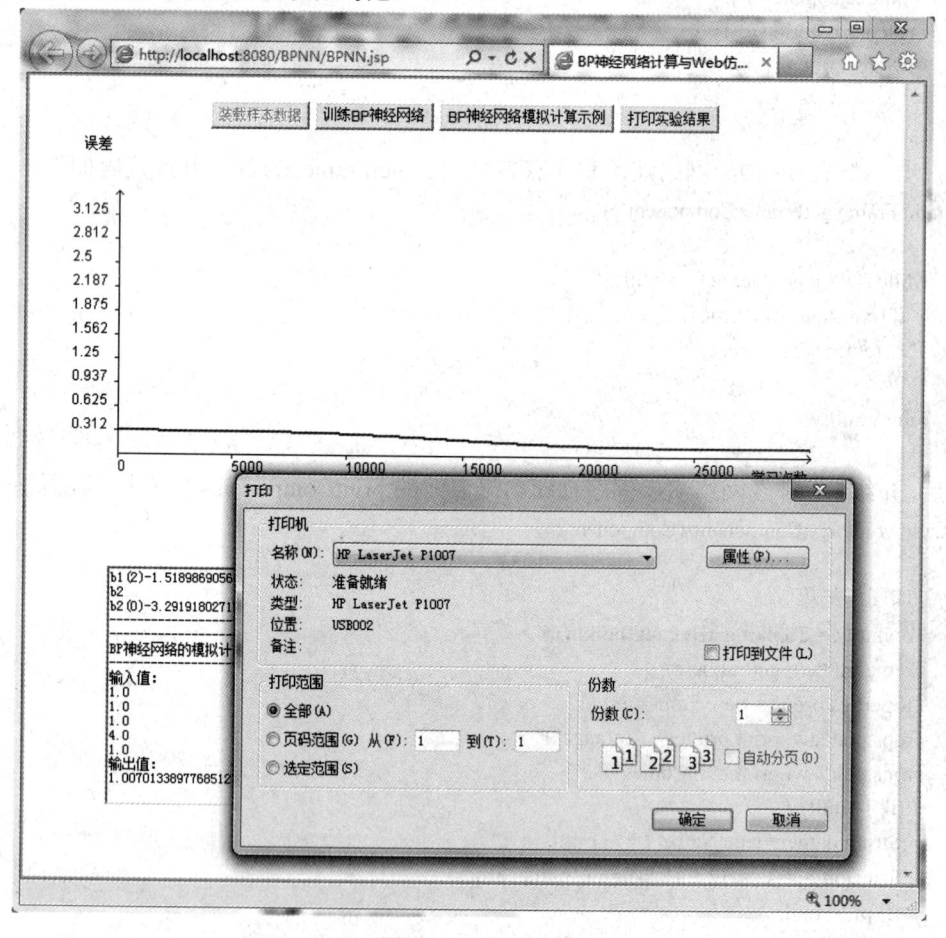

图 4.13 打印结果

4.3 Java 数值计算与 Web 仿真的项目开发

本节以生物系统建模、数值计算与 Web 仿真项目为例，介绍 Java 数值计算与 Web 仿真项目开发的方法。DNA 是生物系统建模的基础，首先用 Java 技术模拟 DNA 的 3D 结构，如图

4.14 所示。在此图中，DNA 的 3D 结构是一种双螺旋的碱基链，相互盘旋，对称互补。这种 Java 技术称为 JMOL，这是一种开源的 3D 化学结构 Java 查看器，用交互性的 Web 浏览器小程序实现，可用于学生、教育人员和科研人员的化学、晶体、材料和生物分子特征分析。JMOL 工具可以运行于 Windows、Mac OS X 和 Linux/Unix 操作系统，其移植性能好。

JmolApplet 是一种可以集成到 Web 网页中的 Web 浏览器小程序，特别适合开发基于 Web 的课件和可通过 Web 访问的化学数据库。Jmol 应用程序是一种能独立运行于桌面系统的 Java 应用程序，JmolViewer 是一种能集成到其他 Java 应用程序的开发工具包。JMOL 工具支持多语言，包括加泰罗尼亚语、汉语、捷克语、荷兰语、芬兰语、法语、德语、匈牙利语、印尼语、意大利语、韩语、马来语、葡萄牙语、西班牙语、土耳其语、乌克兰语、英语。

可视化利用计算机图形学和图像处理技术，将生物系统数据转换为图形或图像形象地显示出来，并综合运用数据交互处理的方法和技术，让实验结果更易于理解和接受。图形化直观教学不仅能激发学生的学习兴趣，而且能帮助学生通过各种交互性可视化材料，更好地认识客观事物的本质特征和规律，加深对知识的理解和掌握。

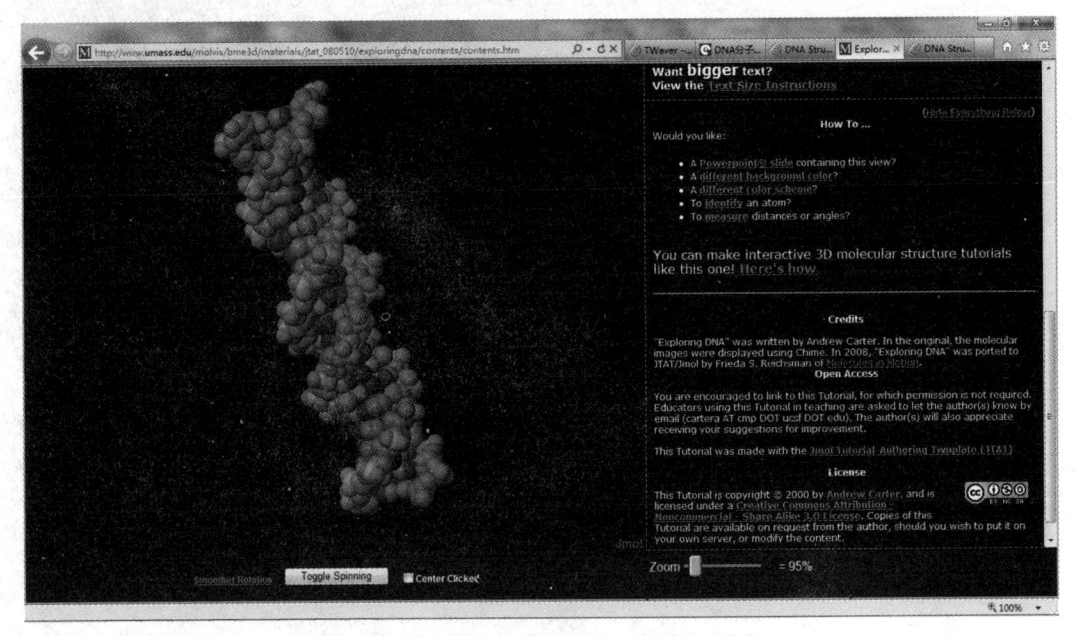

图 4.14 用 Java 技术模拟的 DNA 三维结构

JMOL 项目软件的第一个版本是由美国明尼苏达州超级计算中心 DanGezelte 发布的，其主要特点如下：

（1）JMOL 项目免费开源，支持多语言，跨平台，支持多种浏览器。

（2）无需硬件支持的高性能 3D 绘图，并支持多种常用的图像格式，包括读取从量子化学程序的输出的文件类型，和量子程序输出的多帧的动画文件和普通计算模型（如振动）。还支持基本单位晶胞、二级结构示意图、测量距离、键角和扭转角、支持 RasMol/Chime 脚本语言、Javaseript 支持库、输出 jpg、pdf 和 povRay 格式的文件。

（3）可以支持 40 余种分子格式，用 gzip 压缩的文件可以用程序自动解压缩。

4.4 小结

本章通过 JScience 科学计算开发包项目案例介绍了 Java 数值计算的编程思想、功能设计和实现方法，特别是对 Java 测量单位服务模块和坐标转换进行了详细案例分析。

然后，以 BP 神经网络项目的 JavaBean 类设计为案例，介绍了 BP 神经网络类的定义方法和 BP 神经网络演示小程序类的设计方法。

最后，以 JMOL 项目开发（演示网址：http://www.ytxxchina.com/webscience）为例，介绍了 Java 数值计算与 Web 仿真在生物系统建模与仿真方面的设计方法和应用。

第 5 章　网络课程 Web 站点项目开发

网络课程 Web 站点项目开发，是在教育部优秀网络课程设计与评选号召下变革教学方法和提高教学质量的重要一环。网络课程设计及其 Web 站点项目开发，不是简单地对传统课程课件向网上"文字搬家"，而是利用 Web 技术、智能技术和"因材施教"教学方法，设计个性化教学的专家系统。

5.1　网络课程 Web 站点项目开发的思路

网络课程 Web 站点项目既要考虑教学方法和教学内容的设计，也要设计新型教学方法的 Web 智能技术实现。学生的 Web 学习过程是通过其浏览各个教学知识点 Web 页面、完成各种 Web 习题、与老师同学不断交流与合作、学习进度智能识别与助教指导、虚拟实验室操作、复习与提升等环节完成的，是一个学生模型不断人机交互和演化的过程，如图 5.1 所示。

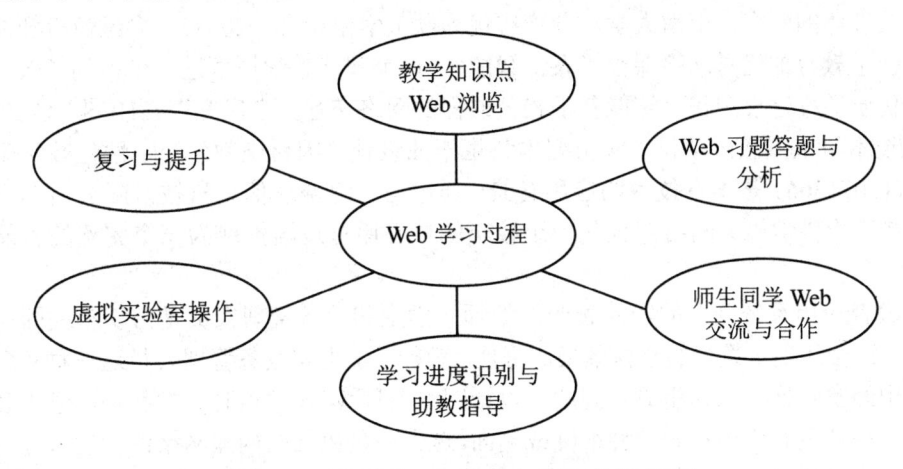

图 5.1　网络课程 Web 站点上的学习过程分析

教学知识点之间并不存在固定的逻辑先后关系，其合适的逻辑先后关系与学生的学习进度和个性化学习选择有关，也就是说并非每个教学知识点都是每个学生所必须学习的。每个教学知识点都展现为结构化、可交互的 Web 网页，其相关关键信息也都存储在知识点数据库中，这些知识点通过个性化的教学管理程序为学生用户提供按需服务的教学，如图 5.2 所示。

第 1 章　k_{11}　第 2 章　第 3 章　k_{31}　第 n 章　k_{n1}
k_{12}　　　k_{21}　　　k_{32}　　　k_{n2}
k_{13}　　　k_{22}　　　k_{33}　…　k_{n3}
k_{14}　　　k_{23}　　　k_{34}　　　k_{n4}
k_{15}　　　　　　　　　k_{35}
k_{16}

图 5.2　网络课程 Web 站点的知识点教学

例如，在图 5.2 中，第 1 章的知识点包括 k_{11}、k_{12}、k_{13}、k_{14}、k_{15}、k_{16}，第 2 章的知识点包括 k_{21}、k_{22}、k_{23}，第 3 章的知识点包括 k_{31}、k_{32}、k_{33}、k_{34}，第 n 章的知识点包括 k_{n1}、k_{n2}、k_{n3}、k_{n4}。不同的学生可以从这些知识点节点选择定制的学习路径，例如甲同学的学习路径为 $k_{11} \to k_{12} \to k_{13} \to k_{14} \to k_{15} \to k_{16} \to k_{22} \to k_{23} \to k_{23} \to k_{31} \to k_{32} \to k_{33} \to k_{41} \to \cdots$，乙同学的学习路径为 $k_{11} \to k_{12} \to k_{21} \to k_{22} \to k_{31} \to k_{32} \to k_{41} \to k_{31} \to \cdots$。网络课程系统通过课堂练习等机制检查学生的 Web 学习进展，对学生在每一个知识点的学习情况进行评价，形成教学单元的总评价，然后将评价结果记入数据库，同时向学生提供具有个性化的学习引导。

5.2 网络课程 Web 站点项目开发的需求分析

随着网络教育的诞生与发展，教育信息化、社会信息化进程不断推进，社会对网络教育的质量要求也越来越高。为了加快普及信息技术教育的步伐，教育部启动了一系列教育信息化工程，如新世纪网络课程建设工程、"校校通"工程等。网络课程人性化和创造性思维培养成为人们对优质网络课程期望的焦点，多维教育智能体就是实现网络教育人性化和创新培养的一种智能技术（龚涛，蔡自兴. 多维教育智能体的构建与应用. 教育信息化，2002；龚涛. 多维教育免疫艾真体的研究. 中南大学，湖南省优秀硕士学位论文，2003）。多维教育智能体的技术用来设计了教育部优秀网络课程"人工智能"，这个智能教学技术进一步得到了改进。上海市学位办优质课程建设项目"智能科学相关课程的网络交互教学研究"（SHGS-KC-2012003）和上海高校本科重点教改项目"应用型本科生毕业设计'因材施教'的个性化教学服务定制研究"（X12071306）是本章技术的应用背景，通过与上海渊统信息科技有限公司的产学研合作，我们将智能科学相关网络课程从一个较小的核心原型逐渐扩展为一个完整的智能教学应用系统。

网络教育应用系统开发的经验表明，教师、学生和教务管理人员是密切相关的三种用户角色，三者综合体现了教育的整体效果。而且，教师、学生和教务管理人员这三种角色在网络教育过程中经常转换、相辅相成。因此，设计网络课程 Web 站点时，把教师、学生和教务管理人员这三种角色看成用户的三种维度或侧面，这三种角色共同构建网络课程的整体特征和功能。其中学生维度是网络课程 Web 站点的核心维度，因为学生是网络教育的主体。只有学生主动地争取、使用和管理教育资源，学生的创造思维才能得到开发，网络教育的优势才能得到充分发挥。

5.3 网络课程 Web 站点项目开发的系统设计

以东华大学智能科学相关网络课程为例，介绍网络课程 Web 站点项目开发的设计过程和相关技术。

5.3.1 概要设计

智能科学相关网络课程的 Web 站点是一种网络交互教学软件，已获得软件著作权（渊统智能科学相关课程的网络交互教学软件[简称：YTITS] V1.0，软件登记号：2014SR002565，2014）。此 Web 网站以网络交互教学方面的最新方法总结和系统研发成果为支撑，提供了全面有效且简单易用的用户管理模块、学生信息管理模块、学生学习模型分析模块、网上虚拟实验室模块、学生学习进度信息跟踪与综合评估模块、学生个性发展定制模块和学习小结管理模块。使用智能科学相关网络课程的 Web 站点，可以帮助教师、学生和教务管理人员充分利用网络交互教学平台的便利和优势，提高教学质量和学习效率。

智能科学相关网络课程的 Web 站点以先进的现代教学技术和新的网络交互教学理念为支撑，不仅以高效、个性定制和多功能为目标，而且注重了软件系统的可靠性、实时性和人机交互性能。系统具有用户登录、取回密码、密码修改、学生基本信息管理、学生个性信息管理、报价管理学生学习模型分析、网上虚拟实验室交互教学、学生学习进度跟踪与评估、学生个性发展定制和学习小结管理等功能。

5.3.2 详细设计

从目标功能的详细设计角度来看，智能科学相关网络课程的 Web 站点具备以下功能：

（1）此 Web 站点具有用户登录、取回密码和密码修改等功能。

（2）此 Web 站点能对学生基本信息表和学生个性信息表进行管理（添加、修改、删除、查询）。

（3）在此 Web 站点上，学生学习模型分析模块能根据学生的学习"轨迹"数据构建其学习曲线，分析其学习的强项和弱点。

（4）在此 Web 站点上，网上虚拟实验室模块能演示许多教学案例的交互式动态效果，师生可在其中协同完成探索性研究实验。

（5）在此 Web 站点上，学生学习进度信息跟踪与综合评估模块搜集学生浏览本软件的"痕迹"信息，再利用网上测试题综合评估学生的个性化学习情况。

（6）在此 Web 站点上，学生个性发展定制模块根据学生的个性发展需求，选择不同的网页模块、课程匹配方案、教学计划、实验模式、交互方式和案例体验，教师通过此软件系统对学生的个性发展适时适度指导与监护，也可以让家长参与该系统。

（7）在此 Web 站点上，学习小结管理模块能添加、修改、查询和删除学习小结。

上述功能模块构成了此 Web 站点的主体结构，可用图 5.3 表示。

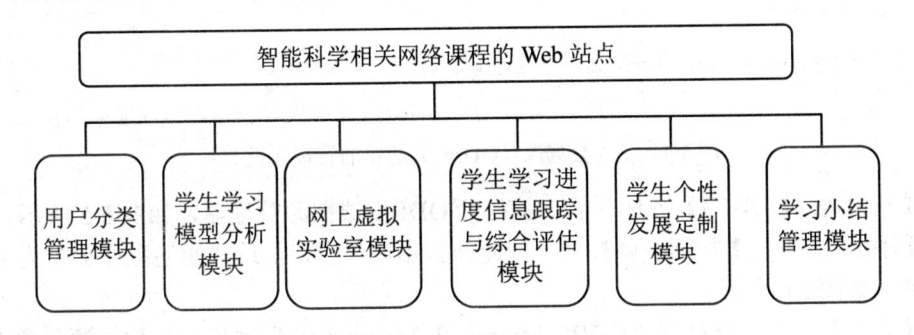

图 5.3 智能科学相关网络课程 Web 站点的主体结构

智能科学相关网络课程的 Web 站点是基于 Windows 操作系统或 Linux 操作系统、数据库（Access、MySQL、SQL Server、Oracle 等都是可用的）开发的，任何安装了数据库的服务器均可以安装和部署智能科学相关网络课程的 Web 站点。为保证 Web 站点流畅运行，推荐如下软硬件环境：

（1）Web 站点运行的硬件环境。

计算机 CPU 推荐为 Intel 或其兼容机主频 1.00 GHz 或更高主频，内存（RAM）推荐为 128MB 及以上，硬盘最低要求为 1GB 及以上。

（2）Web 站点运行的软件环境。

Web 站点运行的服务器操作系统推荐为 Windows 系列或 Linux 系列，其数据库环境推荐为 Access、MySQL、SQL Server、Oracle 等。

5.3.3 数据库设计

以 Access 数据库 ISCDB.mdb 为例，介绍数据库连接的 ODBC 配置方法。首先，打开 ODBC 的管理面板，如图 5.4 所示。

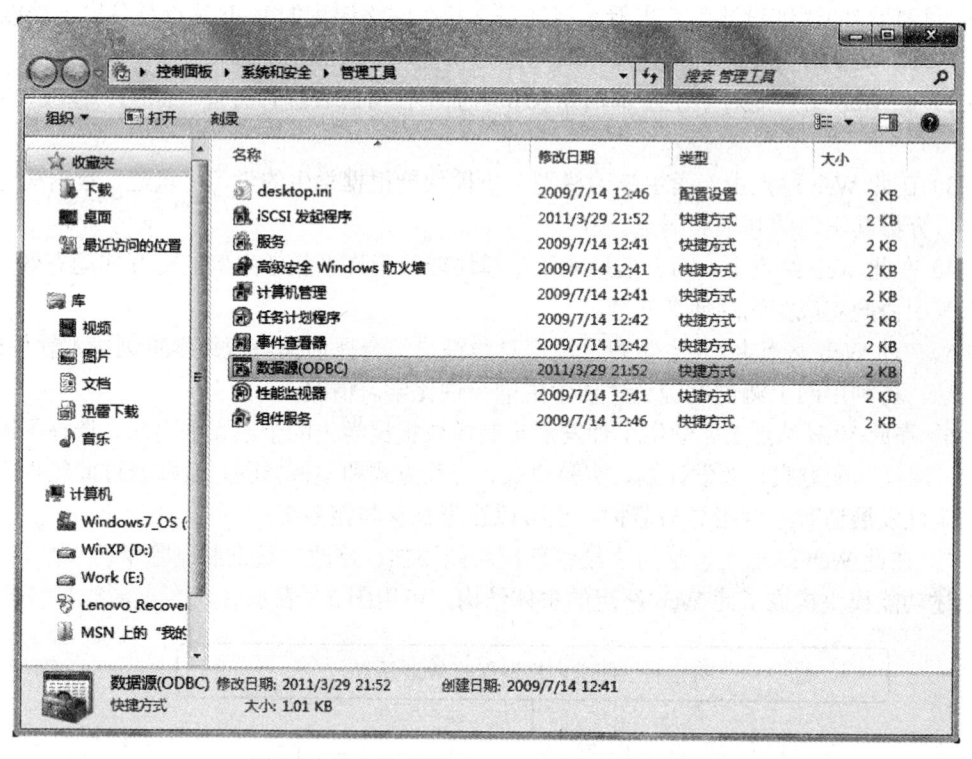

图 5.4 进入数据源（ODBC）配置的管理面板

双击【数据源（ODBC）】图标项后，就打开 ODBC 数据源管理器，如图 5.5 所示。

单击【添加（D）…】按钮，就打开"创建新数据源"窗口，选择驱动程序类型为 Access 数据库类型，如图 5.6 所示。

单击【完成】按钮，就打开"ODBC Microsoft Access 安装"窗口，在数据源名项中输入 ISCDB 等名称，如图 5.7 所示。

接下来，单击【选择（S）…】按钮，就打开"选择数据库"窗口，在数据库名框中通过目录选择要连接的 Access 数据库。

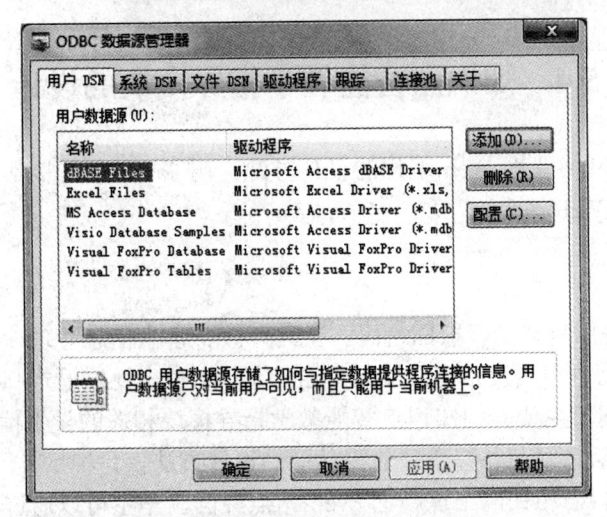

图 5.5　打开 ODBC 数据源管理器

图 5.6　选择驱动程序为 Access 数据库类型

图 5.7　输入数据源名

单击【确定】按钮，就回到"ODBC Microsoft Access 安装"窗口，这时数据库已有选定的数据库名，再单击【确定】按钮保存数据，并关闭窗口。

5.4　知识点智能教学指导模块的设计

为了测试和演示网络课程 Web 编程的设计方法，用 Java、JSP 高级编程技术设计了智能科学相关网络课程的 Web 站点。

5.4.1　功能设计

此 Web 站点具备用户登录、取回密码、密码修改、学生信息管理、学生学习模型分析、网上虚拟实验室、学生学习进度信息跟踪与综合评估、学生个性发展定制和学习小结管理等功能。由于篇幅所限，本节主要介绍知识点智能教学指导模块相关的学生信息管理、网上虚拟实验室、学生学习进度信息跟踪与综合评估等功能的设计方法。

首先，设计智能科学相关网络课程的 Web 站点界面，学生可以通过浏览器打开知识教学的网页。为了演示方便需要采用分步骤演示的方法，具体应用中可以整合为一套自动化的程序。

在该程序界面上，一些按钮用来控制智能科学相关网络课程的 Web 站点网络交互教学，分别用来进行用户管理、学生信息管理和个性化教学辅助等操作。打开智能科学相关网络课程的 Web 站点，如图 5.8 所示。

图 5.8　启动智能科学相关网络课程的 Web 站点

用户必须成功登录智能科学相关网络课程的 Web 站点，才能使用学生信息管理和个性化教学辅助的功能。如果用户忘记密码了，也可以取回密码。用户成功登录后，还可以修改密码，此时需要输入旧密码和新密码。

5.4.2　知识点智能导引模块的设计

用户成功登录后，可以看到智能科学相关网络课程的 Web 站点。该页面的左边是知识点导航菜单,包括返回课程主页的超链接以及各个章节的知识点链接,如图5.9所示。例如,第1章"知识的表示、搜索与推理"包括"人工智能的三大学派"、"符号主义的知识表示"、"知识的搜索与推理技术"和"专家系统的概念和设计方法"等节,还包括测试题。

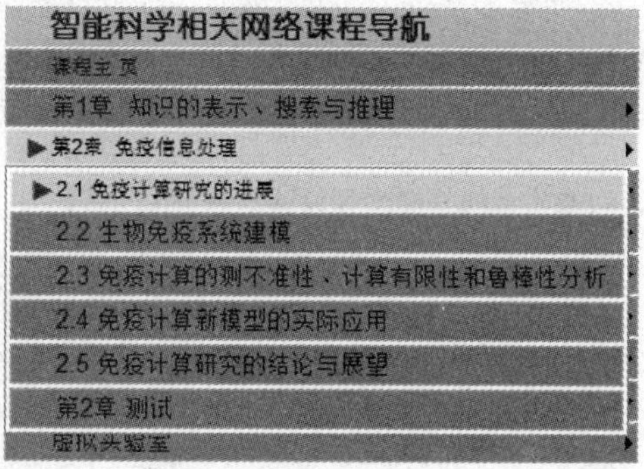

图 5.9 知识点导航菜单

这种知识点导航菜单用 JavaScript 程序实现,其源代码如下:

```
<h3 align="left">
<script type="text/javascript" language="JavaScript1.2">
BuildLayer('v',",",",'250','250',",",",'1','1','1px Solid #FFFFFF','1px Solid #FFFFFF',
  '1px Solid #FFFFFF','1px Solid #FFFFFF','left','transparent',",'1','1',",
  'Filter:none (Duration=0.5)',
  ",'#C0C0C0','0','Default','Pointer',",'100','0','#FFFFFF')
SwapDiv('wme3',",",'images/IMG_191668.jpg','images/blank.gif','200','340',
  'images/blank.gif','images/blank.gif','0','0','1','1','Arial','Arial','8pt','8pt','normal','normal',
  'transparent','transparent','normal','normal','none','none','#000000','transparent',
  'images/blank.gif','images/blank.gif','0','0','0','0','none','none','none','none','none',
  'none','none','none','top','left',",",",'_self',",",'2','images/blank.gif','images/blank.gif',
  'auto','auto','0','0','0')
SwapDiv('wme10','wme3','智能科学相关网络课程导航','images/blank.gif',_,'16','16',
  _,_,_,_,'auto','auto','幼圆','幼圆','12pt','12pt',_,_,'#2c00cc','#2c00cc','bold','bold',_,_,
  '#ADE0FF','#ADE0F F',_,_,'1','1','1','1','0px Solid #2c0000','0px Solid #2c0000',
  '0px Solid  #2c0000','0px Solid #2c0000','0px Solid #2c0000','0px Solid #2c0000',
  '0px  Solid #2c0000','0px Solid #2c0000','middle',_,_,_,_,_,_,'0',_,_,_,_,_,_)
SwapDiv('wme4','wme10','课程主页',_,'images/blueidx.gif','10','21',_,_,_,_,_,
  'Arial','Arial','8pt','8pt',_,_,_,'#000000','normal','normal',_,_,'#47ADFF','#CEE9FF',
  _,_,_,_,_,_,'1px  Solid #8CCBFF','1px Solid #8CCBFF','1px Solid #8CCBFF',
  '1px Solid #8CCBFF','1px Solid #EEF8FF','1px Solid #EEF8FF','1px Solid #EEF8FF',
  '1px Solid #EEF8FF',_,_,'iscindex.jsp',_,_,_,_,_,'0',_,_,_,_,_,_)
SwapDiv('wme5','wme4','第 1 章  知识的表示、搜索与推理',_,_,_,_,
  'images/arrow.gif','images/arrow.gif','7','7',_,_,_,_,'10pt',_,_,_,_,_,_,_,_,
  _,_,_,_,_,_,_,_,_,_,",'0',_,_,_,_,_,_)
FreeLayer('wme12',",'2','v','0','0','1','2','1px Solid #ACA899','1px Solid #ACA899',
  '1px Solid #ACA899','1px Solid #ACA899','#FFFFFF',",'1','1',",
  'Filter:none (Duration=0.5)',",'#C0C0C0','0','100')
SwapDiv('wme11','wme4','1.1 人工智能的三大学派',_,_,_,_,_,_,_,_,_,'10pt',_,_,_,
```

_,_,_,_,_,_,_,_,_,_,_,_,_,_,_,_,_,_,_,'c1s1.jsp?username=<%=username%>',_,_,_,_,_,_,'0',_,_,_,_,_,_,_,)

SwapDiv('wme13','wme11','1.2 符号主义的知识表示',_,'c1s2.jsp?username=<%=username%>',_,_,_,_,_,_,_,'0',_,_,_,_,_,_,_,)

SwapDiv('wme14','wme11','1.3 知识的搜索与推理技术',_,'c1s3.jsp?username=<%=username%>',_,_,_,_,_,_,'0',_,_,_,_,_,_,_,)

SwapDiv('wme17','wme11','1.4 专家系统的概念和设计方法',_,'c1s4.jsp?username=<%=username%>',_,_,_,_,_,'0',_,_,_,_,_,_,_,)

SwapDiv('wme12','wme11','第1章 测试题',_,'c1s5.jsp?username=<%=username%>',_,_,_,_,_,_,_,'0',_,_,_,_,_,_,_,)

InitDiv(); SwapDiv('wme6','wme5','第2章 免疫信息处理',_,'0',_,_,_,_,_,_,_,)

FreeLayer('wme19','wme12',_,_,_,_,_,_,_,_,_,_,_,_,_,_,_,_,_,_,)

SwapDiv('wme18','wme11','2.1 免疫计算研究的进展',_,'c2s1.jsp?username=<%=username%>',_,_,_,_,_,_,'0',_,_,_,_,_,_,_,)

SwapDiv('wme20','wme11','2.2 生物免疫系统建模',_,'c2s2.jsp?username=<%=username%>',_,_,_,_,_,_,_,'0',_,_,_,_,_,_,_,)

SwapDiv('wme21','wme11','2.3 免疫计算的测不准性、计算有限性和鲁棒性分析',_,'c2s3.jsp?username=<%=username%>',_,_,_,_,_,'0',_,_,_,_,_,_,_,)

SwapDiv('wme23','wme11','2.4 免疫计算新模型的实际应用',_,'c2s4.jsp?username=<%=username%>',_,_,_,_,_,_,'0',_,_,_,_,_,_,_,)

SwapDiv('wme24','wme11','2.5 免疫计算研究的结论与展望',_,'c2s5.jsp?username=<%=username%>',_,_,_,_,_,_,'0',_,_,_,_,_,_,_,)

SwapDiv('wme16','wme11','第2章 测试',_,'c2s6.jsp?username=<%=username%>',_,_,_,_,_,_,'0',_,_,_,_,_,_,_,)

InitDiv(); SwapDiv('wme7','wme5','第3章 免疫计算与自然计算',_,'0',_,_,_,_,_,_,_,)

FreeLayer('wme26','wme12',_,_,_,_,_,_,_,_,_,_,_,_,_,_,_,_,_,_,)

SwapDiv('wme25','wme11','3.1 人工免疫系统与人工智能的关系',_,'c3s1.jsp?username=<%=username%>',_,_,_,_,_,_,_,'0',_,_,_,_,_,_,_,)

SwapDiv('wme21','wme11','3.2 人工免疫系统的自然计算模型',_,'c3s2.jsp?username=<%=username%>',_,_,_,_,_,_,'0',_,_,_,_,_,_,_,)

SwapDiv('wme31','wme11','3.3 免疫计算的原型设计与开发',_,'c3s3.jsp?username=<%=username%>',

,_,_,_,_,'0',_,_,_,_,_,_,_,)
SwapDiv('wme27','wme11','第3章 测试',_,_,_,_,_,_,_,_,_,_,
_,_,_,_,_,_,_,_,_,_,_,_,'c3s4.jsp?username=<%=username%>',_,_,_,_,_,'0',_,_,_,
_,_,_,_,)
InitDiv(); SwapDiv('wme8','wme5','第4章   人工免疫与免疫控制',_,_,_,_,_,_,_,
_,'0',_,_,_,_,_,_,_,)
FreeLayer('wme34','wme12',_,_,_,_,_,_,_,_,_,_,_,_,_,_,_,_,_,_,)
SwapDiv('wme33','wme11','4.1 人工免疫系统概述',_,_,_,_,_,_,_,_,_,_,
_,_,_,_,_,_,_,_,_,_,_,'c4s1.jsp?username=<%=username%>',_,_,_,_,_,_,'0',
_,_,_,_,_,_,_,)
SwapDiv('wme35','wme11','4.2 生物免疫机理',_,_,_,_,_,_,_,_,_,_,_,
_,_,_,_,_,_,_,_,_,_,_,_,_,_,'c4s2.jsp?username=<%=username%>',_,_,_,_,_,_,'0',_,_,
_,_,_,_,)
SwapDiv('wme36','wme11','4.3 人工免疫网络模型',_,_,_,_,_,_,_,_,_,_,
_,_,_,_,_,_,_,_,_,_,_,'c4s3.jsp?username=<%=username%>',_,_,_,_,_,_,'0',_,_,
_,_,_,)
SwapDiv('wme37','wme11','4.4 免疫算法',_,_,_,_,_,_,_,_,_,_,_,_,_,_,
_,_,_,_,_,_,_,_,_,_,_,_,'c4s4.jsp?username=<%=username%>',_,_,_,_,_,_,'0',_,_,_,_,_,)
SwapDiv('wme38','wme11','4.5 免疫计算智能系统的应用',_,_,_,_,_,_,_,_,
_,_,_,_,_,_,_,_,_,_,_,_,_,_,_,'c4s5.jsp?username=<%=username%>',_,_,_,_,
_,'0',_,_,_,_,_,_,_,)
SwapDiv('wme27','wme11','第4章 测试',_,_,_,_,_,_,_,_,_,_,_,_,_,
_,_,_,_,_,_,_,_,_,_,_,_,'c4s6.jsp?username=<%=username%>',_,_,_,_,_,'0',_,_,_,_,_,)
InitDiv(); SwapDiv('wme9','wme5','第5章   机器学习与学习控制',_,_,_,_,_,_,_,
_,_,_,_,_,_,_,_,_,_,_,_,_,_,_,_,_,_,_,'0',_,_,_,_,_,_,_,)
FreeLayer('wme40','wme12',_,_,_,_,_,_,_,_,_,_,_,_,_,_,_,_,_,_,)
SwapDiv('wme39','wme11','5.1 机器学习的定义和发展史',_,_,_,_,_,_,_,_,_,
,'c5s1.jsp?username=<%=username%>',,_,_,_,
_,_,'0',_,_,_,_,_,_,_,)
SwapDiv('wme41','wme11','5.2 机器学习的主要策略',_,_,_,_,_,_,_,_,_,_,
_,_,_,_,_,_,_,_,_,_,_,_,_,_,_,_,'c5s2.jsp?username=<%=username%>',_,_,_,_,_,_,'0',_,_,
_,_,_,_,_,)
SwapDiv('wme42','wme11','5.3 常用的机器学习方法',_,_,_,_,_,_,_,_,_,_,
_,_,_,_,_,_,_,_,_,_,_,_,_,_,_,_,'c5s3.jsp?username=<%=username%>',_,_,_,_,
_,'0',_,_,_,_,_,_,_,)
SwapDiv('wme43','wme11','5.4 学习控制的定义和发展史',_,_,_,_,_,_,_,_,_,
,'c5s4.jsp?username=<%=username%>',,_,_,
_,_,_,'0',_,_,_,_,_,_,_,)
SwapDiv('wme44','wme11','5.5 学习控制系统的结构和设计',_,_,_,_,_,_,_,_,
_,_,_,_,_,_,_,_,_,_,_,_,_,_,_,_,_,_,_,'c5s5.jsp?username=<%=username%>',_,_,
_,_,_,_,'0',_,_,_,_,_,)
SwapDiv('wme45','wme11','第5章 测试',_,_,_,_,_,_,_,_,_,_,_,_,_,
_,_,_,_,_,_,_,_,_,_,_,_,_,_,'c5s6.jsp?username=<%=username%>',_,_,_,_,_,_,'0',_,_,_,_,_,
_,_,) InitDiv();
SwapDiv('wme46','wme5','第6章   智能系统控制发展史分析和结构理论',_,_,_,_,_,
_,'0',_,_,_,_,_,_,_,)

FreeLayer('wme47','wme12',_,_,_,_,_,_,_,_,_,_,_,_,_,_)
SwapDiv('wme48','wme11','6.1 自动控制的机遇与挑战',_,_,_,_,_,_,_,_,
_,_,_,_,_,_,_,_,_,_,_,_,'c6s1.jsp?username=<%=username%>',_,_,_,_,
_,'0',_,_,_,_,_,_)
SwapDiv('wme49','wme11','6.2 智能控制的发展',_,_,_,_,_,_,_,_,_,_,
_,_,_,_,_,_,_,_,_,_,_,_,'c6s2.jsp?username=<%=username%>',_,_,_,_,_,'0',_,_,_,_,_,_)
SwapDiv('wme50','wme11','6.3 什么是智能控制',_,_,_,_,_,_,_,_,_,
_,_,_,_,_,_,_,_,_,_,_,_,'c6s3.jsp?username=<%=username%>',_,_,_,_,'0',_,_,_,_,_,_)
SwapDiv('wme51','wme11','6.4 智能控制的结构理论',_,_,_,_,_,_,_,_,
_,_,_,_,_,_,_,_,_,_,_,_,'c6s4.jsp?username=<%=username%>',_,_,_,_,'0',
_,_,_,_,_,_)
SwapDiv('wme52','wme11','第 6 章 测试',_,_,_,_,_,_,_,_,_,_,_,_,
_,_,_,_,_,_,_,_,_,'c6s5.jsp?username=<%=username%>',_,_,_,_,_,'0',_,_,_,_,_,_)
InitDiv(); SwapDiv('wme53','wme5','第 7 章 神经网络及其应用',_,_,_,_,_,_,_,
_,_,_,_,_,_,_,_,_,_,_,_,_,_,_,_,_,_,'0',_,_,_,_,_,_)
FreeLayer('wme54','wme12',_,_,_,_,_,_,_,_,_,_,_,_,_)
SwapDiv('wme55','wme11','7.1 生物神经元网络 H-H 模型',_,_,_,_,_,_,_,_,
_,_,_,_,_,_,_,_,_,_,_,_,_,_,'c7s1.jsp?username=<%=username%>',_,_,
_,_,_,'0',_,_,_,_,_,_)
SwapDiv('wme56','wme11','7.2 生物神经元网络 Integrate-and-Fire 模型',_,_,_,_,_,
_,_,_,_,_,_,_,_,_,_,_,_,_,_,_,_,
'c7s2.jsp?username=<%=username%>',_,_,_,_,_,'0',_,_,_,_,_,_)
SwapDiv('wme57','wme11','7.3 基于放电率编码的生物神经元及其网络',_,_,_,_,_,
_,_,_,_,_,_,_,_,_,_,_,_,_,_,_,
'c7s3.jsp?username=<%=username%>',_,_,_,_,_,'0',_,_,_,_,_,_)
SwapDiv('wme58','wme11','7.4 Hopfield 神经网络',_,_,_,_,_,_,_,_,_,_,
_,_,_,_,_,_,_,_,_,_,_,'c7s4.jsp?username=<%=username%>',_,_,_,_,_,'0',_,
_,_,_,_,_)
SwapDiv('wme59','wme11','7.5 自组织竞争型神经网络',_,_,_,_,_,_,_,_,
_,_,_,_,_,_,_,_,_,_,_,_,'c7s5.jsp?username=<%=username%>',_,_,_,_,
_,'0',_,_,_,_,_,_)
SwapDiv('wme60','wme11','第 7 章 测试',_,_,_,_,_,_,_,_,_,_,_,_,
_,_,_,_,_,_,_,_,_,'c7s6.jsp?username=<%=username%>',_,_,_,_,'0',_,_,_,_,_,_)
InitDiv(); SwapDiv('wme61','wme5','第 8 章 模糊控制的基本原理和方法',_,_,_,_,_,_,
_,_,_,_,_,_,_,_,_,_,_,_,_,_,_,_,_,_,'0',_,_,_,_,_,_)
FreeLayer('wme62','wme12',_,_,_,_,_,_,_,_,_,_,_,_,_)
SwapDiv('wme63','wme11','8.1 模糊系统理论的起源和发展',_,_,_,_,_,_,_,
_,_,_,_,_,_,_,_,_,_,_,_,_,_,'c8s1.jsp?username=<%=username%>',_,_,
_,_,_,'0',_,_,_,_,_,_)
SwapDiv('wme64','wme11','8.2 模糊集合和模糊推理',_,_,_,_,_,_,_,_,_,
_,_,_,_,_,_,_,_,_,_,_,'c8s2.jsp?username=<%=username%>',_,_,_,_,_,'0',
_,_,_,_,_)
SwapDiv('wme65','wme11','8.3 模糊控制器的基本结构',_,_,_,_,_,_,_,_,
_,_,_,_,_,_,_,_,_,_,_,_,_,'c8s3.jsp?username=<%=username%>',_,_,_,_,
'0',_,_,_,_,_)
SwapDiv('wme66','wme11','8.4 模糊控制系统的设计',_,_,_,_,_,_,_,_,_,

_,_,_,_,_,_,_,_,_,_,_,_,_,_,_,'c8s4.jsp?username=<%=username%>',_,_,_,_,_,
'0',_,_,_,_,_,_,)
SwapDiv('wme67','wme11','8.5 模糊系统给的稳定性分析',_,_,_,_,_,_,_,_,_,_,
_,_,_,_,_,_,_,_,_,_,_,_,_,_,'c8s5.jsp?username=<%=username%>',_,_,_,_,
_,'0',_,_,_,_,_,_,)
SwapDiv('wme68','wme11','第 8 章 测试',_,_,_,_,_,_,_,_,_,_,_,_,_,_,_,_,
_,_,_,_,_,_,_,_,_,_,'c8s6.jsp?username=<%=username%>',_,_,_,_,'0',_,_,_,
_,_,) InitDiv();
SwapDiv('wme69','wme5','虚拟实验室',_,_,_,_,_,_,_,_,_,_,_,_,_,_,_,_,_,
_,_,_,_,_,_,_,_,_,'c8s6.jsp?username=<%=username%>',_,_,_,_,_,'0',_,_,_,
_,_,_,) InitDiv(); HideDiv();
</script></h3>

这个网页要通过 BuildLayer()、SwapDiv()、FreeLayer()、InitDiv()、HideDiv()等函数使用动态菜单导航效果，需要在网页头部调用 menu.js 脚本程序，其源代码如下：
<script type="text/javascript" language="JavaScript1.2" src="js/menu.js"></script>

接下来是各章知识点的展现网页，学生可以浏览这些知识点网页，来学习新的知识点和复习已学的知识点。以免疫计算与自然计算知识点为例，第 3 章的知识点首页如图 5.10 所示，先介绍该章的基本要点，然后分节讲述各个知识点。

图 5.10 第 3 章的知识点首页

例如，此页知识点展示网页的部分源代码如下：
<div id="Layer1"><p class="MsoNormal" align="center" style="text-align:center"><b>
<span style="font-size: 15.0pt; font-family: 宋体; color: red">第</span><span lang="EN-US" style="font-size:15.0pt;color:red">3</span><span style="font-size: 15.0pt; font-family: 宋体; color: red"> 章 </span><span style="font-size: 15.0pt; font-family: 宋体; color: red">免疫计算与自然计算</span></b></p>
<p class="MsoNormal"><span lang="EN-US">   </span><span style="font-family: 宋体">免疫计算是由生物免疫系统的免疫学机制启发而

生的、用于计算机等系统的计算科学，自然计算是由自然界的规律启发而生的、用于计算机等系统的计算科学。</span></p>

```
    <p class="MsoNormal"><span lang="EN-US" style="font-size:14.0pt">3.1  </span>
    <span style="font-size: 14.0pt; font-family: 宋体">人工免疫系统与人工智能的关系</span></p><p class="MsoNormal"><span lang="EN-US">         </span><span style="font-family: 宋体">按照IEEE国际学术界的观点，人工免疫系统是计算智能的研究领域之一，而计算智能是人工智能的研究领域之一，因此人工免疫系统是人工智能的子集。</span></p>
    <p class="MsoNormal"><span lang="EN-US" style="font-size:12.0pt">3.1.1  </span><span style="font-size: 12.0pt; font-family: 宋体">人工免疫系统与模式识别的关系</span></p><p class="MsoNormal"><span lang="EN-US">        </span><span style="font-family: 宋体">自然免疫系统具有天生的、并行的、非线性识别能力，在正常的免疫应答条件下能有效地区分自体和异体。由于人工免疫系统是由自然免疫系统启发而来的，因此人工免疫系统也应该具有较强的模式识别功能，特别是对未知异体的识别。</span></p>
    <p class="MsoNormal"><span lang="EN-US">      </span><span style="font-family: 宋体">人工免疫系统的自进化学习机制用来设计了免疫算法和免疫学习机制，以提高算法对入侵模式识别的效率和正确率，实验表明该算法具有较好的识别未知模式的能力。</span></p>
    <p class="MsoNormal"><span lang="EN-US">      </span><span style="font-family: 宋体">人工免疫系统是一种新的计算智能分支，可用于模式识别。</span></p><p class="MsoNormal"><span lang="EN-US" style= "font-size:12.0pt">3.1.2  </span><span style="font-size: 12.0pt; font-family: 宋体">人工免疫系统与神经网络的关系</span></p>
    <p class="MsoNormal"><span lang="EN-US">      </span><span style="font-family: 宋体">对于人类而言，免疫系统和神经网络都具有以下相似的智能特征；由于人工免疫系统是由自然免疫系统启发而来的，人工神经网络是由人类神经网络启发而来的，所以人工免疫系统和人工神经网络具有相似点。</span></p>
    <p class="MsoNormal"><span lang="EN-US">       </span><span style="font-family: 宋体">免疫系统和神经网络都是由大量不同类型的细胞组成的，人类免疫系统中淋巴细胞的数量和神经网络中神经元的数量级别相当。</span></p><p class="MsoNormal"><span lang="EN-US">        </span><span style="font-family: 宋体">免疫系统和神经网络都利用细胞的差异性对大量不同的激励产生相应的响应。</span></p>
    <p class="MsoNormal"><span lang="EN-US">        </span><span style="font-family: 宋体">免疫系统和神经网络都具备记忆能力，它们对事件的记忆可以长达多年，都能通过学习调整其行为。</span></p>
    <p class="MsoNormal"><span lang="EN-US" style="font-size:12.0pt">3.1.3  </span><span style="font-size: 12.0pt; font-family: 宋体">人工免疫系统在计算智能学科中的地位</span></p><p class="MsoNormal"><span lang="EN-US">        </span><span style="font-family: 宋体">在IEEE计算智能学会里有人工免疫系统研究组，主席是Dasgupta D.，副主席是Nicosia G.和龚涛。这说明IEEE学会将人工免疫系统当作计算智能学科的分支之一。</span></p>
    <p class="MsoNormal"><span lang="EN-US">         </span><span style="font-family: 宋体">蔡自兴在《人工智能及其应用》第三版研究生用书中将免疫计算作为计算智能这一章的一节，说明将免疫计算看作计算智能的分支之一，这一观点与IEEE计算智能学会的观点是一致的。</span></p>
    <p class="MsoNormal" align=center><img src="images/updown.jpg" width="241" height="28" hspace="200" border="0" usemap="#Map" /><map name="Map" id="Map"><area shape="rect" coords="7,3,119,30" href=
```

```
"c2s6.jsp" target="_self" />
    <area shape="rect" coords="130,2,236,26" href="c3s2.jsp" target="_self" /></map></p>
</div><p><img src="images/top2.jpg" width="993" height="160"></p>
```

5.4.3 学习进度跟踪模块的设计

接下来，就可以使用智能教学助手辅助学生的学习，如图 5.11 所示。从图中可以看出，该助手采用机器人卡通形象，能跟踪并提示学生学习的进度。

图 5.11 智能教学助手

此智能教学助手也能用于在线师生答疑，主要借助 QQ 工具实现，如图 5.12 所示。

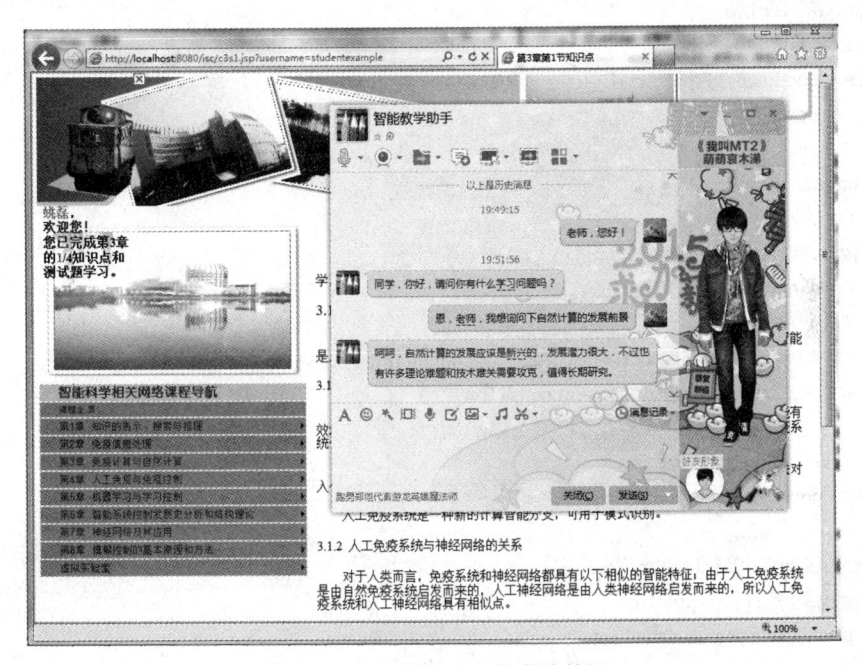

图 5.12 智能教学助手的在线答疑

智能教学助手是通过 QQ 会话与学生等用户交流，用 DIV 层的动态控制实现类似于微软 Agent 的助手服务功能，其源代码如下：

```
<div class="QQbox" id="divQQbox" ><div class="Qlist" id="divOnline" onMouseOut= "hideMsgBox (event);"
style="display: none;"><div class='t' align="right">
    <a href="#"  onClick="document.getElementById('divQQbox').style.display='none';return false;"><img src=
```

```html
"images/x.jpg" alt="关闭" border="0"/></a></div>
    <div class='con'><table width=120 border="0" margin="6px" align="center">
    <tr><td><a href=http://wpa.qq.com/msgrd?v=3&uin=2576612584&site=qq&menu=yes
    target="_blank"><img src="images/robot1_2.gif" width=120 border=0 alt=" 智 能 助 教 "/></a></td></tr>
<tr><td align="center" style="background:url(images/zmbg.png);"><b>姚 磊</b>，<br>欢 迎 QQ 提 问！
</td></tr></table></div>
    <div class='b'></div></div><div id='divMenu'><p align="right">
    <a href="#" onClick="document.getElementById('divMenu').style.display='none';return false;"><img src=
"images/x.jpg" alt="关闭" border="0"/></a></p>
    <table border="0" margin="6px" align="center" width=120><tr><td>
    <a href="" target="_blank" onmouseover='OnlineOver();'><img src="images/robot1_1.gif" width=120 alt="智
能助教" border="0"/></a></td></tr>
    <tr><td style="background:url(images/zmbg.png);">
    <b><font color="red">姚磊</font>，<br>欢迎您！<br>
    您已完成第 3 章的<font color="red">1</font>/4 知识点和测试题学习。</b>
    </td></tr></table></div></div>
        <SCRIPT language="javascript">
            var tips;
            var theTop = 40;
    /*这是默认高度,越大越往下*/
            var old = theTop;
            function initFloatTips() {
            tips = document.getElementById('divQQbox');
            moveTips();
            };
            function moveTips() {
            var tt=50;
            if (window.innerHeight) {
            pos = window.pageYOffset
            }
            else if (document.documentElement && document.documentElement.scrollTop) {
            pos = document.documentElement.scrollTop
            }
            else if (document.body) {
            pos = document.body.scrollTop;
            }
            pos=pos-tips.offsetTop+theTop;
            pos=tips.offsetTop+pos/10;
            if (pos < theTop) pos = theTop;
            if (pos != old) {
            tips.style.top = pos+"px";
            tt=10;
            }
            old = pos;
            setTimeout(moveTips,tt);
            }
```

```
    initFloatTips();
    function OnlineOver(){
    document.getElementById("divMenu").style.display = "none";
    document.getElementById("divOnline").style.display = "block";
    document.getElementById("divQQbox").style.width = "145px";
    }
    function OnlineOut(){
    document.getElementById("divMenu").style.display = "block";
    document.getElementById("divOnline").style.display = "none";
    }
    function hideMsgBox(theEvent){ //theEvent 用来传入事件,Firefox 的方式
      if (theEvent){
        var browser=navigator.userAgent; //取得浏览器属性
        if (browser.indexOf("Firefox")>0){ //如果是 Firefox
          if (document.getElementById('divOnline').contains(theEvent.relatedTarget)) {
    return; //结束函式
      }
     }
    if (browser.indexOf("MSIE")>0){    //如果是 IE
    if (document.getElementById('divOnline').contains(event.toElement)) { //若是子元素
        return; //结束函式
    }
    }
    } /*要执行的操作*/
    document.getElementById("divMenu").style.display = "block";
    document.getElementById("divOnline").style.display = "none";
    }
    </SCRIPT>
```

5.5　智能组题阅卷模块的设计

本节以生物系统建模、数值计算与 Web 仿真项目为例,介绍 Java 数值计算与 Web 仿真项目开发的方法。

5.5.1　功能设计

网络课程 Web 站点的智能组题阅卷模块设计针对学生的学习情况进行及时测试和评价,从数据库中读取学生的学习记录,并以此为依据展开面向学生的个性化引导,指导学生从易到难逐步学完知识点,如图 5.13 所示。智能组题阅卷模块首先记录学生的平时成绩,成绩分数来自课堂练习得分和单元自测环节的得分。然后,根据学生的平时学习成绩,在其进行自测时,指导学生进行题目难度的选择。其次,根据学生选择的难度选择单元测试的内容,生成单元测试题,并对学生的答题结果进行评价和判分,针对学生的错题指出学生需要强化学习的知识点。

试题管理功能包括查询试题、修改试题、删除试题和插入试题。试题添加功能允许管理

员向试题数据库插入选择题和填空题，试题修改功能建立在试题查询基础上，对满足查询条件的试题记录进行修改。知识点的试题数据表 chaptertest 包括 7 个字段，即 exID、question、answer、chapterid、link、score 和 difficulty。exID 字段表示试题的编号，question 字段表示试题的问题部分，chapterid 表示试题相关的章编号，link 字段表示试题的相关知识点网页链接，score 字段表示试题的分值，difficulty 字段表示试题的难度。

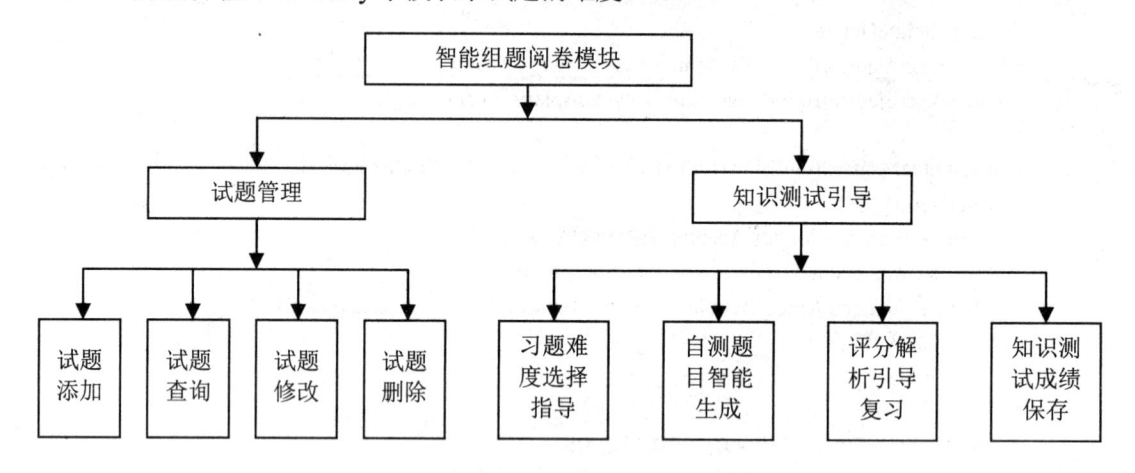

图 5.13　智能组题阅卷模块的功能结构

创建试题数据表 chaptertest 的 SQL 语句如下：

```
CREATE TABLE chaptertest (
    exID int,
    question char (100),
    answer char (50),
    chapterid char (10),
    link char (50),
    score int,
    difficulty int
)
```

学生可以从知识点 1 开始学习，然后网络课程 Web 站点根据学生的学习记录和智能组题阅卷情况进行评价。如果知识点 1 的学习效果达到了，就继续下一个知识点的学习，并融合最新的学习效果评价。如果知识点 1 的学习效果没有达到，就引导学生重新学习知识点 1。此后的知识点依次类推，最后根据学生学习进度的评价网络课程 Web 站点选择合适的题目难度，学生确认选择题目的难度。

接着，根据所设难度和学生特点，网络课程 Web 站点智能生成测试的题目，学生在线答题。随后，网络课程 Web 站点根据学生答题结果即时统计出分数，不断将最新成绩计入学生的学习进展数据，分析学生学习的弱点和对策，如图 5.14 所示。

5.5.2　智能组题模块的设计

智能组题模块的设计用到 JavaBean 技术，需要定义 JavaBean 类 databean，它编译后的类文件保存在 D:\tomcat6\webapps\ROOT\WEB-INF\classes\isc 目录中。

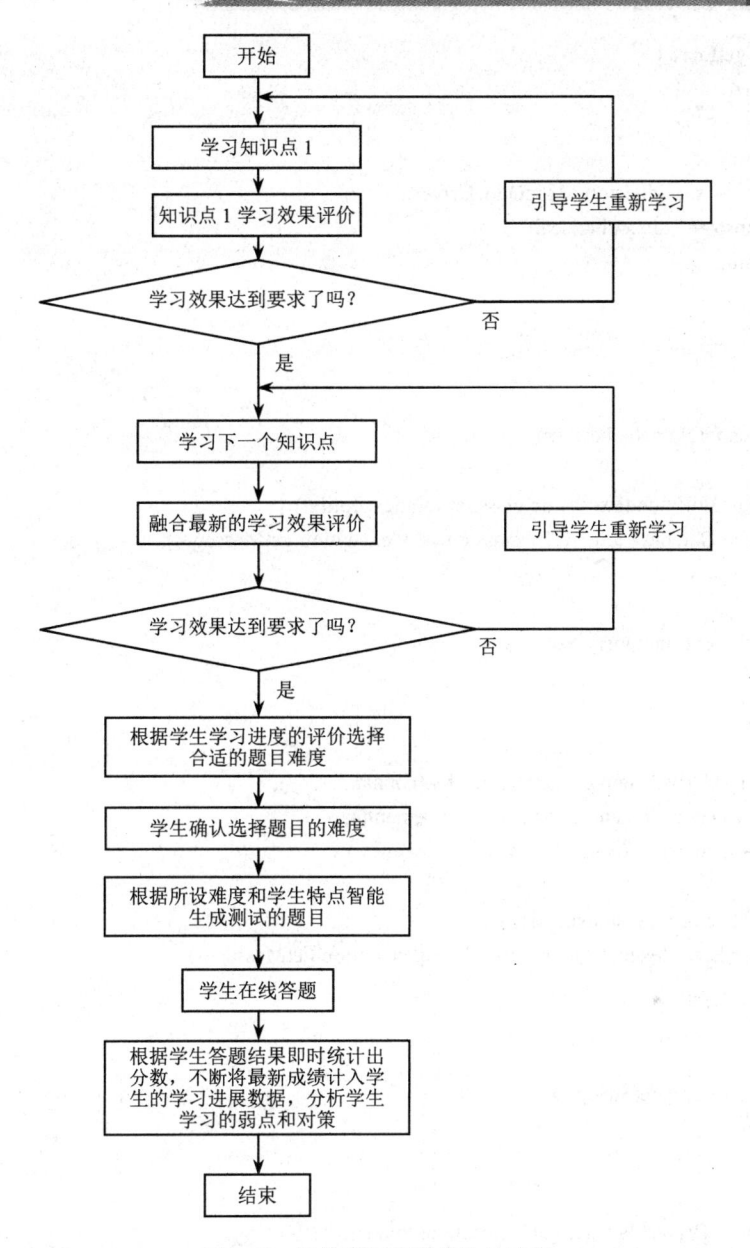

图 5.14 智能组题阅卷模块的流程

JavaBean 类 databean 的 Java 源代码如下：

```
/**databean.java 文件**/
package isc;
import java.sql.*;
public class databean {
String sdbdriver;
String connstr;
Connection conn;
ResultSet rs;
String Err;
```

```java
    public String getErr() {
        return Err;
    }
    public databean() {
        sdbdriver = "sun.jdbc.odbc.JdbcOdbcDriver";
            connstr = "jdbc:odbc:iscdb";
        conn = null;
        rs = null;
        Err = "";
        try
        {
            Class.forName(sdbdriver);
        }
        catch(ClassNotFoundException classnotfoundexception) {
            Err = "Datebase error 1:" + classnotfoundexception.getMessage();
        }
    }
    public ResultSet executeQuery(String s) {
        rs = null;
        try
        {
            conn = DriverManager.getConnection(connstr, "", "");
            Statement statement = conn.createStatement();
            rs = statement.executeQuery(s);
        }
        catch(SQLException sqlexception) {
            Err = Err + "executeQuery error:" + sqlexception.getMessage();
        }
        return rs;
    }
    public int executeUpdate(String s) {
        int i = 0;
        try
        {
            conn = DriverManager.getConnection(connstr, "", "");
            Statement statement = conn.createStatement();
            i = statement.executeUpdate(s);
        }
        catch(SQLException sqlexception) {
            if(i == 0)
                Err = Err + "executeQuery error:" + sqlexception.getMessage();
        }
        return i;
    }
    public boolean checkAccount(String userstr, String pwdstr) {
        boolean flag = false;
```

```java
        String s2 = "select * from users where userid='" + userstr + "' and password='" + pwdstr + "'";
        try
        {
            ResultSet resultset = executeQuery(s2);
            if(resultset.next())
                flag = true;
            resultset.close();
        }
        catch(Exception exception) { }
        return flag;
    }
    public String Difficulty(String userstr, String chapterstr) {
        String s2 = "";
        String s3 = "select pingshi from userRecord where userid='" + userstr +"' and chapter='" + chapterstr + "'";
        try
        {
            for(ResultSet resultset = executeQuery(s3); resultset.next();) {
                s2 = "test";
                int i = resultset.getInt(1);
                if(i < 60)
                    s2 = "jiandan";
                if((i >= 60) & (i < 70))
                    s2 = "rongyi";
                if((i >= 70) & (i < 80))
                    s2 = "yiban";
                if((i >= 80) & (i < 90))
                    s2 = "jiaonan";
                if((i >= 90) & (i <= 100))
                    s2 = "nan";
            }
        }
        catch(Exception exception) { }
        return s2;
    }
    public void closeconn() {
        try
        {
            if(rs != null)
                rs.close();
            if(conn != null)
                closeconn();
        }
        catch(SQLException sqlexception) { }
    }
}
```

databean 类的功能是加载 JDBC-ODBC 驱动程序，创建数据库连接对象，提供数据库访问的接口函数。试题管理包括试题的添加、查询、更新和删除等操作，首先介绍如何实现试题的添加功能。在试题库中添加试题的功能由两个网页文件来完成，它们分别是填写试题的 insert.jsp 程序和插入试题的 insertexercise.jsp 程序，insert.jsp 程序的源代码如下：

```jsp
<%@page contentType="text/html;charset=utf-8" language="java"%>
<%  // insert.jsp 文件
%>
<html><head><title>新建试题</title>
<meta http-equiv="Content-Type" content="text/html; charset=utf-8"></head>
<body bgcolor="#FFFFFF" text="#000000">
<form name="form1" method="post" action="insertexercise.jsp">
  <table width="94%" border="0">
    <tr><td bgcolor="#AAEEEE" width="98%">
      试题难度：
      <select name="difficulty">
        <option>请选择</option>
        <option value="4">很难</option>
        <option value="3">难</option>
        <option value="2">适中</option>
        <option value="1">容易</option>
        <option value="0">很容易</option>
      </select>
    </td></tr>
    <tr><td bgcolor="#AAEEEE" width="98%">
      满分分值：<input type="text" name="score" maxlength="2" size="5">
      参考答案：<input type="text" name="answer" maxlength="10" size="10">
    </td></tr>
    <tr><td bgcolor="#AAEEEE" width="98%">
      <p>试题提问：</p>
      <p><textarea name="question" cols="75" rows="15"></textarea></p>
    </td></tr>
    <tr><td bgcolor="#AAEEEE" width="98%">
      <p>所属章的知识点：<input type="text" name="chapterid" size="70"></p>
      <p>知识点网页链接：<input type="text" name="link" size="70"></p>
    </td></tr>
    <tr><td bgcolor="#AAEEEE" width="98%">
      <input type="submit" name="Submit" value="添加入库">
      <input type="reset" name="Submit2" value="取消">
    </td></tr>
  </table>
</form>
</body>
</html>
```

当运行 insert.jsp 文件时，将打开如图 5.15 所示的界面，教师管理员用户可以根据需要在试题库中添加新的试题。

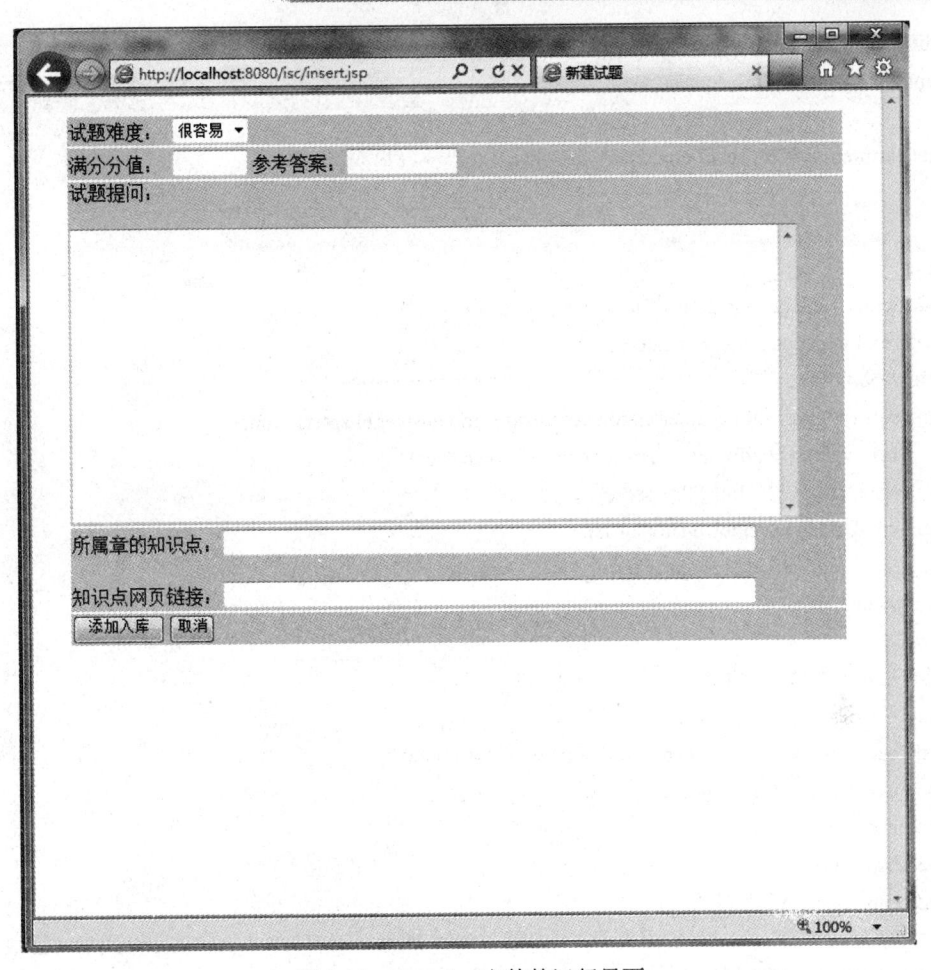

图 5.15 insert.jsp 文件的运行界面

填好新试题的难度、满分分值、参考答案、试题提问、所属章的知识点、知识点网页链接等信息后，按【添加入库】按钮，执行插入新试题的逻辑，其 insertexercise.jsp 程序的源代码如下：

```jsp
<%@page contentType="text/html;charset=utf-8" language="java"%>
<%@page import="java.sql.*;"%>
<jsp:useBean id="CommonDBBean" class= "isc.databean" scope="page"/>
<html>
<head>
<meta http-equiv="Content-Type" content="text/html; charset=utf-8">
<%
String difficultystr=request.getParameter("difficulty");
String question=new String(request.getParameter("question").getBytes("ISO-8859-1"),"UTF-8");
String scorestr=request.getParameter("score");
String answer=new String(request.getParameter("answer").getBytes("ISO-8859-1"),"UTF-8");
String chapterid=request.getParameter("chapterid");
String link=request.getParameter("link");
```

```jsp
if(difficultystr.equals("")|question.equals("")|scorestr.equals("")|answer.equals("")|
chapterid.equals("")|link.equals("")) {
%>
<meta http-equiv="Refresh" content="0;url=insert.jsp">
<%
}
else {
int difficulty= Integer.parseInt(difficultystr);
int score= Integer.parseInt(scorestr);
boolean bool=false;
String sqlstr="insert into chaptertest(difficulty,question,answer,chapterid,link,
    score) values("+difficulty+",'"+question+"','"+answer+"',
    '"+chapterid+"','"+link+"',"+score+")";
CommonDBBean.executeUpdate(sqlstr);
String err=CommonDBBean.getErr();
if(err.equals("")) {
%>
<title>完成试题录入</title>
</head>
<body bgcolor="#66CCFF" text="#000000" link="#FF0000">
<div align="center">
<p> </p>
<p> </p>
<p> </p>
<p><font size="+3" face="方正舒体">试题</font><font size="+3" face="方正舒体">已成功录入</font><font size="+1" face="方正舒体">。</font></p>
<p><br>
<font size="+2">您要<a href="insert.jsp">输入下一题</a>还是<a href="index.htm">结束输入</a>？</font></p>
</div>
</body>
<%
}
else {
out.print("新试题录入出错！！！ "+"<br>");
out.print(sqlstr);
}
}
%>
</html>
```

之后，就会提示试题已成功录入，如图5.16所示。

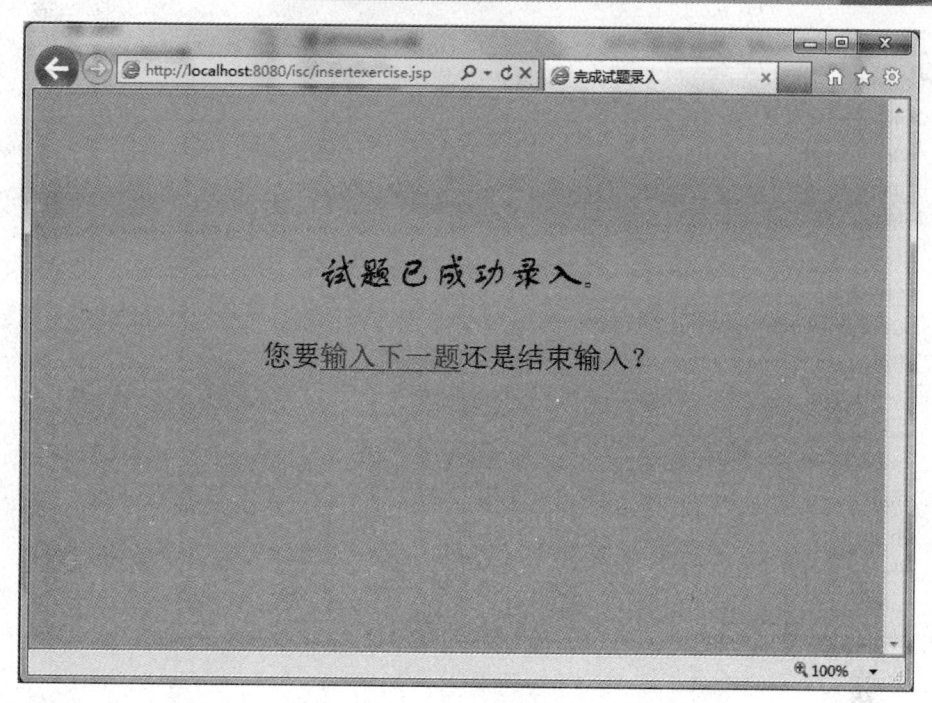

图 5.16 成功新建试题

试题的查询功能是由 search.jsp 文件来实现，其执行结果是返回相关试题的信息，其源代码如下：

```jsp
<%@page contentType="text/html;charset=utf-8" language="java" import="java.sql.*,java.io.*"%>
    <jsp:useBean id="CommonDBBean" class= "isc.databean" scope="page"/>
    <html>
    <head>
    <title>查询试题</title>
    <meta http-equiv="Content-Type" content="text/html; charset=utf-8">
    <link rel="stylesheet" href="../style/css.css" type="text/css">
    </head>
    <body text="#000000" link="#000000">
    <form name="form1" method="post" action="search.jsp">
    <table width="99%" border="2" height="42" bordercolor="#CCCCCC">
    <tr>
    <td bgcolor="#33CCCC" height="32">章数
    <select name="chapterid">
    <option>请选择</option>
    <option value="1">第 1 章</option>
    <option value="2">第 2 章</option>
    <option value="3">第 3 章</option>
    <option value="4">第 4 章</option>
    <option value="5">第 5 章</option>
    <option value="6">第 6 章</option>
    <option value="7">第 7 章</option>
    <option value="8">第 8 章</option>
```

```
</select>
<input type="submit" name="Submit" value="查询">
</td>
</tr>
</table>
</form>
<%
//search.jsp
String chapterid=request.getParameter("chapterid");
String sqlstr="select * from chaptertest where chapterid='"+chapterid+"'";
ResultSet rs=CommonDBBean.executeQuery(sqlstr);
%>
<font face="华文彩云" size="+1" color="#FF0000">查询结果</font>
<font face="隶书" color="#990000">(点击相应提问，可查看该题的详细内容)</font>
<table border="0">
<%
int i=0;
while(rs.next())
{
   i++;
   int exID=rs.getInt(1);
   String ss=rs.getString(2);
%>
   <tr valign="top">
   <td><%=i%>.</td><td>
   <a href="detail.jsp?exID=<%=exID%>" target="mainFrame"><%=ss%></a>
   </td>
   </tr>
<%
}
%>
</table>
<%
if(i==0)
{
%>
<font face="隶书" size="+1" color="#990000">对不起，没有符合您查询要求的结果。
</font>
<%
}
%>
</body>
</html>
```

上述查询程序 search.jsp 中下列代码用于将该编号传给文件 detail.jsp：

```
<a href="detail.jsp?exID=<%=exID%>" target="mainFrame"><%=ss%></a>
<br>
```

detail.jsp 文件则根据获取的编号调出相应的试题，让用户审查，用户可以在此进行更新和删除操作，其源代码如下：

```jsp
<%@page contentType="text/html;charset=utf-8" language="java" import="java.sql.*"%>
    <jsp:useBean id="CommonDBBean" class="isc.databean" scope="page"/>
    <%
String sqlstr="";
ResultSet rs=null;
ResultSet rs1=null;
%>
<html>
<head>
<title>试题详情</title>
<meta http-equiv="Content-Type" content="text/html; charset=utf-8">
</head>
<body bgcolor="#FFFFFF" text="#000000">
<%
String exIDstr=request.getParameter("exID");
int exID = Integer.parseInt(exIDstr);
sqlstr="select * from chaptertest where exID="+exID+"";
rs=CommonDBBean.executeQuery(sqlstr);
if(rs.next())
{
%>
<form name="form1" method="post" action="do.jsp?exID=<%=exID%>">
<table width="97%" border="0">
<tr>
<td width="120">试题编号：</td>
<td><%=rs.getString(1)%></td>
</tr>
<tr>
<td>提问：</td>
<td><textarea name="question" cols="60%" rows="15"><%=rs.getString(2)%>
</textarea></td></tr>
<tr><td>答案：</td>
<td><input type="text" name="answer" value="<%=rs.getString(3)%>"></td></tr>
<tr>
<td>章编号：</td>
<td><input type="text" name="chapterid" value="<%=rs.getString(4)%>"></td>
</tr>
<tr>
<td>网页链接：</td>
<td><input type="text" name="link" value="<%=rs.getString(5)%>"></td>
</tr>
<tr>
<td>满分分值：</td>
<td><input type="text" name="score" value="<%=rs.getString(6)%>"></td>
```

```
</tr>
<tr>
<td>难度：</td>
<td><input type="text" name="difficulty" value="<%=rs.getString(7)%>"></td>
</tr>
<tr>
<td><input type="radio" name="act" value="delete">删除</td>
<td><input type="radio" name="act" value="update">更新
    <input type="submit" name="Submit" value="确  定">
</td>
</tr>
</table>
</form>
<%
}
%>
</body>
</html>
```

图 5.17 是 detail.jsp 文件运行时的界面，管理员用户可以修改试题的提问、答案、章编号、网页链接、满分分值、难度等信息，然后选择【更新】项，按【确定】按钮更新数据。当然，也可以选择【删除】项，再按【确定】按钮删除数据。

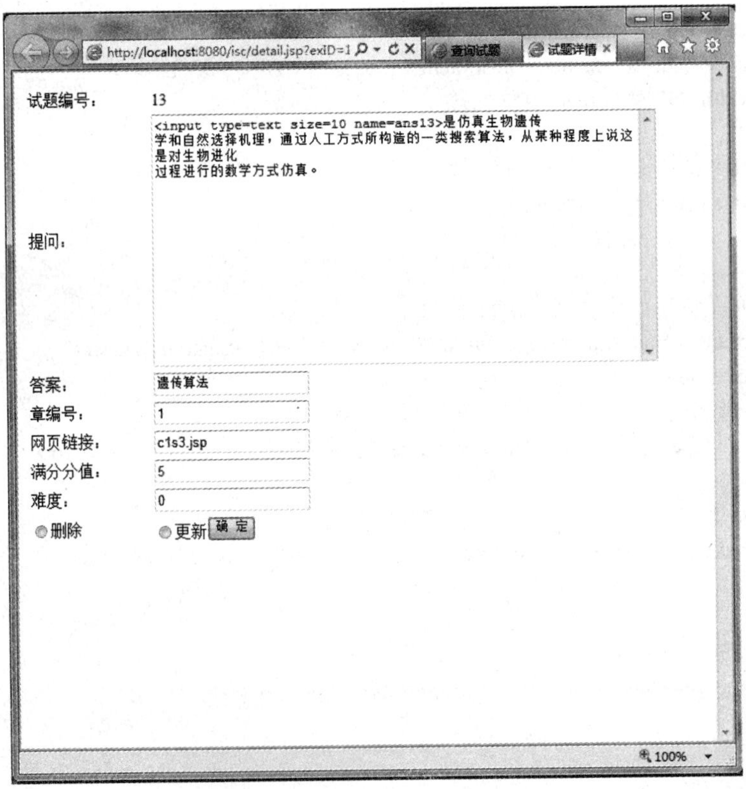

图 5.17　文件 detail.jsp 的运行界面

数据更新或删除的操作参数直接提交 do.jsp 网页文件中执行，数据更新的 SQL 代码如下：

```
sqlstr="UPDATE chaptertest SET question='"+question+"', answer='"+answer+"',
chapterid='"+chapterid+"', link='"+link+"', score="+score+",
    difficulty='"+difficulty+"' where exID="+exID+"";
```

数据删除的 SQL 代码如下：

```
sqlstr="DELETE FROM chaptertest where exID="+exID+"";
```

这样，完整的 do.jsp 程序源代码如下：

```jsp
<%@page contentType="text/html;charset=utf-8" language="java" import="java.sql.*"%>
<jsp:useBean id="CommonDBBean" class="isc.databean" scope="page"/>
<%
String sqlstr="";
%>
<html>
<head>
<title>试题删除或更新</title>
<meta http-equiv="Content-Type" content="text/html; charset=utf-8">
</head>
<body bgcolor="#FFFFFF" text="#000000">
<%
String exIDstr=request.getParameter("exID");
String question=request.getParameter("question");
String answer=request.getParameter("answer");
String chapterid=request.getParameter("chapterid");
String link=request.getParameter("link");
String scorestr=request.getParameter("score");
int score = Integer.parseInt(scorestr);
String difficulty=request.getParameter("difficulty");
String act=request.getParameter("act").trim();
int exID = Integer.parseInt(exIDstr);
if(act.equals("delete")) {
    sqlstr="DELETE FROM chaptertest where exID="+exID+"";
}
else if(act.equals("update")) {
    sqlstr="UPDATE chaptertest SET question='"+question+"', answer='"+answer+"',
chapterid='"+chapterid+"', link='"+link+"', score="+score+",
    difficulty='"+difficulty+"' where exID="+exID+"";
}
CommonDBBean.executeUpdate(sqlstr);
%>
操作已完成，5 秒后返回搜索界面。
<meta http-equiv="Refresh" content="5;url=search.jsp">
</body>
</html>
```

学生用户学习知识点网页和虚拟实验室的实验演示网页后，网络课程 Web 站点根据平台所采集的学生学习痕迹信息和以往做题的记录智能判定题目的难度和选题范围，构建自测题，其运行界面如图 5.18 所示。

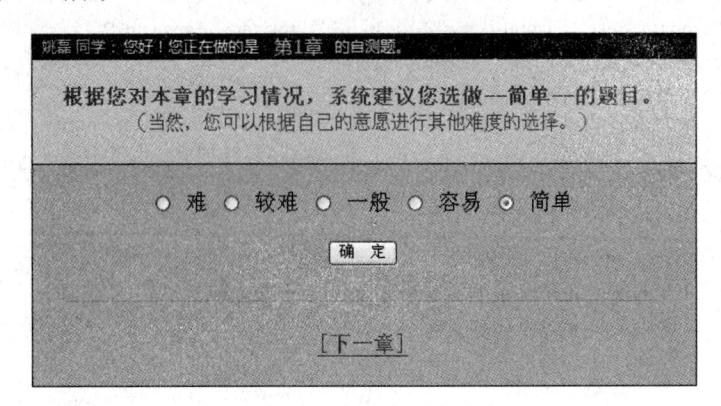

图 5.18 选择自测题的难度

5.5.3 智能阅卷模块的设计

学生用户完成答题提交答案后，交由 Web 服务器后台的 JSP 程序 checktest.jsp 完成智能阅卷功能，对学生的答题情况作出给分和评价，并针对其出错或未作答的知识点自动作出复习引导。checktest.jsp 的源代码如下：

```jsp
<%@page contentType="text/html;charset=UTF-8" language="Java" %>
<%@ page import="java.sql.*"%>
<html>
<meta http-equiv="Content-Type" content="text/html; charset=UTF-8">
<head>
<title>测试题的答卷成绩分析</title>
<script type="text/javascript" language="JavaScript1.2" src="js/menu.js"></script>
<style type="text/css">
<!--
.STYLE3 {
    font-size: 24px;
    color: #ECE9D8;
}
#Layer1 {
    position:absolute;
    left:360px;
    top:189px;
    z-index:1;
}
-->
</style>
</head>
<body style="background-color:#FFFFFF;margin-left:5;margin-top:5;">
<p><img src="images/top2.jpg" width="993" height="160"></p>
<div id="Layer1">
<%
```

```
//checktest.jsp 文件
int i=0;
int sum=0, j=0;
String firstreview="";
//获取章的编号
String cid=request.getParameter("chapterid");
//获取本章的第一个知识点网页链接
String firstp=request.getParameter("firstp");
//获取下一章的第一个知识点网页链接
String firstpnextc=request.getParameter("firstpnextc");
//获取用户名
String username=request.getParameter("username");
try
{
%>
<p align="center"><font face="隶书" size="5"><b>第<%=cid%>章测试题智能阅卷与指导</b></font></p>
<table border="0" width="600" align="center">
<tr>
<th>题号</th>
<th>回答</th>
<th>简评</th>
<th>得分</th>
</tr>
<%
    Connection con = DriverManager.getConnection("jdbc:odbc:ISCDB", "", "");
    Statement stmt = con.createStatement();
    Statement stmt1 = con.createStatement();
    String ReviewPs = "";
    String wronglist = "";
    String sqlstr="SELECT * FROM user WHERE username='"+username+"'";
    ResultSet rs=stmt.executeQuery(sqlstr);
    if(rs.next())
    {
        ReviewPs=rs.getString("ReviewPs");
    }
    sqlstr="SELECT * FROM chaptertest WHERE chapterid='"+cid+"'";
    rs=stmt.executeQuery(sqlstr);
    while(rs.next())
    {
        i++;
%>
<tr align="center">
<td><%=i%></td>
<%
    String aname="ans"+i;
    String answer=new String(request.getParameter(aname).getBytes("ISO-8859-1"),
```

```
"UTF-8");
   String link=rs.getString("link");
   String linkstr=link+",";
%>
<td><%=answer%></td><td>
<%
   if(answer.equals(rs.getString("answer")))
   {
      j=rs.getInt("score");
%>
<font color="#ff0000"><b>答案正确</b></font>
<%
   if(ReviewPs.indexOf(linkstr)==-1 && wronglist.indexOf(linkstr)==-1)
   {
      String newReviewPs=ReviewPs+linkstr;
      stmt1.executeUpdate("UPDATE user SET ReviewPs = '"+newReviewPs+
"' WHERE username='"+username+"'");
      ReviewPs=newReviewPs;
   }
   }
   else
   {
      j=0;
      wronglist=wronglist+linkstr;
      if(ReviewPs.indexOf(linkstr)!=-1)
      {
         String newReviewPs=ReviewPs.substring(0,ReviewPs.indexOf(linkstr))+
            ReviewPs.substring(ReviewPs.indexOf(linkstr)+linkstr.length());
         stmt1.executeUpdate("UPDATE user SET ReviewPs = '"+newReviewPs+
            "' WHERE username='"+username+"'");
      ReviewPs=newReviewPs;
      }
      if(firstreview.equals(""))
      {
         firstreview=link;
      }
%>
<font color="#000000"><b>答案错误,
<a href="<%=link%>?username=<%=username%>">请再学习相关知识点
</a></b></font>
<%
   }
%>
</td><td><i><b><%=j%></b></i></td>
</tr>
<%
```

```
        sum=sum+j;
    }
    rs.close();
    sqlstr="UPDATE user SET chapter"+cid+"score="+sum+" WHERE username='"+username+"'";
    stmt.executeUpdate(sqlstr);
    if(sum>=80)
    {
        stmt.executeUpdate("UPDATE user SET currPos = '"+firstpnextc+
            "' WHERE username='"+username+"'");
    }
    else if(firstreview.equals(""))
    {
        stmt.executeUpdate("UPDATE user SET currPos = '"+firstp+"' WHERE username='"+username+"'");
    }
    else
    {
        stmt.executeUpdate("UPDATE user SET currPos = '"+firstreview+
            "' WHERE username='"+username+"'");
    }
    con.close();
}
catch(SQLException se)
{
}
if(sum>=80)
{
    firstreview=firstpnextc;
}
%>
<tr><td>
</td></tr></table>
<table border="0">
<tr align="center"><td>总成绩为：<i><b>
<%
    if(sum>=80)
    {
    %>
    <font color="#ff0000">
    <%
    }
%>
<%=sum%>
<%
    if(sum>=80)
    {
    %>
```

```
        </font>
        <%
    }
%>
</b></i>分,
<%
    if(sum>=80)
    {
%>
<font color="#ff0000"><b>恭喜您！您已通过第<%=cid%>章的测试，可以继续下一章的学习了！
</b></font>
<%
    }
    else
    {
%>
<b>少壮不努力，老大徒伤悲，您还需继续努力学习本章。</b>
<%
    }
%>
<br><br>
<a href="<%=firstreview%>?username=<%=username%>" target="_self">
<img src="images/down.jpg" height="28" border="0"></a>
</td></tr></table>
</div>
<h3 align="left">
<script type="text/javascript" language="JavaScript1.2">
BuildLayer('v','','','250','250','','','','1','1','1px Solid #FFFFFF','1px Solid #FFFFFF',
           '1px Solid #FFFFFF','1px Solid #FFFFFF','left','transparent','','1','1','',
           'Filter:none(Duration=0.5)','','#C0C0C0','0','Default','Pointer',
           '','100','0','#FFFFFF')
SwapDiv('wme3','','','images/IMG_191668.jpg','images/blank.gif','200','340',
           'images/blank.gif','images/blank.gif','0','0','1','1','Arial','Arial','8pt','8pt','normal',
           'normal','transparent','transparent','normal','normal','none','none','#000000',
           'transparent','images/blank.gif','images/blank.gif','0','0','0','0','none',
           'none','none','none','none','none','none','none','top','left','','','','_self','','','2',
           'images/blank.gif','images/blank.gif','auto','auto','0','0','0')
SwapDiv('wme10','wme3','智能科学相关网络课程导航','images/blank.gif',_,'16','16',
           _,_,_,_,'auto','auto','幼圆','幼圆','12pt','12pt',_,_,'#2c00cc','#2c00cc','bold',
           'bold',_,_,'#ADE0FF','#ADE0F F',_,_,'1','1','1','1','0px Solid #2c0000',
           '0px Solid #2c0000','0px Solid #2c0000','0px Solid #2c0000',
           '0px Solid #2c0000','0px Solid #2c0000','0px  Solid #2c0000',
           '0px Solid #2c0000','middle',_,_,_,_,_,_,'0',_,_,_,_,_,_,_)
SwapDiv('wme4','wme10','课程主页',_,'images/blueidx.gif','10','21',_,_,_,_,_,_,'Arial',
           'Arial','8pt','8pt',_,_,_,'#000000','normal','normal',_,_,'#47ADFF',
           '#CEE9FF',_,_,_,_,_,_,'1px  Solid #8CCBFF','1px Solid #8CCBFF',
```

```
                '1px Solid #8CCBFF','1px Solid #8CCBFF','1px Solid #EEF8FF',
                '1px Solid #EEF8FF','1px Solid #EEF8FF',
                '1px Solid #EEF8FF','','','iscindex.jsp','','','','','','0','','','','','','')
SwapDiv('wme5','wme4','第1章  知识的表示、搜索与推理','','','','','images/arrow.gif',
        'images/arrow.gif','7','7','','','','','10pt','','','','','','','','','','','','','','',
        '','','','','','','','','','','0','','','','','','')
FreeLayer('wme12','','2','v','0','0','1','2','1px Solid #ACA899','1px Solid #ACA899',
        '1px Solid #ACA899','1px Solid #ACA899','#FFFFFF','','1','1','',
        'Filter:none(Duration=0.5)','','#C0C0C0','0','100')
SwapDiv('wme11','wme4','1.1 人工智能的三大学派','','','','','','','','','10pt','','','
        ','','','','','','','','','','','','c1s1.jsp?username=<%=username%>',
        '','','','','','0','','','','','','')
SwapDiv('wme13','wme11','1.2 符号主义的知识表示','','','','','','','','',
        '','','','','','','','','','','','','','','','c1s2.jsp?username=<%=username%>','','',
        '','','','0','','','','','','')
SwapDiv('wme14','wme11','1.3 知识的搜索与推理技术','','','','','','','','',
        '','','','','','','','','','','','','','','c1s3.jsp?username=<%=username%>',
        '','','','','','0','','','','','','')
SwapDiv('wme17','wme11','1.4 专家系统的概念和设计方法','','','','','','','',
        '','','','','','','','','','','','','','','','','','',
        'c1s4.jsp?username=<%=username%>','','','','','','0','','','','','','')
SwapDiv('wme12','wme11','第1章 测试题','','','','','','','','','',
        '','','','','','','','','','','','','c1s5.jsp?username=<%=username%>','','','','','','0','
        ','','','','','')
InitDiv();
SwapDiv('wme6','wme5','第2章  免疫信息处理','','','','','','','','','',
        '','','','','','','','','','','','','','','','0','','','','','','')
FreeLayer('wme19','wme12','','','','','','','','','','','','','','')
SwapDiv('wme18','wme11','2.1 免疫计算研究的进展','','','','','','','','',
        '','','','','','','','','','','','','','','c2s1.jsp?username=<%=username%>','','','
        ','','','0','','','','','','')
SwapDiv('wme20','wme11','2.2 生物免疫系统建模','','','','','','','','',
        '','','','','','','','','','','','','c2s2.jsp?username=<%=username%>','','','
        ','0','','','','','','')
SwapDiv('wme21','wme11','2.3 免疫计算的测不准性、计算有限性和鲁棒性分析','','','
        ','','','','','','','','','','','','','','','','','','','','','',
        'c2s3.jsp?username=<%=username%>','','','','','','0','','','','','','')
SwapDiv('wme23','wme11','2.4 免疫计算新模型的实际应用','','','','','','','',
        '','','','','','','','','','','','','','','','
        'c2s4.jsp?username=<%=username%>','','','','','','0','','','','','','')
SwapDiv('wme24','wme11','2.5 免疫计算研究的结论与展望','','','','','','','',
        '','','','','','','','','','','','','','','',
        'c2s5.jsp?username=<%=username%>','','','','','','0','','','','','','')
SwapDiv('wme16','wme11','第2章 测试','','','','','','','','','','',
        '','','','','','','','','c2s6.jsp?username=<%=username%>','','','','','','0','','
        ','','','','')
```

```
InitDiv();
SwapDiv('wme7','wme5','第 3 章   免疫计算与自然计算',_,_,_,_,_,_,_,_,_,_,_,_,_,
            _,_,_,_,_,_,_,_,_,_,_,_,_,_,_,_,_,_,'0',_,_,_,_,_,)
FreeLayer('wme26','wme12',_,_,_,_,_,_,_,_,_,_,_,_,_,_,_,)
SwapDiv('wme25','wme11','3.1 人工免疫系统与人工智能的关系',_,_,_,_,_,_,_,_,_,
            _,_,_,_,_,_,_,_,_,_,_,_,_,_,_,
            'c3s1.jsp?username=<%=username%>',_,_,_,_,_,'0',_,_,_,_,_,_,)
SwapDiv('wme21','wme11','3.2 人工免疫系统的自然计算模型',_,_,_,_,_,_,_,_,_,
            _,_,_,_,_,_,_,_,_,_,_,_,_,_,_,_,
            'c3s2.jsp?username=<%=username%>',_,_,_,_,_,'0',_,_,_,_,_,_,)
SwapDiv('wme31','wme11','3.3 免疫计算的原型设计与开发',_,_,_,_,_,_,_,_,_,_,
            _,_,_,_,_,_,_,_,_,_,_,_,_,_,_,_,
            'c3s3.jsp?username=<%=username%>',_,_,_,_,_,'0',_,_,_,_,_,_,)
SwapDiv('wme27','wme11','第 3 章  测试',_,_,_,_,_,_,_,_,_,_,_,_,_,_,_,
            _,_,_,_,_,_,_,_,_,_,_,_,_,'c3s4.jsp?username=<%=username%>',_,_,_,_,_,'0',_,_,
            _,_,_,_,)
InitDiv();
SwapDiv('wme8','wme5','第 4 章   人工免疫与免疫控制',_,_,_,_,_,_,_,_,_,_,_,_,
            _,_,_,_,_,_,_,_,_,_,_,_,_,_,_,_,_,_,'0',_,_,_,_,_,)
FreeLayer('wme34','wme12',_,_,_,_,_,_,_,_,_,_,_,_,_,_,_,)
SwapDiv('wme33','wme11','4.1 人工免疫系统概述',_,_,_,_,_,_,_,_,_,_,_,_,
            _,_,_,_,_,_,_,_,_,_,_,_,_,_,'c4s1.jsp?username=<%=username%>',_,_,
            _,_,_,_,'0',_,_,_,_,_,_,)
SwapDiv('wme35','wme11','4.2 生物免疫机理',_,_,_,_,_,_,_,_,_,_,_,_,_,_,
            _,_,_,_,_,_,_,_,_,_,_,_,'c4s2.jsp?username=<%=username%>',_,_,_,_,_,
            '0',_,_,_,_,_,_,)
SwapDiv('wme36','wme11','4.3 人工免疫网络模型',_,_,_,_,_,_,_,_,_,_,_,_,
            _,_,_,_,_,_,_,_,_,_,_,_,_,'c4s3.jsp?username=<%=username%>',_,_,_,
            _,_,_,'0',_,_,_,_,_,_,)
SwapDiv('wme37','wme11','4.4 免疫算法',_,_,_,_,_,_,_,_,_,_,_,_,_,_,_,
            _,_,_,_,_,_,_,_,_,_,_,_,'c4s4.jsp?username=<%=username%>',_,_,_,_,_,'0',_,
            _,_,_,)
SwapDiv('wme38','wme11','4.5 免疫计算智能系统的应用',_,_,_,_,_,_,_,_,_,_,
            _,_,_,_,_,_,_,_,_,_,_,_,
            'c4s5.jsp?username=<%=username%>',_,_,_,_,_,'0',_,_,_,_,_,_,)
SwapDiv('wme27','wme11','第 4 章  测试',_,_,_,_,_,_,_,_,_,_,_,_,_,_,_,
            _,_,_,_,_,_,_,_,_,_,_,_,_,'c4s6.jsp?username=<%=username%>',_,_,_,_,_,'0',_,_,
            _,_,_,)
InitDiv();
SwapDiv('wme9','wme5','第 5 章   机器学习与学习控制',_,_,_,_,_,_,_,_,_,_,_,
            _,_,_,_,_,_,_,_,_,_,_,_,_,_,_,_,_,_,'0',_,_,_,_,_,)
FreeLayer('wme40','wme12',_,_,_,_,_,_,_,_,_,_,_,_,_,_,_,)
SwapDiv('wme39','wme11','5.1 机器学习的定义和发展史',_,_,_,_,_,_,_,_,_,_,
            _,_,_,_,_,_,_,_,_,_,
            'c5s1.jsp?username=<%=username%>',_,_,_,_,_,'0',_,_,_,_,_,_,)
SwapDiv('wme41','wme11','5.2 机器学习的主要策略',_,_,_,_,_,_,_,_,_,_,_,
```

```
            ,_,_,_,_,_,_,_,_,_,_,_,_,'c5s2.jsp?username=<%=username%>',_,
            _,_,_,_,'0',_,_,_,_,_,_,_)
SwapDiv('wme42','wme11','5.3 常用的机器学习方法',_,_,_,_,_,_,_,_,
            _,_,_,_,_,_,_,_,_,_,_,_,'c5s3.jsp?username=<%=username%>',_,_,
            _,_,_,'0',_,_,_,_,_,_,_)
SwapDiv('wme43','wme11','5.4 学习控制的定义和发展史',_,_,_,_,_,_,_,
            _,_,_,_,_,_,_,_,_,_,_,'c5s4.jsp?username=<%=username%>',
            _,_,_,_,'0',_,_,_,_,_,_,_)
SwapDiv('wme44','wme11','5.5 学习控制系统的结构和设计',_,_,_,_,_,_,
            _,_,_,_,_,_,_,_,_,_,_,
            'c5s5.jsp?username=<%=username%>',_,_,_,_,'0',_,_,_,_,_,_,_)
SwapDiv('wme45','wme11','第 5 章 测试',_,_,_,_,_,_,_,_,_,_,_,
            _,_,_,_,_,_,_,_,_,_,'c5s6.jsp?username=<%=username%>',_,_,_,_,'0',_,
            _,_,_,_,_,_)
InitDiv();
SwapDiv('wme46','wme5','第 6 章 智能系统控制发展史分析和结构理论',_,_,_,_,
            _,_,_,_,_,_,_,_,_,_,_,_,_,_,_,_,_,_,_,'0',_,_,_,_,_,_,_)
FreeLayer('wme47','wme12',_,_,_,_,_,_,_,_,_,_,_,_,_,_)
SwapDiv('wme48','wme11','6.1 自动控制的机遇与挑战',_,_,_,_,_,_,_,
            _,_,_,_,_,_,_,_,_,_,_,_,'c6s1.jsp?username=<%=username%>',
            _,_,_,_,'0',_,_,_,_,_,_,_)
SwapDiv('wme49','wme11','6.2 智能控制的发展',_,_,_,_,_,_,_,_,_,
            _,_,_,_,_,_,_,_,_,_,_,_,'c6s2.jsp?username=<%=username%>',_,_,_,
            _,_,'0',_,_,_,_,_,_,_)
SwapDiv('wme50','wme11','6.3 什么是智能控制',_,_,_,_,_,_,_,_,_,_,
            _,_,_,_,_,_,_,_,_,'c6s3.jsp?username=<%=username%>',_,_,
            _,_,'0',_,_,_,_,_,_)
SwapDiv('wme51','wme11','6.4 智能控制的结构理论',_,_,_,_,_,_,_,_,
            _,_,_,_,_,_,_,_,_,_,_,'c6s4.jsp?username=<%=username%>',_,_,
            _,_,_,'0',_,_,_,_,_,_,_)
SwapDiv('wme52','wme11','第 6 章 测试',_,_,_,_,_,_,_,_,_,_,_,
            _,_,_,_,_,_,_,_,_,'c6s5.jsp?username=<%=username%>',_,_,_,_,_,'0',_,_,_,_,_,_,_)
InitDiv();
SwapDiv('wme53','wme5','第 7 章 神经网络及其应用',_,_,_,_,_,_,_,_,
            _,_,_,_,_,_,_,_,_,_,_,_,_,_,_,'0',_,_,_,_,_,_,_)
FreeLayer('wme54','wme12',_,_,_,_,_,_,_,_,_,_,_,_,_)
SwapDiv('wme55','wme11','7.1 生物神经元网络 H-H 模型',_,_,_,_,_,_,_,
            _,_,_,_,_,_,_,_,_,_,_,_,
            'c7s1.jsp?username=<%=username%>',_,_,_,_,_,'0',_,_,_,_,_,_,_)
SwapDiv('wme56','wme11','7.2 生物神经元网络 Integrate-and-Fire 模型',_,_,_,_,
            _,_,_,_,_,_,_,_,_,_,_,
            'c7s2.jsp?username=<%=username%>',_,_,_,_,'0',_,_,_,_,_,_,_)
SwapDiv('wme57','wme11','7.3 基于放电率编码的生物神经元及其网络',_,_,_,_,_,
            _,_,_,_,_,_,_,_,_,_,_,_,
            'c7s3.jsp?username=<%=username%>',_,_,_,_,_,'0',_,_,_,_,_,_,_)
SwapDiv('wme58','wme11','7.4 Hopfield 神经网络',_,_,_,_,_,_,_,_,_,_,
```

```
                                  ,'c7s4.jsp?username=<%=username%>',_,_,_,
           _,_,'0',_,_,_,_,_,_,)
SwapDiv('wme59','wme11','7.5 自组织竞争型神经网络',_,_,_,_,_,_,_,_,_,
                                  ,'c7s5.jsp?username=<%=username%>',_,
           _,_,_,'0',_,_,_,_,_,)
SwapDiv('wme60','wme11','第 7 章  测试',_,_,_,_,_,_,_,_,_,_,_,_,_,_,
           _,_,_,_,_,_,_,_,_,_,_,'c7s6.jsp?username=<%=username%>',_,_,_,_,'0',_,_,_,_,)
InitDiv();
SwapDiv('wme61','wme5','第 8 章   模糊控制的基本原理和方法',_,_,_,_,_,
           _,_,_,_,_,_,_,_,_,_,_,_,_,_,_,_,_,_,_,_,'0',_,_,_,_,_,_,)
FreeLayer('wme62','wme12',_,_,_,_,_,_,_,_,_,_,_,_,_,_,_,_,)
SwapDiv('wme63','wme11','8.1 模糊系统理论的起源和发展',_,_,_,_,_,_,_,_,
           发,
           _,_,_,_,_,_,_,_,_,_,_,_,_,_,_,_,_,_,_,
           'c8s1.jsp?username=<%=username%>',_,_,_,_,_,'0',_,_,_,_,_,_,)
SwapDiv('wme64','wme11','8.2 模糊集合和模糊推理',_,_,_,_,_,_,_,_,_,_,
           _,_,_,_,_,_,_,_,_,_,_,_,_,_,_,_,_,'c8s2.jsp?username=<%=username%>',
           _,_,_,_,'0',_,_,_,_,_,)
SwapDiv('wme65','wme11','8.3 模糊控制器的基本结构',_,_,_,_,_,_,_,_,_,
           _,_,_,_,_,_,_,_,_,_,_,_,_,_,_,_,_,_,_,
           'c8s3.jsp?username=<%=username%>',_,_,_,_,_,'0',_,_,_,_,_,_,)
SwapDiv('wme66','wme11','8.4 模糊控制系统的设计',_,_,_,_,_,_,_,_,_,_,
           _,_,_,_,_,_,_,_,_,_,_,_,_,_,_,_,_,'c8s4.jsp?username=<%=username%>',_,
           _,_,_,_,'0',_,_,_,_,_,)
SwapDiv('wme67','wme11','8.5 模糊系统给的稳定性分析',_,_,_,_,_,_,_,_,
           _,_,_,_,_,_,_,_,_,_,_,_,_,_,_,_,_,_,_,_,
           'c8s5.jsp?username=<%=username%>',_,_,_,_,_,'0',_,_,_,_,_,)
SwapDiv('wme68','wme11','第 8 章  测试',_,_,_,_,_,_,_,_,_,_,_,_,_,_,
           _,_,_,_,_,_,_,_,_,_,_,'c8s6.jsp?username=<%=username%>',_,_,_,_,_,'0',_,_,
           _,_,_,_,)
InitDiv();
SwapDiv('wme69','wme5','虚拟实验室',_,_,_,_,_,_,_,_,_,_,_,_,_,_,
           _,_,_,_,_,_,_,_,_,_,'c8s6.jsp?username=<%=username%>',_,_,_,_,_,'0',_,_,_,_,_,_,)
InitDiv();
HideDiv();
</script>
</h3>
</body></HTML>
```

以第 1 章为例，下面对智能阅卷模块按照几种情况进行测试。

（1）学生用户正确回答第 1 章的所有提问后（如图 5.19 所示），平台智能阅卷，得出全部答对的阅卷结果，并表示祝贺和鼓励，如图 5.20 所示。

（2）学生用户在回答第 1 章的提问时如果出错（如图 5.21 所示），平台智能阅卷，会对学生做错的题目扣分，指明出错的知识点链接，同时相关的知识点网页会标记为需要复习的状态，以便学生及时复习。学生访问相关的知识点网页后，平台会再次将相关的知识点网页标记为已学状态，如图 5.22 所示。

网络课程 Web 站点项目开发　第 5 章

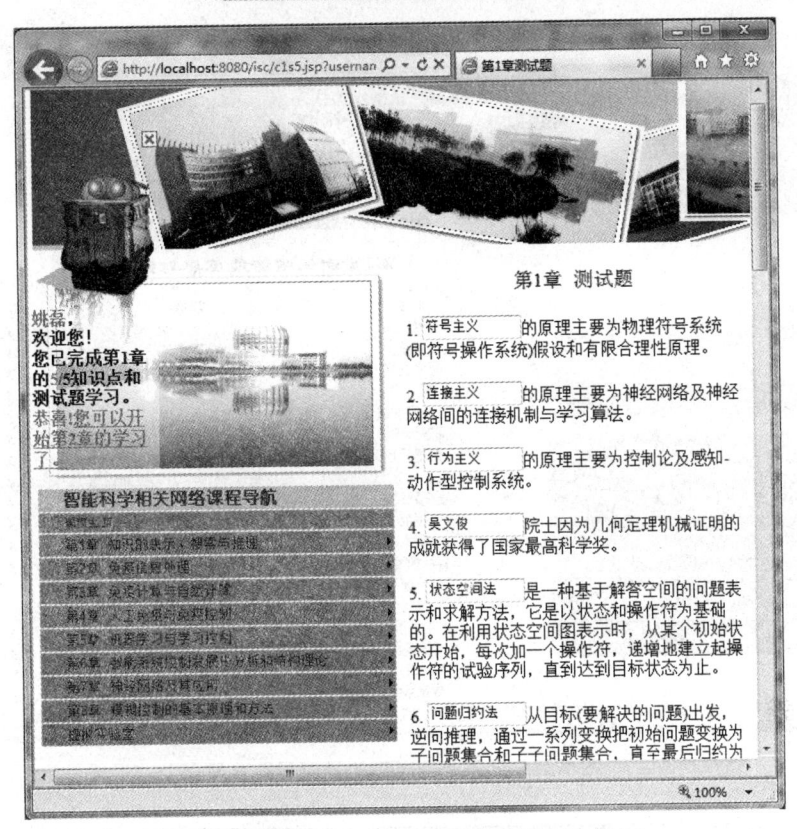

图 5.19　学生用户正确回答第 1 章的所有提问

图 5.20　平台智能阅卷并祝贺学生用户全部答对

169

图 5.21 学生答题出错的智能阅卷处理

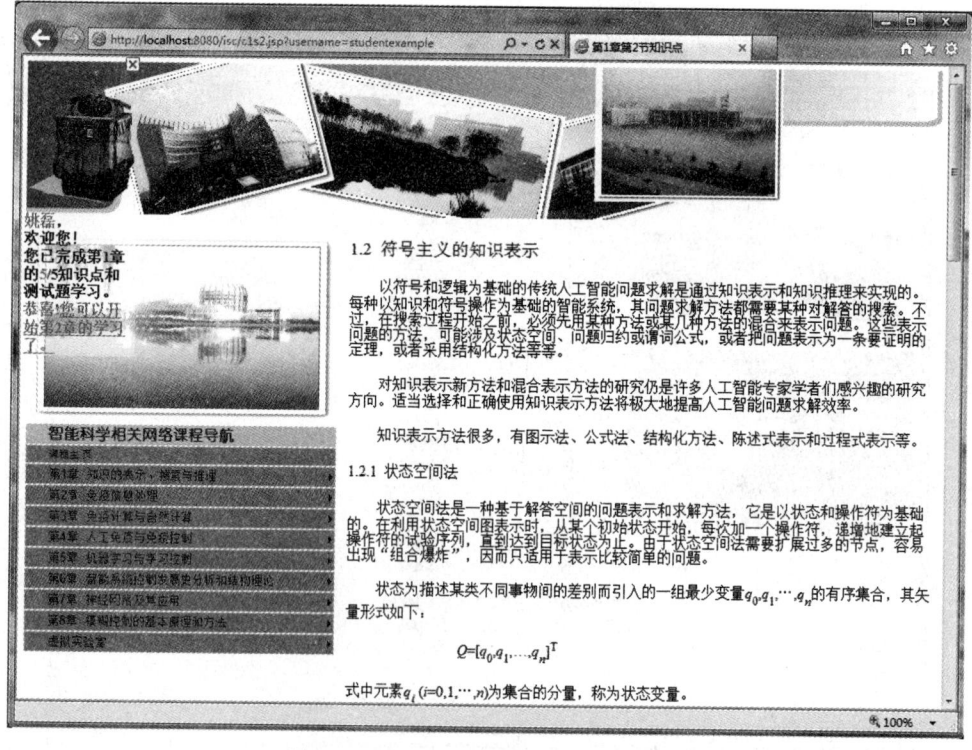

图 5.22 平台对学生复习知识点的处理

学生用户在平时学习平台的知识点网页时，平台会记录学生的学习进展信息，根据学生的学习进度和效果，平台自动生成具有个性化服务功能的测试题系统，让师生学习具有良好的互动功能，并以建构主义学习理论为指导，达到了以学生为本的个性化教学服务的目的。

5.6 小结

本章以智能技术相关的网络课程开发为项目实例，介绍了网络课程 Web 站点项目开发的思路、需求分析、系统设计和各个模块实现方法。

通过网络课程 Web 站点的测试与应用，智能科学相关网络课程的 Web 站点（演示网址：http://www.ytxxchina.com/isc）具备了以下功能：

（1）此 Web 站点具有了用户登录、取回密码和密码修改等功能。

（2）此 Web 站点对学生基本信息表和学生个性信息表进行了管理（添加、修改、删除、查询）。

（3）在此 Web 站点上，学生学习模型分析模块根据学生的学习"轨迹"数据构建了其学习曲线，分析了其学习的强项和弱点。

（4）在此 Web 站点上，网上虚拟实验室模块演示了许多教学案例的交互式动态效果，师生在其中协同完成了探索性研究实验。

（5）在此 Web 站点上，学生学习进度信息跟踪与综合评估模块搜集了学生浏览本软件的"痕迹"信息，再利用网上测试题综合评估了学生的个性化学习情况。

（6）在此 Web 站点上，学生个性发展定制模块根据学生的个性发展需求，选择了不同的网页模块、课程匹配方案、教学计划、实验模式、交互方式和案例体验，教师通过此软件系统对学生的个性发展适时适度进行了指导与监护。

（7）在此 Web 站点上，学习小结管理模块添加、修改、查询和删除学习小结。

以此网络课程项目开发为模板，可以设计和改进更多的网络课程，提高教学质量和学生的个性化"因材施教"培养。

第 6 章 历史文化网络平台项目开发

历史文化网络平台项目开发，是上海渊统信息科技有限公司与高校产学研合作的重要内容之一。历史文化网络平台项目开发，不是简单地对传统历史资料向网上"文字搬家"，而是利用 Web 技术、智能技术和"个性化"定制服务，设计历史文化智能化网络交互平台。

6.1 历史文化网络平台项目开发的思路和需求分析

历史文化网络平台项目以中国长达数千年的繁荣、和平、战争与统一故事、历史名人故事、哲学思想故事和古今中外爱国故事为文化素材，以"三国"历史故事个性化体验为突破口，设计面向各种网民个性定制的动漫、电影和网络文化一体化平台。面向广大三国迷网民，提供三国故事系列动漫、电影和交互性文化网站最优版体验：具有三国时代中蜀、魏、吴三国历史如实穿梭的体验；具有三国时代中各个历史名人的成长故事体验；具有三国时代中各个历史战役的模拟定制交互体验，以及天时、地利、人和的兵法体验；具有爱国志士统一祖国的激情运动体验；具有看人、识人、培养人才、用人、防人的文官将领人事管理体验；具有土地、宝物、矿产资源、物品、水利、人脉等管理经营的体验。面向喜欢角色扮演的网民，本交互性文化网站提供三国历史人物或主角定制人物的出生、成长、学师、历练、结友、收徒、恋爱、结婚、生子、病老、死亡等虚拟人生体验。面向学生网民，提供家长监督机制和上网时间定制机制，避免上网时间与学习休息时间的冲突，净化学生玩家的上网环境，以追求国家统一为主要价值观，为上进网民给予积分奖励。在动漫、电影和交互性文化网站中通过网民互动、问答系统寓教于乐，构建学生网民的学习辅助平台，面向学生网民提供包月学业辅导会员服务。本网络文化平台适用于网站、电脑、手机、嵌入式系统和街机等平台，先从交互性文化网站突破入手，如图 6.1 所示。

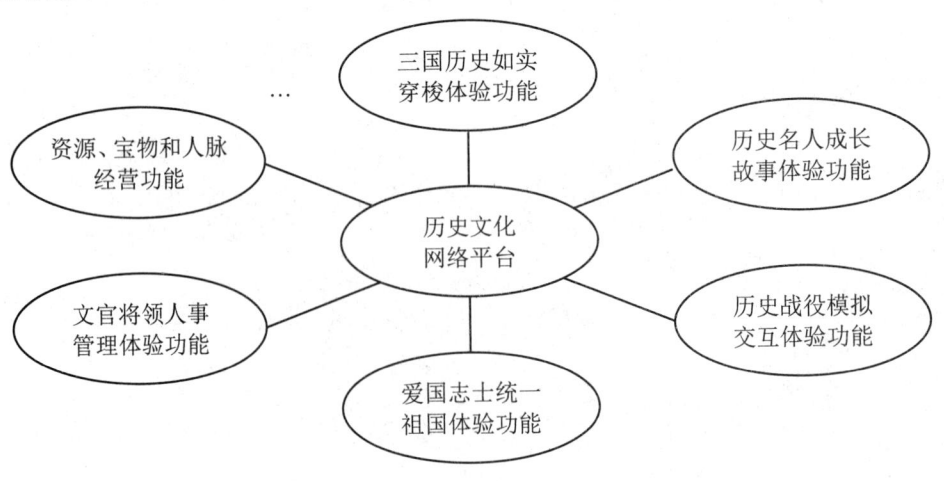

图 6.1 历史文化网络平台的特色功能化分析

我们开发历史文化网络平台的思路是先开发历史文化网络平台网站，构建交互网页系统，然后将网页版本的历史文化网络平台拓展到手机和嵌入式系统等平台上，实现各个硬件网络平台的数据交互联通。

6.2 历史文化网络平台项目开发的系统设计

历史文化网络平台项目开发的系统设计，可以参考上一章所述的东华大学智能科学相关网络课程 Web 站点项目开发方法。

6.2.1 概要设计

历史文化网络平台的 Web 站点是一种网络交互软件，此 Web 网站以网络交互方面的最新方法总结和系统研发成果为支撑，提供了全面有效且简单易用的用户管理模块、用户信息管理模块、用户交互模型分析模块、网上虚拟历史演播室模块、用户游戏进度信息跟踪与综合评估模块、用户角色个性发展定制模块和游戏小结管理模块。使用历史文化网络平台的 Web 站点，可以帮助用户和管理人员充分利用网络交互平台的便利和优势，提高优秀历史文化传播的质量和效率。

历史文化网络平台的 Web 站点以先进的现代智能网络技术和新的网络交互理念为支撑，不仅以高效、个性定制和多功能为目标，而且注重了软件系统的可靠性、实时性和人机交互性能。系统具有用户登录、取回密码、密码修改、用户基本信息管理、用户个性信息管理、用户交互模型分析、网上虚拟历史演播室交互、用户游戏进度跟踪与评估、用户个性发展定制和游戏小结管理等功能。

6.2.2 详细设计

从目标功能的详细设计角度来看，历史文化网络平台的 Web 站点具备以下功能：

（1）此 Web 站点具有用户登录、取回密码和密码修改等功能。

（2）此 Web 站点能对用户基本信息表和用户个性信息表进行管理（添加、修改、删除、查询）。

（3）在此 Web 站点上，用户交互模型分析模块能根据用户的交互"轨迹"数据构建其交互曲线，分析其网络交互的强项和弱点。

（4）在此 Web 站点上，网上虚拟历史演播室模块能演示许多历史事件的交互式动态效果，用户可在其中协同完成探索性如实体验。

（5）在此 Web 站点上，用户游戏进度信息跟踪与综合评估模块搜集用户使用本平台的"痕迹"信息，再利用网上问答交互综合评估用户的个性化发展情况。

（6）在此 Web 站点上，用户个性发展定制模块根据用户的个性发展需求，选择不同的网页模块、历史剧情匹配方案、角色成长计划、虚拟体验模式、交互方式和剧情体验，此平台系统对用户角色的个性发展适时适度指导与监护，也可以让家长参与该系统。

（7）在此 Web 站点上，游戏小结管理模块能添加、修改、查询和删除学习小结。

上述功能模块构成了此 Web 站点的主体层次结构，可用图 6.2 表示。

历史文化网络平台的 Web 站点是基于 Windows 操作系统或 Linux 操作系统、数据库

（Access、MySQL、SQL Server、Oracle 等都是可用的）开发的，任何安装了数据库的服务器均可以安装和部署历史文化网络平台的 Web 站点。为保证 Web 站点流畅运行，推荐如下软硬件环境：

（1）Web 站点运行的硬件环境。

计算机 CPU 推荐为 Intel 或其兼容机主频 1.00 GHz 或更高主频，内存（RAM）推荐为 128MB 及以上，硬盘最低要求为 1GB 及以上。

（2）Web 站点运行的软件环境。

Web 站点运行的服务器操作系统推荐为 Windows 系列或 Linux 系列，其数据库环境推荐为 Access、MySQL、SQL Server、Oracle 等。

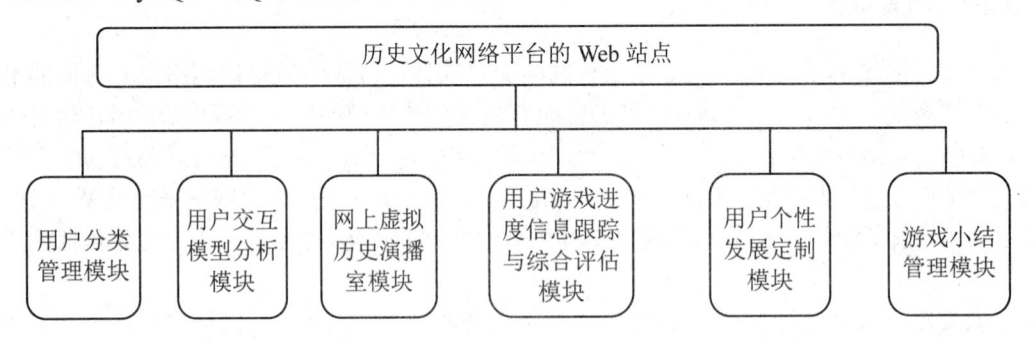

图 6.2 历史文化网络平台 Web 站点的主体层次结构

和智能科学相关网络课程 Web 站点的数据库设计类似，历史文化网络平台的 SQL Server 2008 数据库使用 JDBC 进行直接的数据库连接。

6.3 历史文化网络公司网站的设计

为了测试和演示历史文化网络平台 Web 编程的设计方法，先用 Java、JSP 高级编程技术设计了历史文化网络公司的 Web 站点。

6.3.1 功能设计

此 Web 站点具备用户登录、取回密码、密码修改、用户信息管理、用户交互模型分析、历史文化展示、公司信息管理、用户游戏进度信息跟踪与综合评估、用户个性发展定制和游戏小结管理等功能。由于篇幅所限，本节主要介绍历史文化展示模块和公司信息管理模块。

首先，设计历史文化网络平台的 Web 站点界面，用户可以通过浏览器打开历史文化网络公司的网页。为了演示方便需要采用分步骤演示的方法，具体应用中可以整合为一套自动化的程序。

在该程序界面上，一些按钮用来控制历史文化网络平台的 Web 站点网络交互，分别用来进行用户信息管理和个性化辅助等操作。打开历史文化网络公司的 Web 站点，如图 6.3 所示。

用户必须成功登录历史文化网络公司的 Web 站点，才能使用用户信息管理和个性化辅助的功能。如果用户忘记密码了，也可以取回密码。用户成功登录后，还可以修改密码，此时需要输入旧密码和新密码。

例如，图 6.3 显示了上海渊统信息科技有限公司的网站（http://www.ytxxchina.com/yt/index.jsp），主要包括【首页】、【公司简介】、【业务】和【联系我们】四个栏目。上海渊统信息科技有限公司由志同道合的留学归国青年等人才组成，与美国普渡大学、新加坡南洋理工大学、加拿大、澳大利亚、日本等多国高校和企业友好合作交流，包括博士后 1 名，博士 4 名，硕士数十名等，阵容豪华，实力潜力可观。我们拥有基础扎实、实战经验丰富的研发队伍，也具备经验老道、灵活睿智的营销团队。上海渊统信息科技有限公司是中广国际广告创意产业基地（http://www.sinoadi.org/，如图 6.4 所示）的孵化企业，中广国际广告创意产业基地成立于 2007 年，基地通过产业链高度聚集来集约资源，推进中国知名广告企业的扩张与品牌提升。其首页设计涉及美工绘图和分割版面，采用 Illustrator 制作，如图 6.5 所示。

图 6.3 历史文化网络公司的 Web 站点

图 6.4 中广国际广告创意产业基地的 Web 站点

图 6.5　用 Adobe Illustrator 软件制作首页的美工效果

6.3.2　历史文化展示模块的设计

用户成功登录后，可以看到历史文化网络平台的多媒体资源和游戏。利用 Flash 视频在线播放程序，展示历史文化事件和宣传素材，如图 6.6 所示。此图中视频播放的是三国题材历史故事，各路英雄豪杰为了追求祖国的统一和百姓的太平安定不断奋斗。

图 6.6　历史文化展示示例

历史文化展示模块用 Flash 播放器插件 FlvPlayer.swf 和 JavaScript 程序实现，其 JavaScript 头部源代码如下：

```
<script type="text/javascript" src="js/jquery-1.4.1.min.js"></script>
```

```
<script type="text/javascript" src="js/jquery.min.js"></script>
<script type="text/javascript" src="js/swfobject.js"></script>
```

其视频播放部分的 JavaScript 源代码如下：

```
<div id="player1024" style="position:absolute;left:270px;width:480px; margin:0px; border:solid 1px #50031a; color:#ffffff;" ></div>
<script type="text/javascript">
if(screen.width < 1280) {
    var s1024 = new SWFObject("FlvPlayer.swf","playlist","480","270","7");
    s1024.addParam("allowfullscreen","true");
    s1024.addVariable("autostart","true");
    s1024.addVariable("shuffle","true");
    s1024.addVariable("repeat","true");
    s1024.addVariable("file","ylzgg1.flv");
    s1024.addVariable("width","480");
    s1024.addVariable("height","270");
    s1024.write("player1024");
}
</script>
```

上述源代码是针对小于 1280px 的屏幕宽度分辨率的，对于 1280px 及其以上宽度的分辨率，对应的 JavaScript 源代码如下：

```
<div id="player1280" style="position:absolute;left:280px;width:640px; margin:0px; border:solid 1px #50031a; color:#ffffff;" ></div>
<script type="text/javascript">
if(screen.width >= 1280) {
    var s1280 = new SWFObject("FlvPlayer.swf","playlist","640","360","7");
    s1280.addParam("allowfullscreen","true");
    s1280.addVariable("autostart","true");
    s1280.addVariable("shuffle","true");
    s1280.addVariable("repeat","true");
    s1280.addVariable("file","ylzgg1.flv");
    s1280.addVariable("width","640");
    s1280.addVariable("height","360");
    s1280.write("player1280");
}
</script>
```

这样，历史文化网络平台就能根据用户浏览器的分辨率变化自适应调用相应的程序，来智能演示历史文化素材的最佳效果。

6.3.3 公司信息管理模块的设计

历史文化网络公司的信息管理模块包括用户信息的添加、修改、删除等操作，这些操作通过 SQL 语句在数据库中执行，这里以 JDBC+ODBC 数据库连接方式为例。这些操作功能的 SQL 语句和 Java 编程实现与第 5 章的试题创建、修改和删除操作类似，公司用户信息添加（如图 6.7 所示）的 SQL 语句如下：

```
CREATE TABLE users (
```

```
    userID int,
    username char (50),
    password char (50),
    name char (100),
    job char (50)
)
```

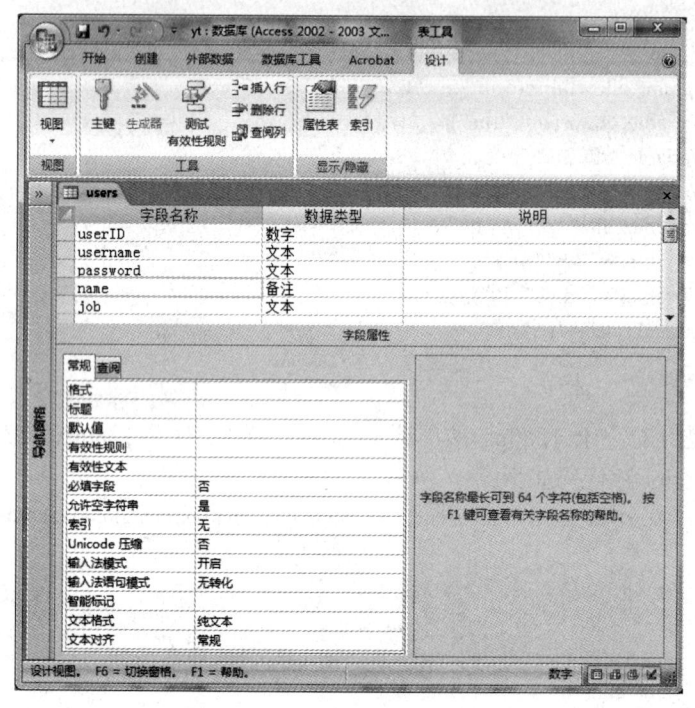

图 6.7 Access 数据库的 users 表

历史文化网络公司的信息管理模块也用到了 JavaBean 技术,需要定义 JavaBean 类 databean,其 Java 源代码如下:

```
/**databean.java 文件**/
package yt;
import java.sql.*;
public class databean {
    String sdbdriver;
    String connstr;
    Connection conn;
    ResultSet rs;
    String Err;
    public String getErr() {
        return Err;
    }
    public databean() {
        sdbdriver = "sun.jdbc.odbc.JdbcOdbcDriver";
        connstr = "jdbc:odbc:ytdb";
        conn = null;
```

```java
        rs = null;
        Err = "";
        try
        {
            Class.forName(sdbdriver);
        }
        catch(ClassNotFoundException classnotfoundexception) {
            Err = "Datebase error 1:" + classnotfoundexception.getMessage();
        }
    }
    public ResultSet executeQuery(String s) {
        rs = null;
        try
        {
            conn = DriverManager.getConnection(connstr, "", "");
            Statement statement = conn.createStatement();
            rs = statement.executeQuery(s);
        }
        catch(SQLException sqlexception) {
            Err = Err + "executeQuery error:" + sqlexception.getMessage();
        }
        return rs;
    }
    public int executeUpdate(String s) {
        int i = 0;
        try
        {
            conn = DriverManager.getConnection(connstr, "", "");
            Statement statement = conn.createStatement();
            i = statement.executeUpdate(s);
        }
        catch(SQLException sqlexception) {
            if(i == 0)
                Err = Err + "executeQuery error:" + sqlexception.getMessage();
        }
        return i;
    }
    public boolean checkAccount(String userstr, String pwdstr) {
        boolean flag = false;
        String s2 = "select * from users where userid='" + userstr +
                "' and password='" + pwdstr + "'";
        try
        {
            ResultSet resultset = executeQuery(s2);
            if(resultset.next())
                flag = true;
```

```
                    resultset.close();
                }
                catch(Exception exception) { }
                return flag;
        }
        public void closeconn() {
            try
            {
                if(rs != null)
                    rs.close();
                if(conn != null)
                    closeconn();
            }
            catch(SQLException sqlexception) { }
        }
}
```

databean 类的功能是加载 JDBC-ODBC 驱动程序，创建数据库连接对象，提供数据库访问的接口函数，首先介绍如何实现用户的添加功能。在用户信息库中添加用户的功能由两个网页文件来完成，它们分别是填写用户信息的 add.jsp 程序和插入用户信息记录的 adduser.jsp 程序，add.jsp 程序的源代码如下：

```
<%@page contentType="text/html;charset=utf-8" language="java"%>
<%
// add.jsp 文件
%>
<html>
<head>
<title>添加用户</title>
<meta http-equiv="Content-Type" content="text/html; charset=utf-8">
</head>
<body bgcolor="#FFFFFF" text="#000000">
<center><h3>添加用户</h3></center>
<form name="form1" method="post" action="adduser.jsp">
<table width="500" border="0" align="center">
<tr><td bgcolor="#AAEEEE">
用户工作：
</td><td>
<select name="job">
<option value="">请选择</option>
<option value="leader">领导</option>
<option value="admin">管理员</option>
<option value="user">普通用户</option>
</select>
</td></tr>
<tr><td bgcolor="#AAEEEE">
用户名：
</td><td>
```

```html
<input type="text" name="username" maxlength="20" size="20" value="">
</td></tr>
<tr><td bgcolor="#AAEEEE">
密码：
</td><td>
<input type="password" name="password" maxlength="20" size="20" value="">
</td></tr>
<tr><td bgcolor="#AAEEEE">
姓名：
</td><td>
<input type="text" name="name" maxlength="20" size="20" value="">
</td></tr>
<tr><td colspan="2">
<input type="submit" name="Submit" value="添加入库">
<input type="reset" name="Submit2" value="取消">
</td></tr>
</table>
</form>
</body>
</html>
```

当运行 add.jsp 文件时，将打开如图 6.8 所示的界面，管理员用户可以根据需要在公司用户库中添加新的用户。

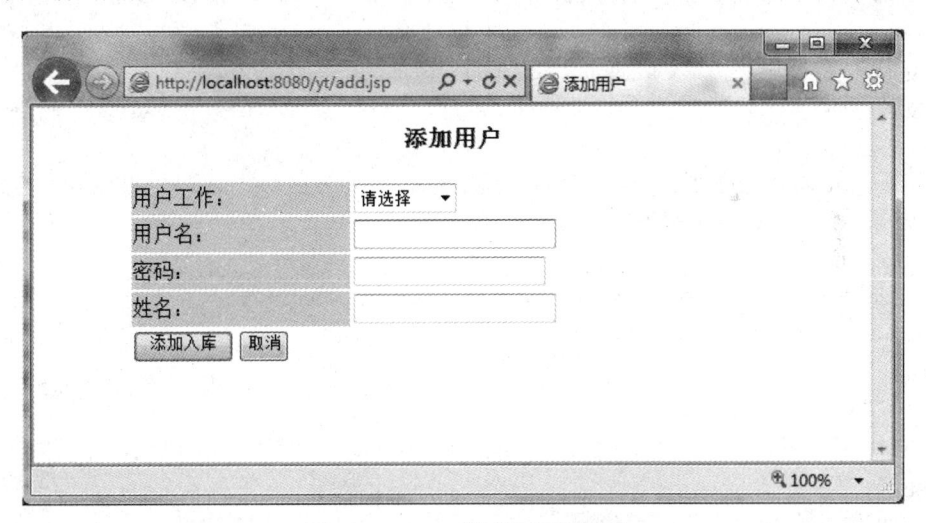

图 6.8　add.jsp 程序的运行界面

选好新用户的工作类型，填好新用户的用户名、密码和姓名后，按【添加入库】按钮，执行添加新用户的逻辑，其 adduser.jsp 程序的源代码如下：

```jsp
<%@page contentType="text/html;charset=utf-8" language="java"%>
<%@page import="java.sql.*;"%>
<jsp:useBean id="CommonDBBean" class= "yt.databean" scope="page"/>
<html>
<head>
```

```jsp
<meta http-equiv="Content-Type" content="text/html; charset=utf-8">
<%
String job=request.getParameter("job");
String username=request.getParameter("username");
String password=request.getParameter("password");
String name=new String(request.getParameter("name").getBytes("ISO-8859-1"),"UTF-8");
if(job.equals("")|username.equals("")|password.equals("")|name.equals("")) {
%>
<meta http-equiv="Refresh" content="0;url=add.jsp">
<%
}
else {
String sqlstr="insert into users(username,password,name,job) values('"+username+"','"+
              password+"','"+name+"','"+job+"')";
CommonDBBean.executeUpdate(sqlstr);
String err=CommonDBBean.getErr();
if(err.equals("")) {
%>
<title>完成用户添加</title>
</head>
<body bgcolor="#66CCFF" text="#000000" link="#FF0000">
<div align="center">
<p> </p>
<p> </p>
<p> </p>
<p><font size="+3" face="方正舒体">用户信息</font><font size="+3" face="方正舒体">已成功添加</font><font size="+1" face="方正舒体">。</font></p>
<p><br>
<font size="+2">您要<a href="insert.jsp">添加下一个用户</a></font></p>
</div>
</body>
<%
}
else {
out.print("新用户添加出错！！！ "+"<br>");
out.print(sqlstr);
}
}
%>
</html>
```

之后，就会提示新用户信息已成功录入，如图 6.9 所示。

图 6.9 成功新加用户

公司用户信息的查询功能是由 search.jsp 文件来实现，其执行结果是返回相关用户的信息，其源代码如下：

```jsp
<%@page contentType="text/html;charset=utf-8"    language="java"
    import="java.sql.*,java.io.*"%>
<jsp:useBean id="CommonDBBean" class="yt.databean" scope="page"/>
<html>
<head>
<title>查询公司用户信息</title>
<meta http-equiv="Content-Type" content="text/html; charset=utf-8">
</head>
<body text="#000000" link="#000000">
<form name="form1" method="post" action="search.jsp">
<table width="99%" border="2" height="42" bordercolor="#CCCCCC">
<tr>
<td bgcolor="#33CCCC" height="32">职位
<select name="job">
<option value="">请选择</option>
<option value="leader">领导</option>
<option value="admin">管理员</option>
<option value="user">普通用户</option>
</select>
<input type="submit" name="Submit" value="查询">
</td>
</tr>
</table>
</form>
<%
//search.jsp
String sqlstr="";
if(request.getParameter("job")!=null) {
    String job=request.getParameter("job");
```

```
        sqlstr="select * from users where job='"+job+"' order by userID asc";
    }
    else {
        sqlstr="select * from users order by userID asc";
    }
    ResultSet rs=CommonDBBean.executeQuery(sqlstr);
%>
<font face="华文彩云" size="+1" color="#FF0000">查询结果
</font>
<font face="隶书" color="#990000">(点击相应用户名,可查看用户的详细信息)</font>
<table border="0">
<%
int i=0;
while(rs.next())
{
    i++;
    int userID=rs.getInt(1);
    String username=rs.getString(2);
%>
    <tr valign="top">
        <td><%=i%>.</td><td>
<a href="detail.jsp?userID=<%=userID%>" target="mainFrame"><%=username%></a>
        </td>
    </tr>
<%
}
%>
</table>
<%
if(i==0)
{
%>
<font face="隶书" size="+1" color="#990000">对不起,没有符合您查询要求的结果。
</font>
<%
}
%>
</body>
</html>
```

在用户信息搜索页面选择职位类型为领导,查询结果如图 6.10 所示。

上述查询程序 search.jsp 中下列代码用于将该编号传给文件 detail.jsp:

```
<a href="detail.jsp?userID=<%=userID%>" target="mainFrame"><%=username%></a>
<br>
```

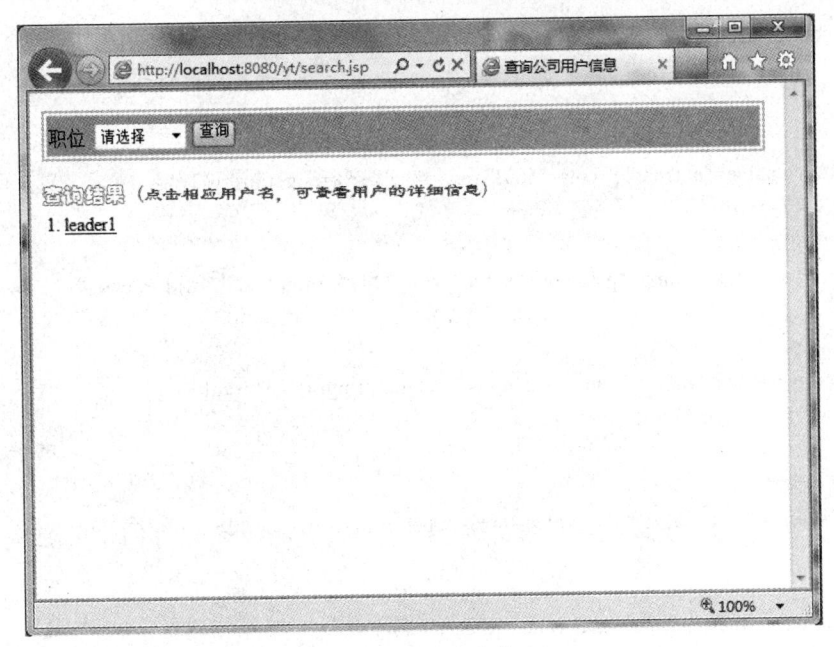

图 6.10　查询用户信息

　　detail.jsp 文件则根据获取的编号调出相应的用户信息详情，让用户审查，用户可以在此进行更新和删除操作，其源代码如下：

```jsp
<%@page contentType="text/html;charset=utf-8" language="java" import="java.sql.*"%>
<jsp:useBean id="CommonDBBean" class="yt.databean" scope="page"/>
<%
String sqlstr="";
ResultSet rs=null;
ResultSet rs1=null;
%>
<html>
<head>
<title>用户信息详情</title>
<meta http-equiv="Content-Type" content="text/html; charset=utf-8">
</head>
<body bgcolor="#FFFFFF" text="#000000">
<%
String userIDstr=request.getParameter("userID");
int userID = Integer.parseInt(userIDstr);
sqlstr="select * from users where userID="+userID+"";
rs=CommonDBBean.executeQuery(sqlstr);
if(rs.next())
{
%>
<form name="form1" method="post" action="do.jsp?userID=<%=userID%>">
<table width="97%" border="0">
<tr>
<td width="120">用户编号：</td>
```

```html
<td><%=rs.getString(1)%></td>
</tr>
<tr>
<td>用户名：</td>
<td><textarea name="username" cols="60%" rows="15"><%=rs.getString(2)%>
</textarea></td></tr>
<tr><td>密码：</td>
<td><input type="text" name="password" value="<%=rs.getString(3)%>"></td></tr>
<tr>
<td>姓名：</td>
<td><input type="text" name="name" value="<%=rs.getString(4)%>"></td>
</tr>
<tr>
<td>职位：</td>
<td><input type="text" name="job" value="<%=rs.getString(5)%>"></td>
</tr>
<tr>
<td><input type="radio" name="act" value="delete">删除</td>
<td><input type="radio" name="act" value="update">更新
    <input type="submit" name="Submit" value="确 定">
</td>
</tr>
</table>
</form>
<%
}
%>
</body>
</html>
```

图 6.11 是 detail.jsp 文件运行时的界面，管理员用户可以修改用户的用户名、密码、姓名、职位等信息，然后选择【更新】项，按【确定】按钮更新数据。当然，也可以选择【删除】项，再按【确定】按钮删除数据。

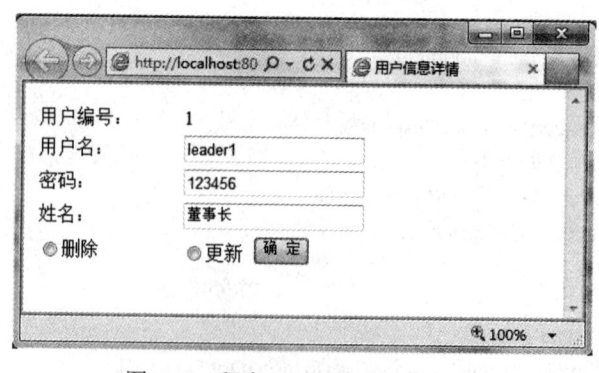

图 6.11 程序 detail.jsp 的运行界面

数据更新或删除的操作参数直接提交 do.jsp 网页文件中执行，数据更新的 SQL 代码如下：

```
sqlstr="UPDATE users SET username='"+username+"', password='"+password+"',
  name='"+name+"', job='"+job+"' where userID="+userID+"";
```

数据删除的 SQL 代码如下：

```
sqlstr="DELETE FROM users where userID="+userID+"";
```

这样，完整的 do.jsp 程序源代码如下：

```
<%@page contentType="text/html;charset=utf-8" language="java" import="java.sql.*"%>
<jsp:useBean id="CommonDBBean" class="yt.databean" scope="page"/>
<%
String sqlstr="";
%>
<html>
<head>
<title>用户信息删除或更新</title>
<meta http-equiv="Content-Type" content="text/html; charset=utf-8">
</head>
<body bgcolor="#FFFFFF" text="#000000">
<%
String userIDstr=request.getParameter("userID");
String username=request.getParameter("username");
String password=request.getParameter("password");
String name=new String(request.getParameter("name").getBytes("ISO-8859-1"),"UTF-8");
String job=request.getParameter("job");
String act=request.getParameter("act");
int userID = Integer.parseInt(userIDstr);
if(act.equals("delete")) {
    sqlstr="DELETE FROM users where userID="+userID+"";
}
else if(act.equals("update")) {
    sqlstr="UPDATE users SET username='"+username+"', password='"+password+"',
        name='"+name+"', job='"+job+"' where userID="+userID+"";
}
CommonDBBean.executeUpdate(sqlstr);
%>
```

操作已完成，5 秒后返回搜索界面。

```
<meta http-equiv="Refresh" content="5;url=search.jsp">
</body>
</html>
```

6.4 历史文化网络交互的设计

历史文化网络交互包括许多方面，例如用户在历史文化故事中的虚拟交互操作、用户之间的聊天、用户互相加为好友、用户游戏中的交互、进度信息跟踪与交互评估、用户个性发展的互动选择和论坛互动等功能。由于本书篇幅所限，这里主要以聊天交友模块设计和论坛模块设计为例。

6.4.1 功能设计

历史文化网络交互的功能包括历史文化故事中用户虚拟交互、用户聊天交互、用户加好友、用户游戏交互、用户游戏进度信息跟踪与交互评估、用户个性发展交互、论坛交互等，归类起来如图 6.12 所示。

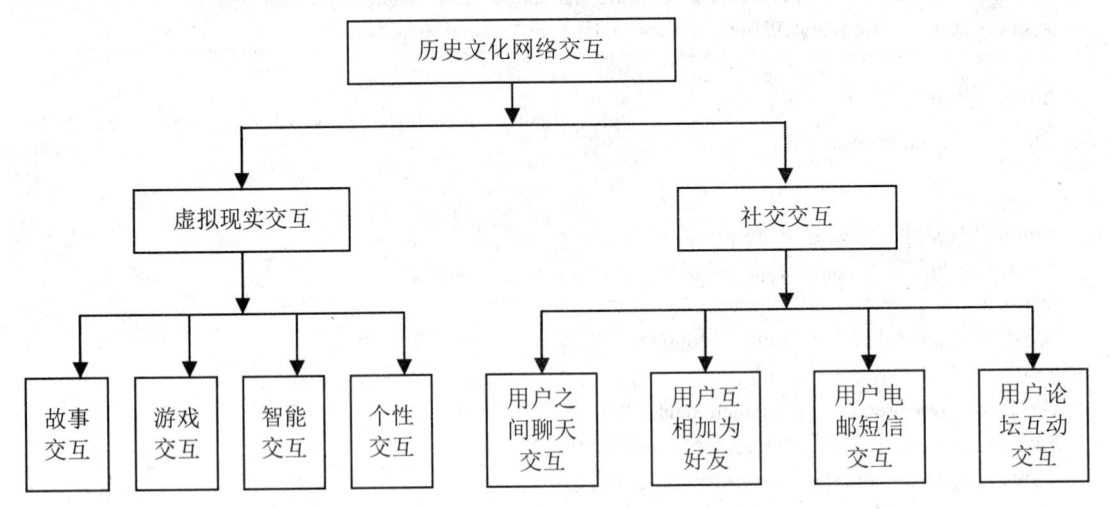

图 6.12 历史文化网络交互的功能设计

6.4.2 聊天交友模块的设计

设计历史文化网络平台的聊天交友模块，首先要设计聊天数据库和交友数据库。聊天数据库主要包括 ID、用户名、说话人、频道、听众、聊天内容、聊天时间等字段，交友数据库包括 ID、用户名、好友列表等字段。

聊天程序通过 HTML 和 JavaScript 代码提交聊天信息表单，让服务器后台的 JSP 程序 chatframe.jsp 处理聊天信息，其客户端源代码如下：

```html
<div id="chatdiv" style="display:block;position:absolute;right:300px;bottom:220px;z-index: 148">
    <table id="testTable" border="0" cellspacing="0" style="position: absolute; width: 300px; z-index:148; height: 250;valign:top;">
    <tr>
        <td height="25" style="background: transparent url(images/chatTop.png) no-repeat top;"></td>
    </tr>
    <tr>
        <td style="width: 300px; background: transparent url(images/chatMid.png) repeat-y; padding: 0px 18px 6px 18px;font-size:16px;font-family:隶书;font-weight:bold;">
            <iframe id="chatframe" name="chatframe" src="chatframe.jsp?mode=1" width="255" height="210" frameborder="0" allowTransparency="true"></iframe>
            <form action="chatframe.jsp" target="chatframe">
            <input type="hidden" name="mode" value="2">
            <input type="hidden" name="username" value="<%=username%>">
            <input type="hidden" name="rolename" value="<%=rolename%>">
            <input type="text" name="message" style="width:100px">
```

```
        <input type="submit" value="聊天">
      </form>
    </td>
  </tr>
  <tr>
    <td height="20" style="background: transparent url(images/chatBtm.png) no-repeat bottom;"></td>
  </tr>
</table>
</div>
```

当用户提交其聊天话语后，服务器后台程序 chatframe.jsp 先加载 JDBC 驱动程序，以连接数据库，其代码如下：

```
<%@page contentType="text/html;charset=UTF-8" language="Java" %>
<%@ page import="java.sql.*"%>
<html>
<head>
<meta http-equiv="Content-Type" content="text/html; charset=utf-8" />
<title>聊天室</title>
</head>
<body bgcolor="#ffffff" style="overflow-x: hidden;">
<%
  //chatframe.jsp 文件
  //加载 JDBC 驱动程序
  try
  {
    Class.forName("com.microsoft.sqlserver.jdbc.SQLServerDriver");
  }
  catch(ClassNotFoundException e)
  {
    out.println(e.toString());
  }
```

当没有用户提交聊天话语时，聊天窗口从服务器后台 chatframe.jsp 查询今天凌晨 0 点开始的所有聊天记录，按照时间倒序显示在聊天窗口中，如图 6.13 所示。

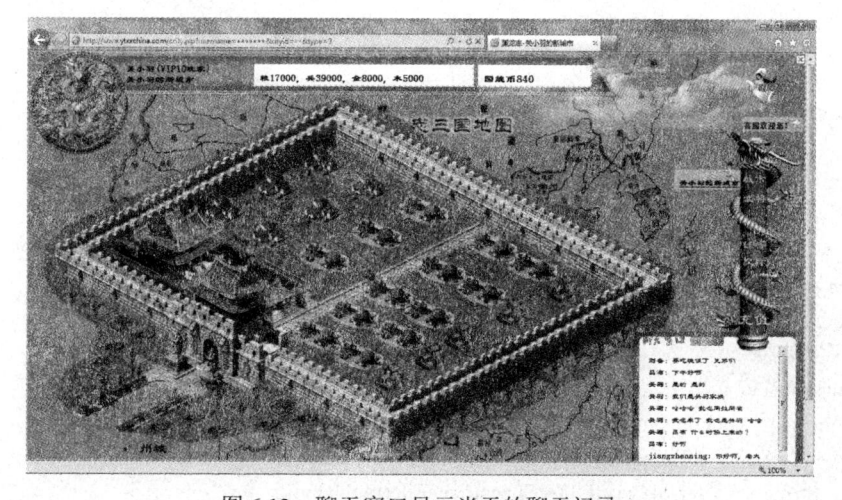

图 6.13　聊天窗口显示当天的聊天记录

用户填写并提交新的聊天话语后，服务器后台程序 chatframe.jsp 执行插入新数据库记录的 SQL 操作，其源代码可以从 6.3.3 小节添加新用户的实例变通过来。然后，刷新聊天窗口，显示最新的聊天记录，刷新聊天窗口页面的源代码如下：

```
<meta http-equiv="refresh" content="1;url=http://www.ytxxchina.com/chatframe.jsp? mode=1" />
<%
    }
  }
  catch(SQLException se)
  {
     out.println(se.toString());
  }
%>
</td>
</tr>
</table>
</body>
</html>
```

6.4.3 论坛模块的设计

JSP 技术实现论坛的实例有很多，这里以 JEEBBS 论坛为例介绍。JEEBBS 是金磊科技推出的一款社区论坛系统，采用 SpringMVC3+Spring3+Hibernate3+Freemarker 技术架构，功能丰富、操作简单，能与 JEECMS 进行无缝整合，实现全站用户统一，门户网站首页轻松调用论坛数据，在用户体验方面能够更加自然地过渡，增加用户在站内应用的一站式服务用户体验。

首先，要开发服务器端的 JavaBean 程序包 jeecms，底层 Java 代码很多，主要包括三大类：bbs、common 和 core。这里以安装程序 Install.java 为例进行介绍，其源代码如下：

```java
package com.jeecms.bbs;       //开发包打包
//导入 Java 开发包
import static com.jeecms.common.web.Constants.UTF8;
import java.io.BufferedReader;
import java.io.File;
import java.io.FileInputStream;
import java.io.InputStreamReader;
import java.sql.Connection;
import java.sql.DriverManager;
import java.sql.Statement;
import java.util.ArrayList;
import java.util.List;
import org.apache.commons.io.FileUtils;
import org.apache.commons.lang.StringUtils;
/** 定义安装类 */
public class Install {
    public static void dbXml(String fileName, String dbHost, String dbPort,
            String dbName, String dbUser, String dbPassword) throws Exception {
        String s = FileUtils.readFileToString(new File(fileName));
```

```java
        s = StringUtils.replace(s, "DB_HOST", dbHost);
        s = StringUtils.replace(s, "DB_PORT", dbPort);
        s = StringUtils.replace(s, "DB_NAME", dbName);
        s = StringUtils.replace(s, "DB_USER", dbUser);
        s = StringUtils.replace(s, "DB_PASSWORD", dbPassword);
        FileUtils.writeStringToFile(new File(fileName), s);
    }
//连接数据库，这里以 MySQL 数据库连接为例
    public static Connection getConn(String dbHost, String dbPort,
            String dbName, String dbUser, String dbPassword) throws Exception {
        Class.forName("com.mysql.jdbc.Driver");
        Class.forName("com.mysql.jdbc.Driver").newInstance();
        String connStr = "jdbc:mysql://" + dbHost + ":" + dbPort + "/" + dbName
                + "?user=" + dbUser + "&password=" + dbPassword
                + "&characterEncoding=utf8";
        Connection conn = DriverManager.getConnection(connStr);
        return conn;
    }
    public static void webXml(String fromFile, String toFile) throws Exception {
        FileUtils.copyFile(new File(fromFile), new File(toFile));
    }
    /** 创建数据库 */
    public static void createDb(String dbHost, String dbPort, String dbName,
            String dbUser, String dbPassword) throws Exception {
        Class.forName("com.mysql.jdbc.Driver");
        Class.forName("com.mysql.jdbc.Driver").newInstance();
        String connStr = "jdbc:mysql://" + dbHost + ":" + dbPort + "?user="
                + dbUser + "&password=" + dbPassword
                + "&characterEncoding=UTF8";
        Connection conn = DriverManager.getConnection(connStr);
        Statement stat = conn.createStatement();
        String sql = "drop database if exists " + dbName;
        stat.execute(sql);
        sql = "create database " + dbName + " CHARACTER SET UTF8";
        stat.execute(sql);
        stat.close();
        conn.close();
    }
    /* 改变字符集 */
    public static void changeDbCharset(String dbHost, String dbPort,
            String dbName, String dbUser, String dbPassword) throws Exception {
        Connection conn = getConn(dbHost, dbPort, dbName, dbUser, dbPassword);
        Statement stat = conn.createStatement();
        String sql = "ALTER DATABASE " + dbName + " CHARACTER SET UTF8";
        stat.execute(sql);
        stat.close();
```

```java
            conn.close();
        }
        /** 创建表 */
        public static void createTable(String dbHost, String dbPort, String dbName,
                String dbUser, String dbPassword, List<String> sqlList)
                throws Exception {
            Connection conn = getConn(dbHost, dbPort, dbName, dbUser, dbPassword);
            Statement stat = conn.createStatement();
            for (String dllsql : sqlList) {
                System.out.println(dllsql);
                stat.execute(dllsql);
            }
            stat.close();
            conn.close();
        }
        /** 更新配置 */
        public static void updateConfig(String dbHost, String dbPort,
                String dbName, String dbUser, String dbPassword, String domain,
                String cxtPath, String port) throws Exception {
            Connection conn = getConn(dbHost, dbPort, dbName, dbUser, dbPassword);
            Statement stat = conn.createStatement();
            String sql = "update jc_site set domain='" + domain + "'";
            stat.executeUpdate(sql);
            sql = "update jc_config set context_path='" + cxtPath + "',port="
                    + port;
            stat.executeUpdate(sql);
            stat.close();
            conn.close();
        }
        /** 读取 sql 语句。"/*" 开头为注释，";" 为 sql 结束。 */
        public static List<String> readSql(String fileName) throws Exception {
            BufferedReader br = new BufferedReader(new InputStreamReader(
                    new FileInputStream(fileName), UTF8));
            List<String> sqlList = new ArrayList<String>();
            StringBuilder sqlSb = new StringBuilder();
            String s = null;
            while ((s = br.readLine()) != null) {
                if (s.startsWith("/*") || s.startsWith("#")
                        || StringUtils.isBlank(s)) {
                    continue;
                }
                if (s.endsWith(";")) {
                    sqlSb.append(s);
                    sqlSb.setLength(sqlSb.length() - 1);
                    sqlList.add(sqlSb.toString());
                    sqlSb.setLength(0);
```

```
            } else {
                sqlSb.append(s);
            }
        }
        br.close();
        return sqlList;
    }
}
```

对开发包里的每个 Java 程序都成功编译后，就可以将它们放到 Tomcat 的 WEB-INF 目录中，以供 JSP 程序调用。效果如图 6.14 所示。

图 6.14 JSP 论坛示例

6.5 小结

本章以历史文化网络平台开发为项目实例，介绍了公司网站和网络服务平台项目开发的思路、需求分析、系统设计和各个模块实现方法。

通过历史文化网络平台的测试与应用，历史文化网络平台的 Web 站点（演示网址：http://www.ytxxchina.com/）具备了以下功能：

（1）此 Web 站点具有了用户登录、取回密码和密码修改等功能。

（2）此 Web 站点对用户基本信息表进行了管理（添加、修改、删除、查询）。

（3）在此 Web 站点上，用户交互模型分析模块根据用户的上网访问"轨迹"数据构建了其使用习惯曲线，分析了其使用网络平台的兴趣和需求。

（4）在此 Web 站点上，网上虚拟历史演播室演示了许多历史文化故事和人物。

（5）在此 Web 站点上，用户游戏进度信息跟踪与综合评估模块搜集了用户浏览本软件的"痕迹"信息，再利用网上交互接口综合评估了用户的个性化发展需求情况。

（6）在此 Web 站点上，用户个性发展定制模块根据用户的个性发展需求，选择了不同的网页模块、剧情、演示模式、交互方式和虚拟体验，管理员通过此软件系统对用户的个性发展提供适时适度的网络服务。

第 7 章　Web 信息管理平台项目开发

Web 信息管理平台项目开发，是现在高校、企业、政府部门信息化发展的刚性需求之一。利用 Web 技术、智能技术和"个性化"定制服务，设计 Web 信息管理平台是一种重要的、有前途的趋势。

7.1　Web 信息管理平台项目开发的思路和需求分析

根据实际项目开发的经验总结起来，Web 信息管理平台项目开发主要围绕几个功能需求：①Web 信息采集；②Web 信息汇总；③Web 信息创建；④Web 信息修改；⑤Web 信息删除；⑥Web 信息的搜索与排序等，如图 7.1 所示。

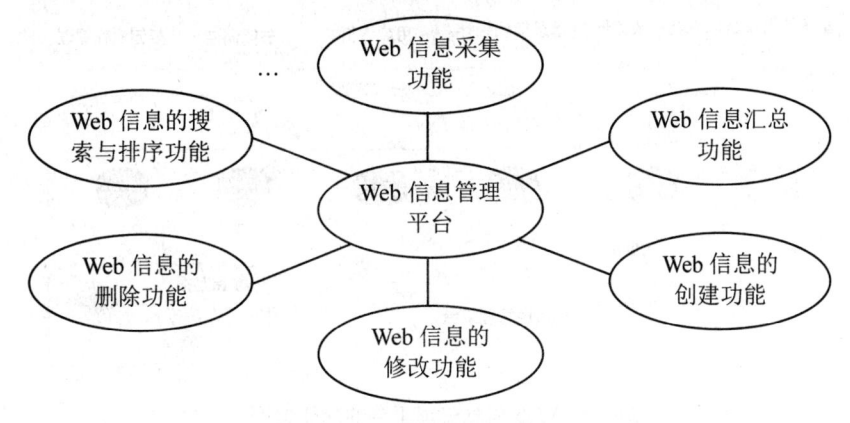

图 7.1　Web 信息管理平台的功能需求分析

我们开发 Web 信息管理平台的思路是先设计 Web 信息采集模块，然后设计 Web 信息管理模块，在此基础上可以拓展功能，完善整个 Web 信息管理平台。

7.2　Web 信息管理平台项目开发的系统设计

Web 信息管理平台项目开发的系统设计，仍然可以参考第 5 章所述的东华大学智能科学相关网络课程 Web 站点项目开发方法。

7.2.1　概要设计

Web 信息管理平台的站点是一种网络交互软件，此 Web 网站以 Web 信息管理方面的最新方法总结和系统研发成果为支撑。以高校能耗信息 Web 管理平台为例，此系统提供了全面有效且简单易用的用户管理模块、建筑基本信息管理模块、能耗实时采集监测模块、能耗信息累计与历史数据查询模块、能耗比对模块、用能分析诊断模块、能耗数据上传模块和系统维护与安全管理模块。使用 Web 信息管理平台的 Web 站点，可以帮助用户和管理人员充分利用 Web 信息的便利和优势，提高高校能耗信息管理的质量和效率。

Web 信息管理平台的站点以先进的现代智能网络技术和新的智能管理方法为支撑，不仅以高效、节能和多功能为目标，而且注重了软件系统的可靠性、实时性和操作界面友好等性能。高校能耗信息 Web 管理平台具有用户登录、取回密码、密码修改、新闻动态、组织机构、教育宣传、能耗公示、联系接口、基本信息管理、建筑能耗监测、建筑能耗统计、用能系统能效评价、用能系统节能调控、校园能耗管理和数据上报等功能，如图 7.2 所示。

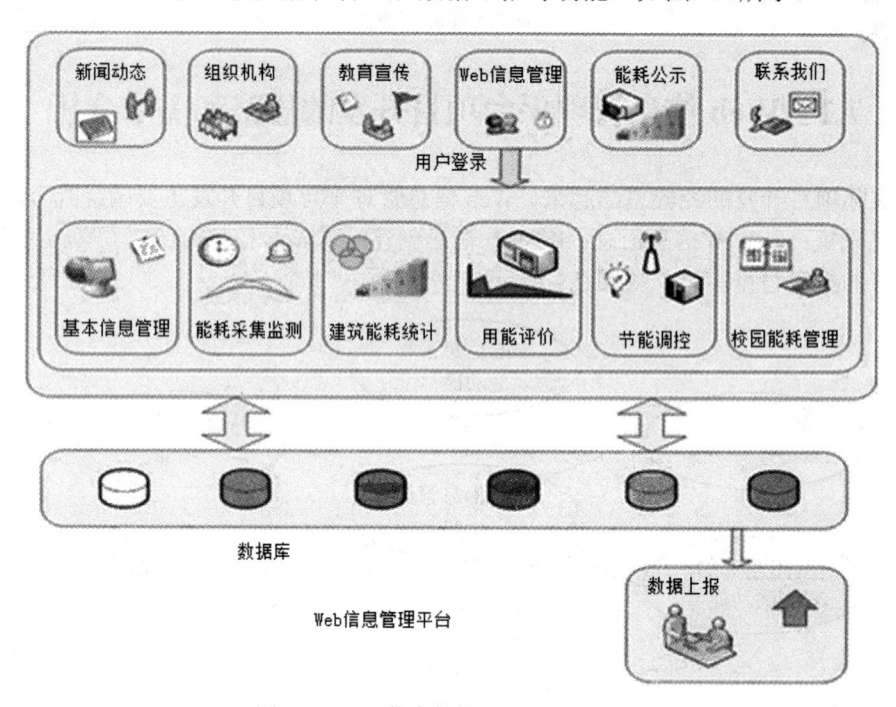

图 7.2　Web 信息管理平台的功能架构

7.2.2　详细设计

从目标功能的详细设计角度来看，Web 信息管理平台具备以下功能：

（1）此 Web 站点具有用户登录、取回密码和密码修改等功能，可以建立多级别用户管理，建立多角色管理，让用户可以动态设置用户权限。高校组织架构内的人员只能看到该组织架构内的水、电、煤、气、油等能耗信息，此 Web 站点支持每个用户的菜单不相同。

（2）此 Web 站点能对能耗相关的基本信息表进行管理（添加、修改、删除、查询）。

（3）此 Web 站点对能耗数据分项进行采集和计量，对水、煤、气、油数据进行实时分项采集、计量和统计，对动力用电、照明插座用电、空调用电及特殊用电等用电数据进行实时分项采集、计量和统计。

（4）此 Web 站点对各个校区的各楼按照每个楼层和每个房间进行分户能耗费用核算，根据能耗数据等自动生成费用明细。使用者各自只能查询到自己的账单信息，可实时查询费用明细。

（5）此 Web 站点对能耗区域进行管理，按照功能、区域、单位等分类方法，将校区内需进行独立管理区域进行划分,并对线缆、设备端口作预留,为能耗分析评估提供对象范围。按照能耗类别的分类方法,管理各区域下能耗信息采集装置,为能耗统计提供计算依据。

(6)此 Web 站点对能耗数据进行管理,满足对耗能量进行分析的需要并以不同计量单位显示和转换的功能,能使耗能量换算成通用标准计量单位(千克标煤)。具备建筑整体数据模型,实现统一信息资源层次体系、统一数据元素标准和统一信息编码,对各类数据进行数据存储管理的集中优化整合。

(7)此 Web 站点对能耗数据利用分析评估数值,对建筑或设备的能耗状况进行判定,对运行状况进行诊断。对所获取的数据,实现直接读数、动态曲线或综合表现曲线等显示方式。为管理决策层提供有效的能效数据服务,根据需要自动生成能源使用情况分析报表,并定期向管理部门发送。

(8)此 Web 服务器后台对平台进行优化,提供可优化的策略方案,给管理决策者主动调整建筑运行能耗的改善性措施和方向。按降低能耗管理规程及提高设备能效运行程序,根据各分区、类别、时段及特定的需求,对耗能信息分别进行汇集、统计、记录等的同时,还能通过自动或辅助的分析模块,实现运行、设计限额比较分析,并在获取相关设计信息的基础上,自动或辅助人工优化或调整耗能计划。对耗能设备进行优化性能的提示及具有实时反馈运行限额、提示调整负载分配的功能。

(9)此 Web 站点能发布高校能耗信息,进行国家节能政策、校园绿色新闻、校园节能机构等基本信息宣传。通过网站发布浏览和数据共享等应用技术,实现能耗数据信息的直联互动。采用必要的防火墙、数据加密等安全技术,实现系统运行的稳定和安全。预留向上级单位报送接口,通过可控的发布信息,向管理者和主管单位提交能耗指标数据。系统基于 B/S 架构和浏览器技术,通过丰富的图形表示方式,快捷准确地为管理提供良好的数据查询、决策分析等用户界面。

(10)此 Web 站点能利用电子地图进行能耗查询,能将学校校园平面图和地理信息、能耗信息进行综合集成显示。

(11)此 Web 站点能进行报警处理,设置预告信号和事故信号,并产生不同的音响报警及闪光,自动推出相应画面。报警信号可在监控主机上人工复归,报警信号激活打印事件。

(12)此 Web 站点能进行系统维护和安全管理,为系统管理员、工程师、一般值班操作人员等提供分级密码,并对所有操作自动进行带时标事件记录,可建立良好的事故预防与应急处理措施。具备自动备份数据库和系统文件的功能,数据库能够利用事务机制对数据库进行自动备份和记录数据备份日志,备份时间单位密度可调。当数据库数据损坏时,能及时修复或还原数据库。

Web 信息管理平台站点是基于 Windows 操作系统或 Linux 操作系统、数据库(Access、MySQL、SQL Server、Oracle 等都是可用的)开发的,任何安装了数据库的服务器均可以安装和部署 Web 信息管理平台站点。为保证 Web 站点流畅运行,推荐如下软硬件环境:

(1)Web 站点运行的硬件环境。

计算机 CPU 推荐为 Intel 或其兼容机主频 1.00 GHz 或更高主频,内存(RAM)推荐为 128MB 及以上,硬盘最低要求为 1GB 及以上。

(2)Web 站点运行的软件环境。

Web 站点运行的服务器操作系统推荐为 Windows 系列或 Linux 系列,其数据库环境推荐为 Access、MySQL、SQL Server、Oracle 等。

和智能科学相关网络课程 Web 站点的数据库设计类似，Web 信息管理平台的 SQL Server 2008 数据库使用 JDBC 进行直接的数据库连接。由于项目模块较多、较复杂，本章以高校能耗信息 Web 管理平台的信息采集模块和信息管理模块为例进行介绍。

7.3 Web 信息采集模块的设计

为了测试和演示 Web 信息管理平台的编程设计方法，先用 Java、JSP 高级编程技术设计了 Web 信息管理平台的信息采集模块。

7.3.1 功能设计

Web 信息采集模块用来采集高校水、电、煤、气、油等能耗数据，并进行存储和汇总。这些能耗数据的采集是通过联网的单片机终端读取传感器的数据，然后通过校园网汇集到网关上，进行信息整理、汇集、传输和分析。

首先呈现给用户的是高校能耗信息 Web 管理平台，如图 7.3 所示。用户（特别是领导）从此页面可以一目了然地查阅节能相关的新闻、政策、管理文件、通知公告、节能技巧以及各个建筑的最新能耗情报。当然，用户也可以参与网上调查，例如对此平台网站做出评价。

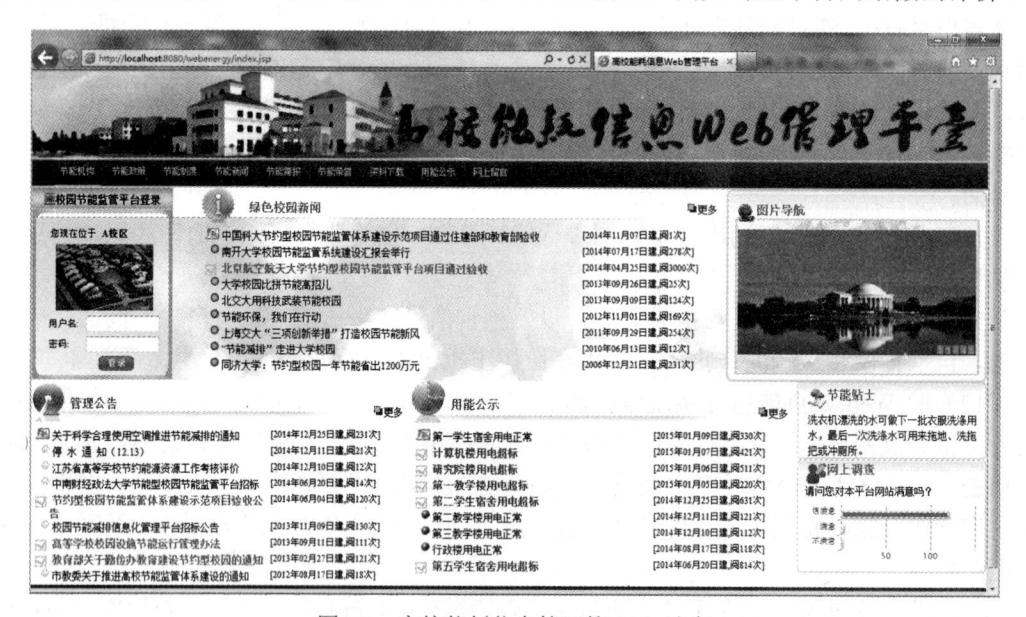

图 7.3　高校能耗信息管理的 Web 站点

为了汇集各个建筑的能耗数据并生成报表，首先需要对各个建筑的能耗传感器进行信息采集，然后汇总到 Web 服务器上，此站点的实时采集数据曲线如图 7.4 所示。

7.3.2　Web 信息的表示与存储

为了实现高校能耗数据实时监测与 Web 信息管理，先要表示和存储 Web 信息，包括高校基本信息、校园建筑信息、用户信息、节能机构信息和设备信息，如图 7.5 中菜单所示。高校基本信息包括学校的名称、地址、概况、历史、占地总面积、建筑总数量、专科生人数、本科生人数、硕士生人数、博士生人数、留学生人数、教师人数、月平均用电量、月平均用水量等。校园建筑信息包括建筑类别编码、建筑 ID、建筑名称、建筑楼层数、建筑房间数、建筑所在校区、建筑的竣工时间、建筑的总面积、建筑的空调面积、建筑的空调形式、建筑的体型系数、建筑的结构形式、建筑的外墙相关信息、建筑外窗与玻璃相关的信息、建筑的功能、建筑的能耗价格、建筑的能源监测设计、建筑的实施单位等。用户信息的管理与前两章类似，可以用类似的 JSP 数据库管理实现。设备信息包括设备的序列号、设备的名称、设备的类型、设备的购买日期、设备的使用年限、设备的节能指标、设备的额定功率、设备的额定电流、设备的额定电压、设备的额定频率、设备的使用环境、设备效率、设备损耗、设备的所属建筑编号等。

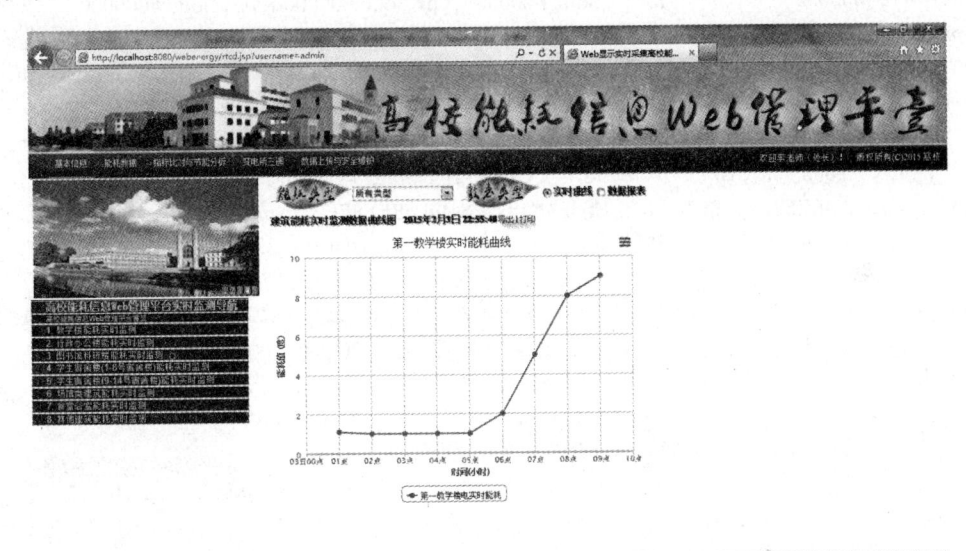

图 7.4　显示高校实时采集能耗数据曲线的 Web 站点

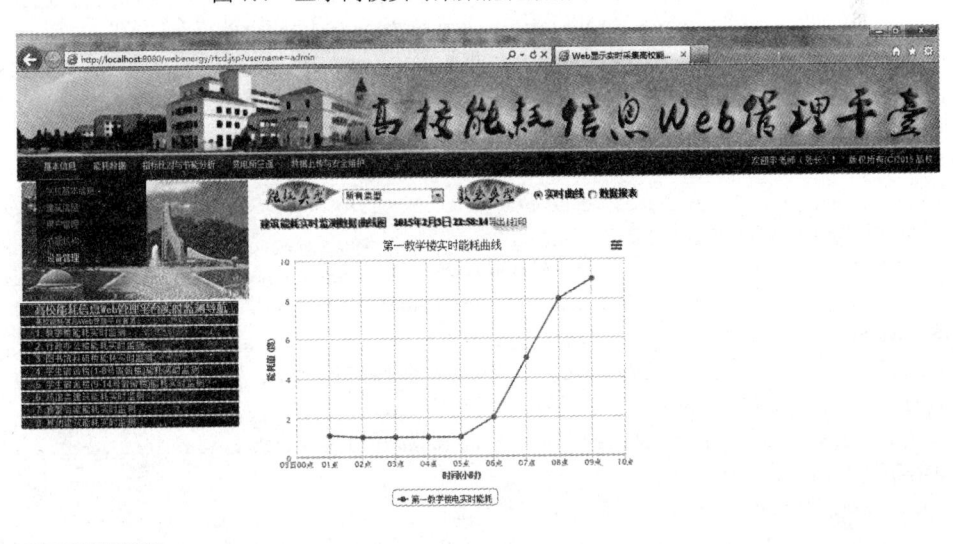

图 7.5　Web 信息表示、存储与管理的菜单设计

图 7.5 中左边的导航菜单采用了第 5 章类似的导航菜单设计，只是色彩风格修改完善了，以便与页面的整体风格一致，其部分源代码如下：

```
<script type="text/javascript" language="JavaScript1.2">BuildLayer('v','','','250','250',
'','','','1','1','1px Solid #FFFFFF','1px Solid #FFFFFF','1px Solid #FFFFFF','1px Solid #FFFFFF','left',
'transparent','','1','1','','Filter:none(Duration=0.5)','','#C0C0C0','0','Default','Pointer','','100','0','#FFFFFF')
    SwapDiv('wme3','','','','images/blank.gif','200','340','images/blank.gif','images/blank.gif','0','0','1','1','Arial','Arial',
'8pt','8pt','normal','normal','transparent','transparent','normal','normal','none','none','#000000','transparent','images/blan
k.gif','images/blank.gif','0','0','0','0','none','none','none','none','none','none','none','top','left','','','_self','','','2','imag
es/blank.gif','images/blank.gif','auto','auto','0','0','0')
    SwapDiv('wme10','wme3','高校能耗信息 Web 管理平台实时监测导航','images/blank.gif',
_,'16','16',_,_,_,_,'auto','auto','幼圆','幼圆','12pt','12pt',_,_,'#fccfcf','#000000','bold','bold',_,_,
    '#3C4447','#000000',_,_,'1','1','1','1','0px Solid #000000','0px Solid #000000','0px Solid #000000',
    '0px Solid #2c0000','0px Solid #000000','0px Solid #000000','0px Solid #000000','0px Solid
#000000','middle',_,_,_,_,_,'0',_,_,_,_,_)
    SwapDiv('wme4','wme10','高校能耗信息 Web 管理平台首页',_,'images/blueidx.gif','10','21',
_,_,_,_,_,_,'Arial','Arial','8pt','8pt',_,_,_,'#000000','normal','normal',_,_,'#2D3436','#CEE9FF',_,_,
_,_,_,_,'1px Solid #8CCBFF','1px Solid #8CCBFF','1px Solid #8CCBFF','1px Solid #8CCBFF','1px Solid
#EEF8FF','1px Solid #EEF8FF','1px Solid #EEF8FF','1px Solid #EEF8FF',_,_,'index.jsp',_,_,_,_,_,'0',_,_,_,_,_)
    SwapDiv('wme5','wme4','1. 教学楼能耗实时监测',_,_,_,_,'images/arrow.gif','images/arrow.gif','7','7',_,_,_,_,
'10pt',_,_,_,_,_,_,_,_,_,_,_,_,_,_,_,_,'',_,_,_,_,'0',_,_,_,_,_)
FreeLayer('wme12','','2','v','0','0','1','2','1px Solid #ACA899','1px Solid #ACA899','1px Solid #ACA899','1px
Solid #ACA899','#FFFFFF','','1','1','','Filter:none(Duration=0.5)','','#C0C0C0','0','100')
    SwapDiv('wme11','wme4','1.1 第 1 教学楼能耗实时监测',_,_,_,_,_,_,_,_,_,_,_,_,'10pt',_,_,_,_,_,_,
_,_,_,_,_,_,_,_,_,_,_,'rtcd.jsp?username=<%=username%>&bid=jx1',_,_,_,_,_,'0',_,_,_,_,_)
    SwapDiv('wme13','wme11','1.2 第 2 教学楼能耗实时监测',_,_,_,_,_,_,_,_,_,_,_,_,_,_,_,_,_,_,_,
_,_,_,_,_,_,_,_,_,_,_,'rtcd.jsp?username=<%=username%>&bid=jx2',_,_,_,_,_,'0',_,_,_,_,_)
    SwapDiv('wme14','wme11','1.3 第 3 教学楼能耗实时监测',_,_,_,_,_,_,_,_,_,_,_,_,_,_,_,_,_,_,_,
_,_,_,_,_,_,_,_,_,_,_,'rtcd.jsp?username=<%=username%>&bid=jx3',_,_,_,_,_,'0',_,_,_,_,_)
    SwapDiv('wme17','wme11','1.4 第 4 教学楼能耗实时监测',_,_,_,_,_,_,_,_,_,_,_,_,_,_,_,_,_,_,_,
_,_,_,_,_,_,_,_,_,_,_,'rtcd.jsp?username=<%=username%>&bid=jx4',_,_,_,_,_,'0',_,_,_,_,_)
    SwapDiv('wme12','wme11','1.5 第 5 教学楼能耗实时监测',_,_,_,_,_,_,_,_,_,_,_,_,_,_,_,_,_,_,_,
_,_,_,_,_,_,_,_,_,_,_,'rtcd.jsp?username=<%=username%>&bid=jx5',_,_,_,_,_,'0',_,_,_,_,_)
InitDiv();
    SwapDiv('wme6','wme5','2. 行政办公楼能耗实时监测',_,_,_,_,_,_,_,_,_,_,_,_,_,_,_,_,_,_,_,
_,_,_,_,_,_,_,_,_,_,_,_,_,_,_,_,_,'0',_,_,_,_,_)
FreeLayer('wme19','wme12',_,_,_,_,_,_,_,_,_,_,_,_,_,_,_,_,_,_,_)
    SwapDiv('wme18','wme11','2.1 新行政楼能耗实时监测',_,_,_,_,_,_,_,_,_,_,_,_,_,_,_,_,_,_,_,
_,_,_,_,_,_,_,_,_,_,_,'rtcd.jsp?username=<%=username%>&bid=xz1',_,_,_,_,_,'0',_,_,_,_,_)
    SwapDiv('wme20','wme11','2.2 会议中心能耗实时监测',_,_,_,_,_,_,_,_,_,_,_,_,_,_,_,_,_,_,_,
_,_,_,_,_,_,_,_,_,_,_,'rtcd.jsp?username=<%=username%>&bid=xz2',_,_,_,_,_,'0',_,_,_,_,_)
    SwapDiv('wme21','wme11','2.3 老行政楼能耗实时监测',_,_,_,_,_,_,_,_,_,_,_,_,_,_,_,_,_,_,_,
_,_,_,_,_,_,_,_,_,_,_,'rtcd.jsp?username=<%=username%>&bid=xz3',_,_,_,_,_,'0',_,_,_,_,_)
InitDiv();
    SwapDiv('wme7','wme5','3. 图书馆科研楼能耗实时监测',_,_,_,_,_,_,_,_,_,_,_,_,_,_,_,_,_,_,_,
_,_,_,_,_,_,_,_,_,_,_,_,_,_,_,_,_,'0',_,_,_,_,_)
FreeLayer('wme26','wme12',_,_,_,_,_,_,_,_,_,_,_,_,_,_,_,_,_,_,_)
```

SwapDiv('wme23','wme11','3.1 图书馆能耗实时监测',_,_,_,_,_,_,_,_,_,_,_,_,
_,_,_,_,_,_,_,_,_,_,_,_,'rtcd.jsp?username=<%=username%>&bid=tk1',_,_,_,_,'0',_,_,_,_,_,_)
SwapDiv('wme24','wme11','3.2 计算中心能耗实时监测',_,_,_,_,_,_,_,_,_,_,_,
_,_,_,_,_,_,_,_,_,_,_,_,'rtcd.jsp?username=<%=username%>&bid=tk2',_,_,_,_,'0',_,_,_,_,_,_)
SwapDiv('wme25','wme11','3.3 研究院能耗实时监测',_,_,_,_,_,_,_,_,_,_,_,_,
_,_,_,_,_,_,_,_,_,_,_,_,'rtcd.jsp?username=<%=username%>&bid=tk3',_,_,_,_,'0',_,_,_,_,_,_)
SwapDiv('wme16','wme11','3.4 综合科研实验楼能耗实时监测',_,_,_,_,_,_,_,
_,_,_,_,_,_,_,_,_,_,_,_,'rtcd.jsp?username=<%=username%>&bid=tk4',_,_,_,_,'0',_,_,_,_,_,_)
InitDiv();SwapDiv('wme8','wme5','4. 学生宿舍楼(1-8 号宿舍楼)能耗实时监测',_,_,_,_,
_,'0',_,_,_,_,_)
FreeLayer('wme34','wme12',_,_,_,_,_,_,_,_,_,_,_,_,_,_)
SwapDiv('wme27','wme11','4.1 第 1 学生宿舍楼能耗实时监测',_,_,_,_,_,_,_,_,_,
_,_,_,_,_,_,_,_,_,_,_,_,'rtcd.jsp?username=<%=username%>&bid=ss1',_,_,_,_,'0',_,_,_,_,_,_)
SwapDiv('wme31','wme11','4.2 第 2 学生宿舍楼能耗实时监测',_,_,_,_,_,_,_,_,_,
_,_,_,_,_,_,_,_,_,_,_,_,'rtcd.jsp?username=<%=username%>&bid=ss2',_,_,_,_,'0',_,_,_,_,_,_)
SwapDiv('wme33','wme11','4.3 第 3 学生宿舍楼能耗实时监测',_,_,_,_,_,_,_,_,_,
_,_,_,_,_,_,_,_,_,_,_,_,'rtcd.jsp?username=<%=username%>&bid=ss3',_,_,_,_,'0',_,_,_,_,_,_)
SwapDiv('wme35','wme11','4.4 第 4 学生宿舍楼能耗实时监测',_,_,_,_,_,_,_,_,_,
_,_,_,_,_,_,_,_,_,_,_,_,'rtcd.jsp?username=<%=username%>&bid=ss4',_,_,_,_,'0',_,_,_,_,_,_)
SwapDiv('wme36','wme11','4.5 第 5 学生宿舍楼能耗实时监测',_,_,_,_,_,_,_,_,_,
_,_,_,_,_,_,_,_,_,_,_,_,'rtcd.jsp?username=<%=username%>&bid=ss5',_,_,_,_,'0',_,_,_,_,_,_)
SwapDiv('wme37','wme11','4.6 第 6 学生宿舍楼能耗实时监测',_,_,_,_,_,_,_,_,_,
_,_,_,_,_,_,_,_,_,_,_,_,'rtcd.jsp?username=<%=username%>&bid=ss6',_,_,_,_,'0',_,_,_,_,_,_)
SwapDiv('wme38','wme11','4.7 第 7 学生宿舍楼能耗实时监测',_,_,_,_,_,_,_,_,_,
_,_,_,_,_,_,_,_,_,_,_,_,'rtcd.jsp?username=<%=username%>&bid=ss7',_,_,_,_,'0',_,_,_,_,_,_)
SwapDiv('wme27','wme11','4.8 第 8 学生宿舍楼能耗实时监测',_,_,_,_,_,_,_,_,_,
_,_,_,_,_,_,_,_,_,_,_,_,'rtcd.jsp?username=<%=username%>&bid=ss8',_,_,_,_,'0',_,_,_,_,_,_)
InitDiv();
SwapDiv('wme9','wme5','5. 学生宿舍楼(9-14 号宿舍楼)能耗实时监测',_,_,_,_,_,_,_,
_,'0',_,_,_,_,_)
FreeLayer('wme40','wme12',_,_,_,_,_,_,_,_,_,_,_,_,_,_)
SwapDiv('wme39','wme11','5.1 第 9 学生宿舍楼能耗实时监测',_,_,_,_,_,_,_,_,_,
_,_,_,_,_,_,_,_,_,_,_,_,'rtcd.jsp?username=<%=username%>&bid=ss9',_,_,_,_,'0',_,_,_,_,_,_)
SwapDiv('wme41','wme11','5.2 第 10 学生宿舍楼能耗实时监测',_,_,_,_,_,_,_,_,
_,_,_,_,_,_,_,_,_,_,_,_,_,'rtcd.jsp?username=<%=username%>&bid=ss10',_,_,_,_,'0',_,_,_,_,_,_)
SwapDiv('wme42','wme11','5.3 第 11 学生宿舍楼能耗实时监测',_,_,_,_,_,_,_,_,
_,_,_,_,_,_,_,_,_,_,_,_,_,'rtcd.jsp?username=<%=username%>&bid=ss11',_,_,_,_,'0',_,_,_,_,_,_)
SwapDiv('wme43','wme11','5.4 第 12 学生宿舍楼能耗实时监测',_,_,_,_,_,_,_,_,
_,_,_,_,_,_,_,_,_,_,_,_,_,'rtcd.jsp?username=<%=username%>&bid=ss12',_,_,_,_,'0',_,_,_,_,_,_)
SwapDiv('wme44','wme11','5.5 第 13 学生宿舍楼能耗实时监测',_,_,_,_,_,_,_,_,
_,_,_,_,_,_,_,_,_,_,_,_,_,'rtcd.jsp?username=<%=username%>&bid=ss13',_,_,_,_,'0',_,_,_,_,_,_)
SwapDiv('wme45','wme11','5.6 第 14 学生宿舍楼能耗实时监测',_,_,_,_,_,_,_,_,
_,_,_,_,_,_,_,_,_,_,_,_,_,'rtcd.jsp?username=<%=username%>&bid=ss14',_,_,_,_,'0',_,_,_,_,_,_)
InitDiv();
SwapDiv('wme46','wme5','6. 场馆类建筑能耗实时监测',_,_,_,_,_,_,_,_,_,_,_,
_,_,_,_,_,_,_,_,_,'0',_,_,_,_,_)

```
FreeLayer('wme47','wme12',_,_,_,_,_,_,_,_,_,_,_,_,_)
SwapDiv('wme48','wme11','6.1 足球场能耗实时监测',_,_,_,_,_,_,_,_,_,_,_,_,
_,_,_,_,_,_,_,_,_,_,_,'rtcd.jsp?username=<%=username%>&bid=gc1',_,_,_,_,'0',_,_,_,_,_)
SwapDiv('wme49','wme11','6.2 排球场能耗实时监测',_,_,_,_,_,_,_,_,_,_,_,_,
_,_,_,_,_,_,_,_,_,_,_,'rtcd.jsp?username=<%=username%>&bid=gc2',_,_,_,_,'0',_,_,_,_,_)
SwapDiv('wme50','wme11','6.3 乒乓球馆能耗实时监测',_,_,_,_,_,_,_,_,_,_,_,
_,_,_,_,_,_,_,_,_,_,_,'rtcd.jsp?username=<%=username%>&bid=gc3',_,_,_,_,'0',_,_,_,_,_)
SwapDiv('wme51','wme11','6.4 篮球馆能耗实时监测',_,_,_,_,_,_,_,_,_,_,_,_,
_,_,_,_,_,_,_,_,_,_,_,'rtcd.jsp?username=<%=username%>&bid=gc4',_,_,_,_,'0',_,_,_,_,_)
SwapDiv('wme52','wme11','6.5 游泳馆能耗实时监测',_,_,_,_,_,_,_,_,_,_,_,_,
_,_,_,_,_,_,_,_,_,_,_,'rtcd.jsp?username=<%=username%>&bid=gc5',_,_,_,_,'0',_,_,_,_,_)
InitDiv();
SwapDiv('wme53','wme5','7. 食堂浴室能耗实时监测',_,_,_,_,_,_,_,_,_,_,_,_,
_,_,_,_,_,_,_,_,_,_,_,_,_,_,'0',_,_,_,_,_)
FreeLayer('wme54','wme12',_,_,_,_,_,_,_,_,_,_,_,_,_)
SwapDiv('wme55','wme11','7.1 第1食堂能耗实时监测',_,_,_,_,_,_,_,_,_,_,_,_,
_,_,_,_,_,_,_,_,_,_,_,'rtcd.jsp?username=<%=username%>&bid=st1',_,_,_,_,'0',_,_,_,_,_)
SwapDiv('wme56','wme11','7.2 第2食堂能耗实时监测',_,_,_,_,_,_,_,_,_,_,_,_,
_,_,_,_,_,_,_,_,_,_,_,'rtcd.jsp?username=<%=username%>&bid=st2',_,_,_,_,'0',_,_,_,_,_)
SwapDiv('wme57','wme11','7.3 第3食堂能耗实时监测',_,_,_,_,_,_,_,_,_,_,_,_,
_,_,_,_,_,_,_,_,_,_,_,'rtcd.jsp?username=<%=username%>&bid=st3',_,_,_,_,'0',_,_,_,_,_)
SwapDiv('wme58','wme11','7.4 第4食堂能耗实时监测',_,_,_,_,_,_,_,_,_,_,_,_,
_,_,_,_,_,_,_,_,_,_,_,'rtcd.jsp?username=<%=username%>&bid=st4',_,_,_,_,'0',_,_,_,_,_)
SwapDiv('wme59','wme11','7.5 第1浴室能耗实时监测',_,_,_,_,_,_,_,_,_,_,_,_,
_,_,_,_,_,_,_,_,_,_,_,'rtcd.jsp?username=<%=username%>&bid=ys1',_,_,_,_,'0',_,_,_,_,_)
SwapDiv('wme60','wme11','7.6 第2浴室能耗实时监测',_,_,_,_,_,_,_,_,_,_,_,_,
_,_,_,_,_,_,_,_,_,_,_,'rtcd.jsp?username=<%=username%>&bid=ys2',_,_,_,_,'0',_,_,_,_,_)
InitDiv();
SwapDiv('wme61','wme5','8. 其他建筑能耗实时监测',_,_,_,_,_,_,_,_,_,_,_,_,
_,_,_,_,_,_,_,_,_,_,_,_,_,_,'0',_,_,_,_,_)
FreeLayer('wme62','wme12',_,_,_,_,_,_,_,_,_,_,_,_,_)
SwapDiv('wme63','wme11','8.1 校医院能耗实时监测',_,_,_,_,_,_,_,_,_,_,_,_,
_,_,_,_,_,_,_,_,_,_,_,'rtcd.jsp?username=<%=username%>&bid=yy',_,_,_,_,'0',_,_,_,_,_)
SwapDiv('wme64','wme11','8.2 校办1厂能耗实时监测',_,_,_,_,_,_,_,_,_,_,_,_,
_,_,_,_,_,_,_,_,_,_,_,'rtcd.jsp?username=<%=username%>&bid=xc1',_,_,_,_,'0',_,_,_,_,_)
SwapDiv('wme65','wme11','8.3 校办2厂能耗实时监测',_,_,_,_,_,_,_,_,_,_,_,_,
_,_,_,_,_,_,_,_,_,_,_,'rtcd.jsp?username=<%=username%>&bid=xc2',_,_,_,_,'0',_,_,_,_,_)
SwapDiv('wme66','wme11','8.4 交流中心能耗实时监测',_,_,_,_,_,_,_,_,_,_,_,_,
_,_,_,_,_,_,_,_,_,_,_,'rtcd.jsp?username=<%=username%>&bid=jz',_,_,_,_,'0',_,_,_,_,_)
SwapDiv('wme67','wme11','8.5 路灯能耗实时监测',_,_,_,_,_,_,_,_,_,_,_,_,
_,_,_,_,_,_,_,_,_,_,_,'rtcd.jsp?username=<%=username%>&bid=ld',_,_,_,_,'0',_,_,_,_,_)
SwapDiv('wme68','wme11','8.6 配电站能耗实时监测',_,_,_,_,_,_,_,_,_,_,_,_,
_,_,_,_,_,_,_,_,_,_,_,'rtcd.jsp?username=<%=username%>&bid=pd',_,_,_,_,
_,'0',_,_,_,_,_)
InitDiv();
HideDiv();
```

</script>

此菜单仍然需要使用 JavaScript 脚本程序 leftmenu.js（与前面章节相比，更改了文件名，以免上面的菜单程序名冲突），包括此程序的代码如下：

<script type="text/javascript" src="js/leftmenu.js"></script>

用户初次打开高校能耗实时监测页面时，平台默认会显示第 1 教学楼的能耗实时监测曲线和数据报表，此楼的 ID 号为 jx1，如图 7.5 所示。如果用户通过左边的导航菜单选中了另外的建筑楼，例如第 2 教学楼（ID 号为 jx2），那么第 2 教学楼的能耗实时监测曲线和数据报表就会更换显示出来，如图 7.6 所示。

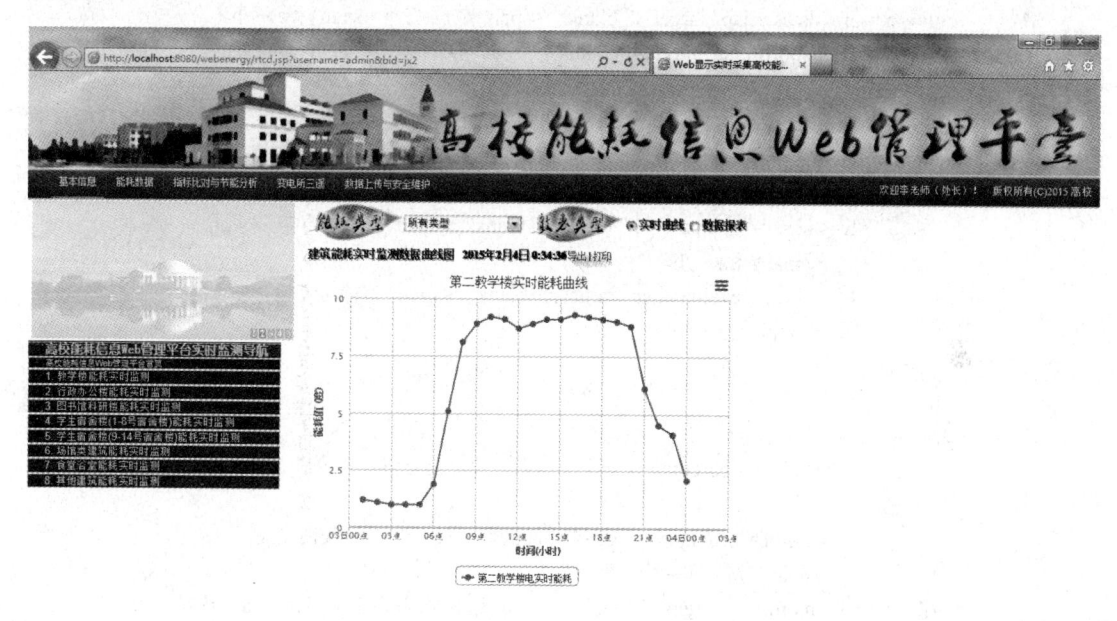

图 7.6　通过左边菜单选择显示第 2 教学楼的能耗实时监测曲线

图 7.5 中的上部菜单也是通过 JavaScript 脚本程序实现的，需要包含另一个 menu.js 程序，其包含 JS 程序的源代码如下：

<script type="text/javascript" src="js/menu.js"></script>

而上部菜单的部分源代码如下：

```
<TABLE cellSpacing="0" cellPadding="0" width="100%" height="40" align="center" style="background: url(images/main-bg.png) repeat-x;">
    <tr height="40"><td width="557">
    <div id="menu">
        <ul class="menu">
            <li>
                <a href="#" class="parent"><span>基本信息</span></a>
                <ul>
                    <li><a href="uinfo.jsp" target="_blank"><span>学校基本信息</span></a></li>
                    <li><a href="buildinfo.jsp" target="_blank"><span>建筑信息</span></a></li>
                    <li><a href="userm.jsp"><span>用户管理</span></a></li>
                        <li><a href="org.jsp" target="_blank"><span>节能机构
```

```html
                </span></a></li>
            <li><a href="devicem.jsp" target="_blank"><span>设备管理</span></a></li>
        </ul>
    </li>
    <li>
        <a href="#" class="parent"><span>能耗数据</span></a>
        <ul>
            <li><a href="rtcd.jsp" target="_blank"><span>实时监测
                </span></a></li>
            <li><a href="datasta.jsp" target="_blank"><span>数据统计</span></a></li>
            <li><a href="reportm.jsp" target="_blank"><span>报表管理</span></a></li>
        </ul>
    <li>
        <a href="#" class="parent"><span>指标比对与节能分析</span></a>
        <ul>
            <li><a href="compare.jsp" target="_blank"><span>指标比对
                </span></a></li>
            <li><a href="evaluate.jsp" target="_blank"><span>节能分析
                </span></a></li>
        </ul>
    </li>
    <li>
        <a href="#" class="parent"><span>变电所三遥</span></a>
        <ul>
            <li><a href="prtcd.jsp" target="_blank"><span>配电站实时监测
                </span></a></li>
            <li><a href="moni.jsp" target="_blank"><span>远程状态监控</span></a></li>
                <li><a href="webcontrol.jsp"><span>远程控制</span></a></li>
            <li><a href="faultm.jsp" target="_blank"><span>故障管理</span></a></li>
                <li><a href="eventm.jsp"><span>事件管理</span></a></li>
                <li><a href="em.jsp"><span>电度计量与管理</span></a></li>
                <li><a href="hdq.jsp"><span>历史数据查询</span></a></li>
        </ul>
    </li>
    <li class="last">
        <a href="#" class="parent"><span>数据上传与安全维护</span></a>
        <ul>
            <li><a href="upload.jsp" target="_blank"><span>数据上传
                </span></a></li>
            <li><a href="security.jsp"><span>安全维护</span></a></li>
        </ul>
    </li>
</ul>
</div>
</td>
<td align=right><font size="2" color="#e5e5e5">欢迎<%=name%>（<%=job%>）！   
```

```
 版权所有(C)2015    高校</font></td>
      <td width="10"></td>
    </tr>
</table>
```

7.3.3 Web 信息的采集与汇总

下面具体介绍如何实现图 7.6 所示的高校能耗 Web 信息的采集与汇总功能,其数据采集涉及底层传感器的单片机数据读取,然后形式优化存储在数据库中。高校能耗实时监测主页面 rtcd.jsp 是通过其子框架页面 RealTime.jsp 采集和汇总能耗数据的,其部分 iframe 框架源代码如下:

```
<IFRAME ID='MajorIframeRT' Name='MajorIframeRT' FRAMEBORDER=0
    SCROLLING=auto width=1000 height=500
    src='RealTime.jsp?username=<%=username%>'></IFRAME>
```

Iframe 框架页面 RealTime.jsp 负责从底层数据库中读取采集的实时数据,并汇总为标准化的复合数组数据,再通过可视化图表显示 JS 程序 Highcharts 显示动态美观的曲线和报表,如图 7.7 所示。

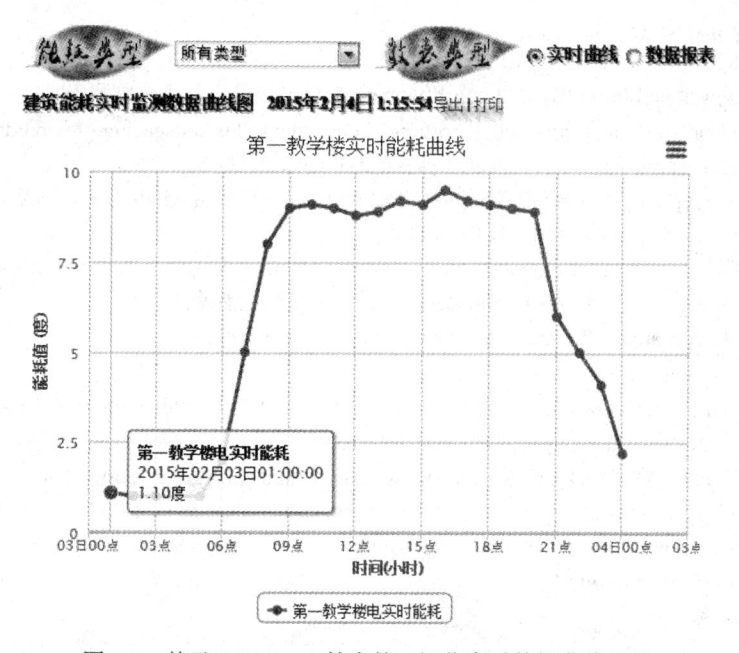

图 7.7 基于 Highcharts 技术的可视化实时数据曲线显示

当用户将鼠标移到曲线的一点时,Web 页面会提示这一点的能耗信息,包括建筑名称、能耗类型、能耗数据采集时间、数值、单位等。例如,第 1 个点为第一教学楼在 2015 年 2 月 3 日凌晨 1 点采集的电实时能耗数据,其值为 1.1 度。先利用 JSP 程序从数据库读取数据,然后用 JavaScript 程序整理数据,动态显示曲线和报表,其部分 JavaScript 源代码如下:

```
//显示实时数据图表
function change(arr) {
    if(arr.length>0) {
        //表数据
```

```
part=new Array();
len1=0; //电计数器
len2=0; //水计数器
for(i=0;i<arr.length;i++) {
    part[i]=arr[i];
}
for(i=0;i<part.length;) {
    if(part[i+2].indexOf("电")>=0) {
        len1++;
        i=i+6;
    }
    else if(part[i+2].indexOf("水")>=0) {
        len2++;
        i=i+6;
    }
}
var str="";
var j;
for(i=0;i<part.length;) {
    if(part[i+2].indexOf("电")>=0) {
        document.getElementById("Gtitle1").innerHTML="电能消耗实时监测表";
str="<table id='tbData' width='100%' border=1 cellpadding=0px cellspacing=0px borderColorDark
    =#fdfeff borderColorLight=#99ccff style='text-align:center;'>
        <tr borderColorDark=#fdfeff borderColorLight=#99ccff ><td width='15%' background='../images/
            header-columns-bg.gif'>编号</td>
        <td width='40%' background='../images/header-columns-bg.gif'>名称</td><td width='20%'
            background='../images/header-columns-bg.gif'>电能差额</td>
        <td background='../images/header-columns-bg.gif'>采集时间</td></tr>";
        for(j=0;j<len1;j++) {
    str+="<tr borderColorDark=#fdfeff borderColorLight=#99ccff><td width='15%' background='../images/
            header-columns-bg.gif'>"+part[i]+"</td>
        <td width='40%' background='../images/header-columns-bg.gif'>"+part[i+1]+
        "</td><td width='20%' background='../images/header-columns-bg.gif'>"+
        part[i+3]+part[i+4]+"</td><td background='../images/header-columns-bg.gif'>"+
        part[i+5]+"</td></tr>";
            i=i+6;
        }
        str+="</table>";
        document.getElementById("myGrid1").innerHTML=str;
    }
    else if(part[i+2].indexOf("水")>=0) {
        document.getElementById("Gtitle2").innerHTML="水能消耗实时监测表";
str="<table id='tbData' width='100%' border=1 cellpadding=0px cellspacing=0px borderColorDark=
            #fdfeff borderColorLight=#99ccff style='text-align:center;'>
        <tr borderColorDark=#fdfeff borderColorLight=#99ccff>
        <td width='15%' background='../images/header-columns-bg.gif'>编号</td>
```

```
                <td width='40%' background='../images/header-columns-bg.gif'>名称</td>
                <td width='20%' background='../images/header-columns-bg.gif'>用水量差额</td><td background
                    ='../images/header-columns-bg.gif'>采集时间</td></tr>";
            for(j=0;j<len2;j++) {
        str+="<tr borderColorDark=#fdfeff borderColorLight=#99ccff><td width='15%' background
                ='../images/ header-columns-bg.gif'>"+part[i]+"</td>
            <td width='40%' background='../images/header-columns-bg.gif'>"+part[i+1]+
            "</td><td width='20%' background='../images/header-columns-bg.gif'>"+
            part[i+3]+part[i+4]+"</td><td background='../images/header-columns-bg.gif'>"+
            part[i+5]+"</td></tr>";
                i=i+6;
            }
            str+="</table>";
            document.getElementById("myGrid2").innerHTML=str;
        }
    }
    daochu.style.display="block";
    //电量耗能曲线显示
    Highcharts.setOptions({
        global: {
            useUTC: false
        }
    });
    var chart_e, chart_w;
        if(len1>0) {
            document.getElementById("container_e").style.display="block";
            $('#container_e').highcharts({
                chart_e: {
                    type: 'spline',
                    animation: Highcharts.svg,
                    // don't animate in old IE
                    marginRight: 10
                },
                title: {
                    text: part[1]+'实时能耗曲线'
                },
                xAxis: {
                    title: {
                        text: '时间(小时)'
                    },
                    dateTimeLabelFormats: {
                        hour:'%H 点',
                        day:'%d 日%H 点'
                    },
                    gridLineColor: 'green',
                    gridLineWidth: 0.5,
```

```
            gridLineDashStyle: 'Dash',
            endOnTick: true,
            tickPixelInterval: 60,
            startOnTick: true,
            type: 'datetime'
        },
        yAxis: {
            title: {
                text: '能耗值 ('+part[4]+')'
            },
            plotLines: [{
                value: 0,
                width: 1,
                color: '#808080'
            }]
        },
        tooltip: {
            formatter: function() {
                    return '<b>'+ this.series.name +'</b><br/>'+
                        Highcharts.dateFormat('%Y 年%m 月%d 日%H:%M:%S', this.x) +
                        '<br/>'+Highcharts.numberFormat(this.y, 2)+part[4];
            },
            crosshairs: true
        },
        legend: {
            enabled: true
        },
        exporting: {
            enabled: true
        },
        plotOptions: {
            spline: {
                marker: {
                    radius: 4,
                    lineColor: '#666666',
                    lineWidth: 1
                }
            }
        },
        series: [{
            name: part[1]+part[2]+'实时能耗',
            data: (function() {
                var data = [], i;
                for(i=6*len1;i>0;i=i-6)
                {
                    if(parseFloat(part[i-3])>0)
```

```javascript
                {
                    data.push({
                        x: new Date(Date.parse(part[i-1].replace(/-/g, "/"))).getTime(),
                        y: parseFloat(part[i-3])
                    });
                }
            }
            return data;
        })()
    }]
});
}
else
{
    document.getElementById("container_e").style.display="none";
}
if(len2>0) {
document.getElementById("container_w").style.display="block";
//水量耗能曲线显示
$('#container_w').highcharts({
    chart_w: {
        type: 'spline',
        animation: Highcharts.svg, // don't animate in old IE
        marginRight: 10
    },
    title: {
        text: part[6*len1+1]+'实时能耗曲线'
    },
    xAxis: {
        title: {
            text: '时间(小时)'
        },
        dateTimeLabelFormats: {
            hour:'%H 点',
            day:'%d 日%H 点'
        },
        gridLineColor: 'green',
        gridLineWidth: 0.5,
        gridLineDashStyle: 'Dash',
        endOnTick: true,
        tickPixelInterval: 60,
        startOnTick: true,
        type: 'datetime'
    },
    yAxis: {
        title: {
```

```
                text: '能耗值 ('+part[6*len1+4]+')'
            },
            plotLines: [{
                value: 0,
                width: 1,
                color: '#808080'
            }]
        },
        tooltip: {
            formatter: function() {
                    return '<b>'+ this.series.name +'</b><br/>'+
                        Highcharts.dateFormat('%Y 年%m 月%d 日%H:%M:%S', this.x) +'<br/>'+
                        Highcharts.numberFormat(this.y, 2)+part[6*len1+4];
            },
            crosshairs: true
        },
        legend: {
            enabled: true
        },
        exporting: {
            enabled: true
        },
        plotOptions: {
            spline: {
                marker: {
                    radius: 4,
                    lineColor: '#666666',
                    lineWidth: 1
                }
            }
        },
        series: [{
           name: part[7*len1+1]+part[7*len1+2]+'实时能耗',
           data: (function() {
             var data = [], i;
             for(i=6*len1+6*len2;i>6*len1;i=i-6)
             {
               if(parseFloat(part[i-3])>0)
               {
                 data.push({
                   x: new Date(Date.parse(part[i-1].replace(/-/g, "/"))).getTime(),
                   y: parseFloat(part[i-3])
                 });
               }
             }
             return data;
```

```
                })
            }]
        });
    }
    else
    {
        document.getElementById("container_w").style.display="none";
    }
}else
{
    document.getElementById("report").innerHTML="当前所选能源类型及所选建筑无对应信息！";
    document.getElementById("curve").innerHTML="当前所选能源类型及所选建筑无对应信息！";
    daochu.style.display="none";
}
}
```

此实时数据监测曲线图表具有打印功能和导出图片、pdf 等格式文件功能，如图 7.8 所示。

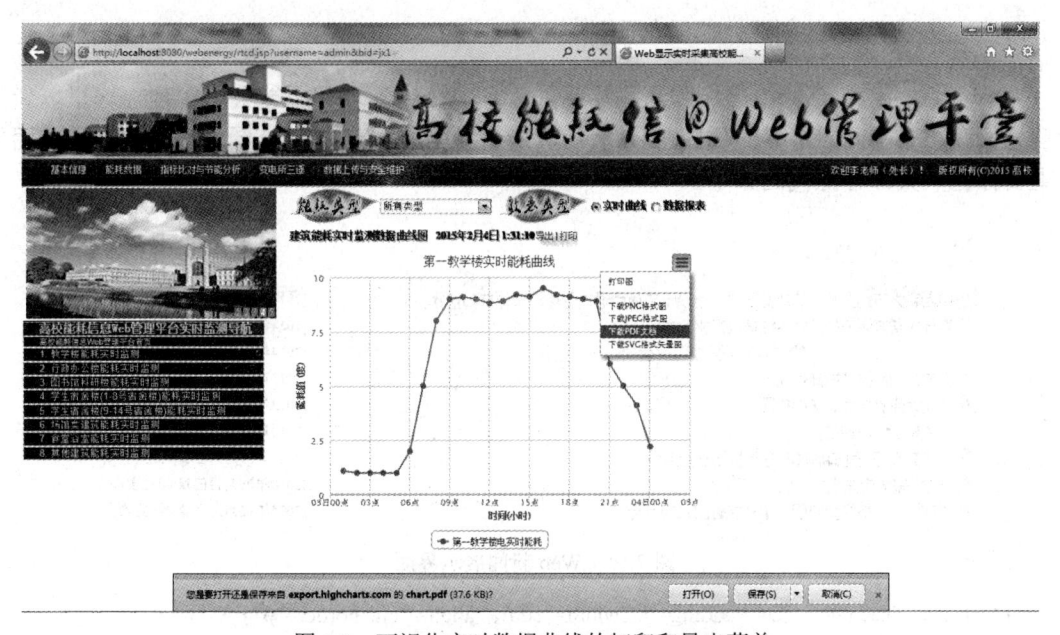

图 7.8　可视化实时数据曲线的打印和导出菜单

7.4　Web 信息管理模块的设计

图 7.3 中涉及了几个基本 Web 信息的管理，这些信息包括新闻信息、管理公告、用能公式信息、节能贴士的信息和问卷调查信息。其管理操作涉及数据的添加、修改、删除和查询，可以用第 5 章和第 6 章中类似的信息管理 JSP 程序实现。

7.4.1　功能设计

Web 信息管理模块的功能包括新闻展示、公告通知、用能公示、贴士提醒、用户登录欢迎、问卷调查交互、用户电邮短信交互、论坛交互等，归类起来如图 7.9 所示。

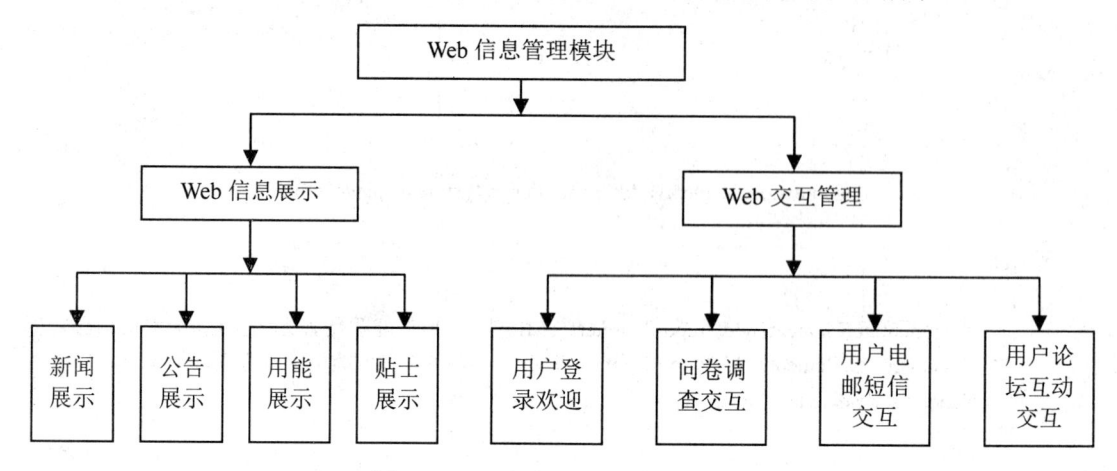

图 7.9　Web 信息管理模块的功能设计

7.4.2　Web 信息的创建、修改与删除

Web 信息的创建、修改与删除适用于新闻管理、公告管理和用能公示管理，这里以新闻管理为例介绍。新闻展示界面如图 7.10 所示，最新新闻前面有个 new 图标，重要新闻前面加了重要标记，其部分源代码如下：

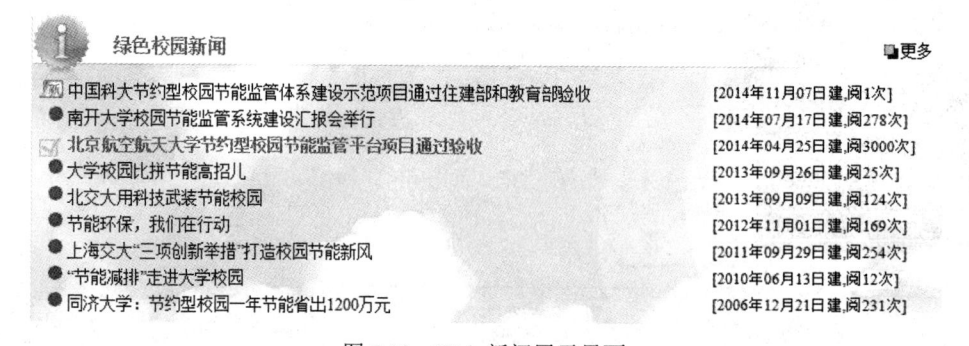

图 7.10　Web 新闻展示界面

```
<TABLE cellSpacing="0" cellPadding="0" width="100%" align="left" border="0">
<tr>
<td height="55" style="background:url(images/title-icon1.png) no-repeat;">
                <b><font color="#309500" size="3">绿色校园新闻</font></b></td>
<td valign="middle" align="right" width="80"><font size="2"><a href="newslist.jsp">
<img src="images/more.gif" border="0">更多</a>    </td>
</tr></table>
</td></tr>
<tr><td>
<table valign="top" border="0" cellSpacing="0" cellPadding="0" width="100%">
<tr><td></td></tr>
<%
```

```
        int num=0;
        ResultSet rs=stmt.executeQuery("SELECT top 9 * FROM news order by newsdatetime desc");
        while(rs.next())
        {
           num=num+1;
           int nsid=rs.getInt("newsID");
           int newsi=rs.getInt("newsi");
           String newstitle=rs.getString("newstitle");
           String newsdatetime=rs.getString("newsdatetime");
           int newsrn=rs.getInt("newsrn");
%>
<tr valign="top" height="22"><td width='6'></td>
<td width="20" align="right"><a href="news.jsp?nsid=<%=nsid%>" target="_blank">
<%
        if(newsi==1) {
%>
<img src="images/important.gif" width="20" border="0"></a></td><td> 
<a href="news.jsp?nsid=<%=nsid%>" target="_blank"><font color="#309500"><b>
<%=newstitle%></b></font></a>
<%
        }
        else if(num==1) {
%>
<img src="images/new.gif" width="20" border="0"></a></td><td> 
<a href="news.jsp?nsid=<%=nsid%>" target="_blank"><%=newstitle%></a>
<%
        }
        else
        {
%>
<img src="images/ann.gif" width="12" border="0"></a></td><td> 
<a href="news.jsp?nsid=<%=nsid%>" target="_blank"><%=newstitle%></a>
<%
        }
%>
</td><td width="200"><font size="2">[<%=newsdatetime%>建,阅<%=newsrn%>次]
</font></td></tr>
<%
        }
        rs.close();
%>
</table>
</td></tr></table>
```

添加新闻的页面用 addnews.jsp 实现,是从前面几章的用户添加页面变通而来的,其源代码如下:

```
<%@page contentType="text/html;charset=utf-8" language="java"%>
```

```
<%
// addnews.jsp 文件
%>
<html>
<head>
<title>添加新闻</title>
<meta http-equiv="Content-Type" content="text/html; charset=utf-8">
</head>
<body bgcolor="#FFFFFF" text="#000000">
<center><h3>添加新闻</h3></center>
<form name="form1" method="post" action="addnewsp.jsp">
<table border="0" align="center">
<tr><td bgcolor="#AAEEEE">
新闻重要性：
</td><td>
<select name="newsi">
<option value="0">请选择</option>
<option value="0">一般</option>
<option value="1">重要</option>
</select>
</td></tr>
<tr><td bgcolor="#AAEEEE">
新闻标题：
</td><td>
<input type="text" name="newstitle" maxlength="100" size="100" value="">
</td></tr>
<tr><td bgcolor="#AAEEEE">
新闻作者：
</td><td>
<input type="text" name="newsauthor" maxlength="50" size="50" value="">
</td></tr>
<tr><td bgcolor="#AAEEEE">
新闻内容：
</td><td>
<textarea name="newscontent" cols="75" rows="15"></textarea>
</td></tr>
<tr><td colspan="2">
<input type="submit" name="Submit" value="添加入库">
<input type="reset" name="Submit2" value="取消">
</td></tr>
</table>
</form>
</body>
</html>
```

当运行 addnews.jsp 文件时，将打开如图 7.11 所示的界面，管理员用户可以根据需要在公司新闻库中添加最新的新闻。

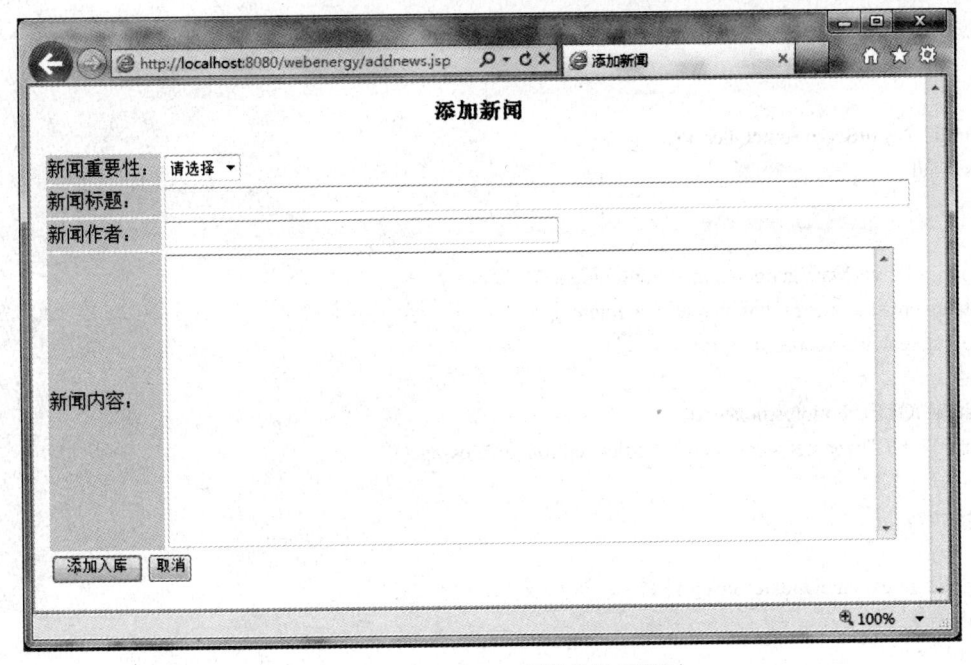

图 7.11　addnews.jsp 程序的运行界面

选好最新新闻的重要性，填好新闻的标题、作者和内容后，按【添加入库】按钮，执行添加新闻的逻辑。添加新闻的 JSP 程序用到了类似于前面章节所介绍的 JavaBean 程序 databean.java，其源代码如下：

```java
/**databean.java 文件**/
package weben;
import java.sql.*;
public class databean {
String sdbdriver;
String connstr;
Connection conn;
ResultSet rs;
String Err;
public String getErr() {
return Err;
}
public databean() {
sdbdriver = "sun.jdbc.odbc.JdbcOdbcDriver";
connstr = "jdbc:odbc:WIMPDB";
conn = null;
rs = null;
Err = "";
try
{
Class.forName(sdbdriver);
}
catch(ClassNotFoundException classnotfoundexception) {
```

```
        Err = "Datebase error 1:" + classnotfoundexception.getMessage();
        }
    }
    public ResultSet executeQuery(String s) {
        rs = null;
        try
        {
            conn = DriverManager.getConnection(connstr, "", "");
            Statement statement = conn.createStatement();
            rs = statement.executeQuery(s);
        }
        catch(SQLException sqlexception) {
            Err = Err + "executeQuery error:" + sqlexception.getMessage();
        }
        return rs;
    }
    public int executeUpdate(String s) {
        int i = 0;
        try
        {
            conn = DriverManager.getConnection(connstr, "", "");
            Statement statement = conn.createStatement();
            i = statement.executeUpdate(s);
        }
        catch(SQLException sqlexception) {
            if(i == 0)
            Err = Err + "executeQuery error:" + sqlexception.getMessage();
        }
        return i;
    }
    public void closeconn() {
        try
        {
            if(rs != null)
            rs.close();
            if(conn != null)
            closeconn();
        }
        catch(SQLException sqlexception) { }
    }
}
```

由此可见，学 Web 编程的技巧在于精通几个案例，然后从已熟悉的项目案例融会贯通，举一反三。同样类似于前面章节，其 addnewsp.jsp 程序的源代码改编如下：

```
<%@page contentType="text/html;charset=utf-8" language="java"%>
<%@page import="java.sql.*"%>
<%@page import="java.text.DateFormat"%>
```

```jsp
<%@page import="java.text.SimpleDateFormat"%>
<%@page import="java.text.ParseException"%>
<%@page import="java.util.Date"%>
<jsp:useBean id="CommonDBBean" class= "weben.databean" scope="page"/>
<html>
<head>
<meta http-equiv="Content-Type" content="text/html; charset=utf-8">
<%
String newsistr=request.getParameter("newsi");
int newsi= Integer.parseInt(newsistr);
String newstitle= new String(request.getParameter("newstitle").getBytes("ISO-8859-1"),"UTF-8");
String newsauthor= new String(request.getParameter("newsauthor").getBytes("ISO-8859-1"),"UTF-8");
String newscontent=new String(request.getParameter("newscontent").getBytes("ISO-8859-1"),"UTF-8");
SimpleDateFormat sdf=new SimpleDateFormat("yyyy-MM-dd");
java.util.Date date=new java.util.Date();
String newsdatetime=sdf.format(date);
if(newstitle.equals("")|newsauthor.equals("")|newscontent.equals("")) {
%>
<meta http-equiv="Refresh" content="0;url=addnews.jsp">
<%
}
else {
String sqlstr="insert into news(newstitle,newsauthor,newsdatetime,newscontent,newsi)
     values('"+newstitle+"','"+newsauthor+"','"+newsdatetime+"','"+newscontent+"', "+newsi+")";
CommonDBBean.executeUpdate(sqlstr);
String err=CommonDBBean.getErr();
if(err.equals("")) {
%>
<title>完成新闻添加</title>
</head>
<body bgcolor="#66CCFF" text="#000000" link="#FF0000">
<div align="center">
<p> </p>
<p> </p>
<p> </p>
<p><font size="+3" face="方正舒体">新闻 </font><font size="+3" face="方正舒体">已成功添加</font><font size="+1" face="方正舒体">。</font></p>
    <p><br>
    <font size="+2">您要<a href="addnews.jsp">添加下一则新闻</a> </font></p>
    </div>
    </body>
    <%
    }
    else {
    out.print("新闻添加出错!!! "+"<br>");
    out.print(sqlstr);
```

```
  }
}
%>
</html>
```

之后，就会提示新闻信息已成功录入，如图 7.12 所示。

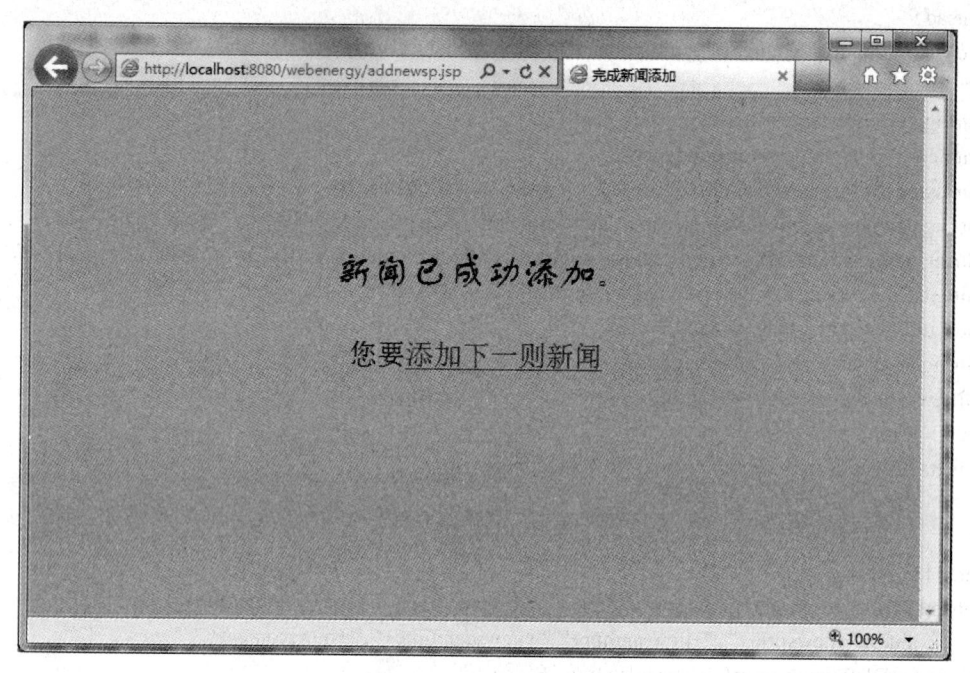

图 7.12 成功新加新闻

要想修改或删除指定新闻，首先要按照一定的标准搜索到这则新闻，搜索的代码 searchnews.jsp 下一小节具体介绍其实现方法。针对这则新闻，可以用 newsdetail.jsp 程序根据获取的编号调出相应的新闻信息，用户可以在此进行更新和删除操作，其源代码如下：

```
<%@page contentType="text/html;charset=utf-8" language="java" import="java.sql.*"%>
<jsp:useBean id="CommonDBBean" class="weben.databean" scope="page"/>
<%
String sqlstr="";
ResultSet rs=null;
ResultSet rs1=null;
%>
<html>
<head>
<title>新闻信息详情</title>
<meta http-equiv="Content-Type" content="text/html; charset=utf-8">
</head>
<body bgcolor="#FFFFFF" text="#000000">
<%
String newsIDstr=request.getParameter("newsID");
int newsID = Integer.parseInt(newsIDstr);
sqlstr="select * from news where newsID="+newsID+"";
```

```jsp
rs=CommonDBBean.executeQuery(sqlstr);
if(rs.next())
{
    int newsi=rs.getInt("newsi");
%>
<form name="form1" method="post" action="donews.jsp?newsID=<%=newsID%>">
<table width="97%" border="0">
<tr>
<td width="120">新闻编号：</td>
<td><%=rs.getString(1)%></td>
</tr>
<tr><td>新闻标题：</td>
<td><input type="text" name="newstitle" value="<%=rs.getString(2)%>"></td></tr>
<tr>
<td>新闻作者：</td>
<td><input type="text" name="newsauthor" value="<%=rs.getString(3)%>"></td>
</tr>
<tr>
<td>新闻内容：</td>
<td><textarea name="newscontent" cols="60%" rows="30"><%=rs.getString(5)%>
</textarea></td></tr>
<tr>
<td>新闻重要性：</td>
<td>
<select name="newsi">
<option value="0">请选择</option>
<option value="0"
<%
    if(newsi==0)
    {
%>
        selected="selected"
<%
    }
%>
>一般</option>
<option value="1"
<%
    if(newsi==1)
    {
%>
    selected="selected"
<%
    }
%>
>重要</option>
```

```
</select>
</td>
</tr>
<tr>
<td><input type="radio" name="act" value="delete">删除</td>
<td><input type="radio" name="act" value="update">更新
    <input type="submit" name="Submit" value="确 定">
</td>
</tr>
</table>
</form>
<%
}
%>
</body>
</html>
```

图 7.13 是 newsdetail.jsp 文件运行时的界面，管理员用户可以修改新闻的信息，然后选择【更新】项，按【确定】按钮更新数据。当然，也可以选择【删除】项，再按【确定】按钮删除数据。

数据更新或删除的操作参数直接提交 donews.jsp 网页中执行，数据更新的 SQL 代码如下：

sqlstr="UPDATE news SET newstitle='"+newstitle+"', newsauthor='"+newsauthor+"',
    newscontent='"+newscontent+"', newsi='"+newsi+"' where newsID='"+newsID+"'";

数据删除的 SQL 代码如下：

sqlstr="DELETE FROM news where newsID='"+newsID+"'";

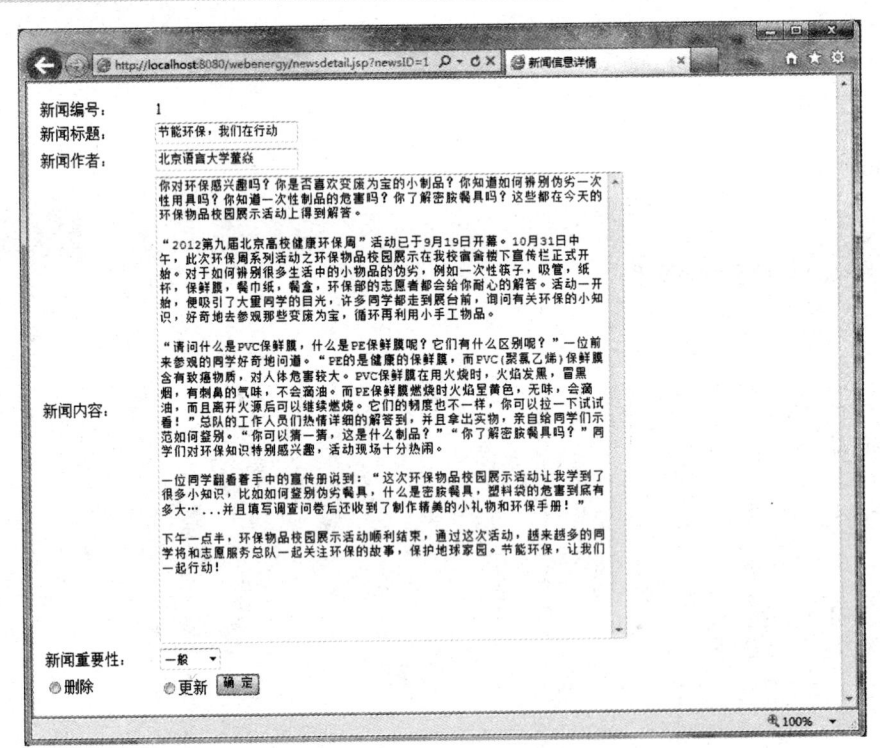

图 7.13 新闻信息修改或删除程序 newsdetail.jsp 的运行界面

这样，完整的 donews.jsp 程序源代码如下：

```jsp
<%@page contentType="text/html;charset=utf-8" language="java" import="java.sql.*"%>
<jsp:useBean id="CommonDBBean" class="weben.databean" scope="page"/>
<%
String sqlstr="";
%>
<html>
<head>
<title>新闻信息修改或删除</title>
<meta http-equiv="Content-Type" content="text/html; charset=utf-8">
</head>
<body bgcolor="#FFFFFF" text="#000000">
<%
String newsIDstr=request.getParameter("newsID");
String newstitle= new String(request.getParameter("newstitle").getBytes("ISO-8859-1"),"UTF-8");
String newsauthor= new String(request.getParameter("newsauthor").getBytes("ISO-8859-1"),"UTF-8");
String newscontent=new String(request.getParameter("newscontent").getBytes("ISO-8859-1"),"UTF-8");
String newsistr=request.getParameter("newsi");
int newsi= Integer.parseInt(newsistr);
String act=request.getParameter("act");
int newsID = Integer.parseInt(newsIDstr);
if(act.equals("delete")) {
   sqlstr="DELETE FROM news where newsID="+newsID+"";
}
else if(act.equals("update")) {
sqlstr="UPDATE news SET newstitle='"+newstitle+"', newsauthor='"+newsauthor+"',
     newscontent='"+newscontent+"', newsi="+newsi+" where newsID="+newsID+"";
}
CommonDBBean.executeUpdate(sqlstr);
%>
操作已完成，5 秒后返回搜索界面。
<meta http-equiv="Refresh" content="5;url=searchnews.jsp">
</body>
</html>
```

公告和公示信息的创建、修改和删除与新闻管理类似，都可以在前面章节的 JSP 代码基础上变通实现。

7.4.3 Web 信息的搜索与排序

新闻信息的搜索与排序功能是由 searchnews.jsp 文件来实现，其执行结果是按照一定标准排序显示所要搜索的新闻信息，其源代码如下：

```jsp
<%@page contentType="text/html;charset=utf-8"    language="java"
     import="java.sql.*,java.io.*"%>
<jsp:useBean id="CommonDBBean" class= "weben.databean" scope="page"/>
<html>
<head>
```

```
<title>搜索新闻信息并排序显示</title>
<meta http-equiv="Content-Type" content="text/html; charset=utf-8">
</head>
<body text="#000000" link="#000000">
<form name="form1" method="post" action="searchnews.jsp">
<table width="99%" border="2" height="42" bordercolor="#CCCCCC">
<tr>
<td bgcolor="#33CCCC" height="32">重要性
<select name="newsi">
<option value="0">请选择</option>
<option value="0">一般</option>
<option value="1">重要</option>
</select>
<input type="submit" name="Submit" value="查询">
</td>
</tr>
</table>
</form>
<%
//searchnews.jsp
String sqlstr="";
if(request.getParameter("newsi")!=null) {
    String newsistr=request.getParameter("newsi");
    int newsi=Integer.parseInt(newsistr);
    sqlstr="select * from news where newsi="+newsi+" order by newsID desc";
}
else {
    sqlstr="select * from news order by newsID desc";
}
ResultSet rs=CommonDBBean.executeQuery(sqlstr);
%>
<font face="华文彩云" size="+1" color="#FF0000">查询结果</font>
<font face="隶书" color="#990000">(点击相应新闻标题，可查看新闻的详细信息)</font>
<table border="0">
<%
int i=0;
while(rs.next())
{
    i++;
    int newsID=rs.getInt(1);
    String newstitle=rs.getString(2);
%>
    <tr valign="top">
    <td><%=i%>.</td><td>
<a href="newsdetail.jsp?newsID=<%=newsID%>" arget="mainFrame">
<%=newstitle%></a>
```

```
        </td></tr>
<%
}
%>
</table>
<%
if(i==0)
{
%>
<font face="隶书" size="+1" color="#990000">对不起，没有符合您查询要求的结果。
</font>
<%
}
%>
</body>
</html>
```

默认情况下，新闻搜索程序 searchnews.jsp 按照新闻编号的倒序显示所有新闻，其结果如图 7.14 所示。

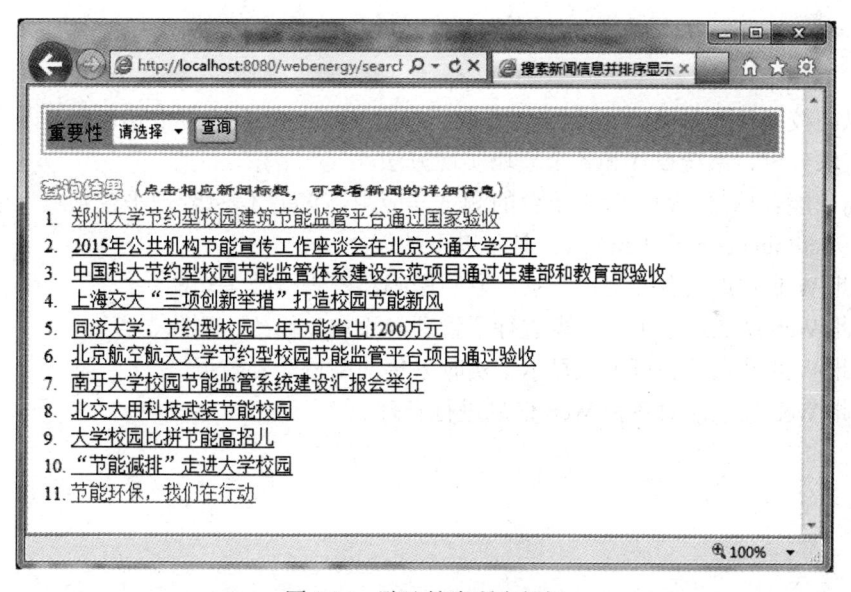

图 7.14 默认搜索所有新闻

在新闻信息搜索页面选择重要性为重要，其搜索结果如图 7.15 所示。

上述查询程序 searchnews.jsp 中下列代码用于将该编号传给文件 newsdetail.jsp：

```
<a href="newsdetail.jsp?newsID=<%=newsID%>" target="mainFrame">
<%=newstitle%></a>
<br>
```

公告和公示信息的搜索与排序功能类似，都可在前面章节的 JSP 代码基础上变通实现。

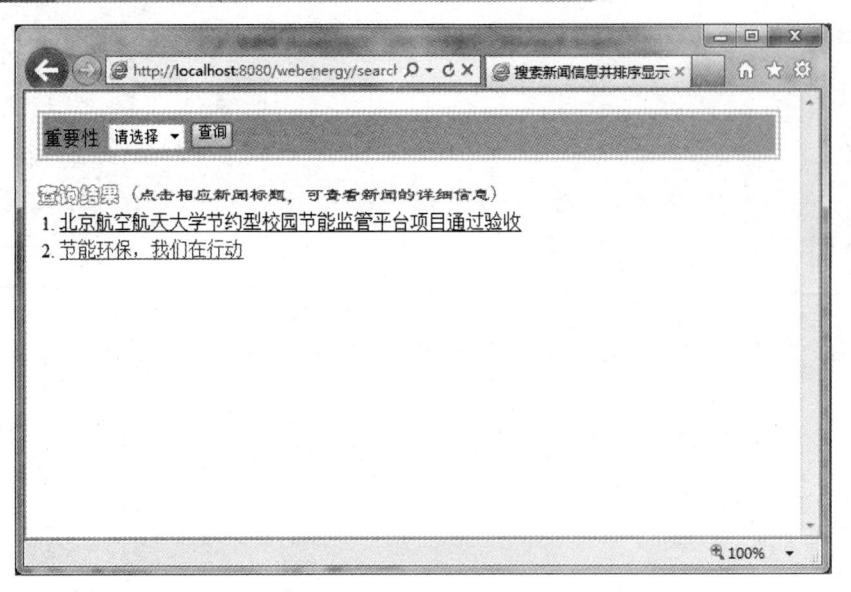

图 7.15 按照重要性搜索新闻

7.5 小结

本章以高校能耗信息 Web 管理平台开发为项目实例,介绍了 Web 信息管理平台项目开发的思路、需求分析、系统设计和各个模块实现方法。

通过高校能耗信息 Web 管理平台的测试与应用,Web 信息管理平台站点(演示网址:http://www.ytxxchina.com/webenergy)具备以下功能:

(1)此 Web 站点具有了用户登录、取回密码和密码修改等功能。
(2)此 Web 站点对基本信息表进行了管理(添加、修改、删除、查询)。
(3)此 Web 站点动态可视化显示了实时采集的高校能耗数据。
(4)此 Web 站点能对各种 Web 信息进行管理。

第 8 章　Web 物流管理平台项目开发

近几年物流行业飞速发展，随着互联网和物联网的迅猛发展，Web 物流管理平台从研发到推广乃至盛行，成为 Web 技术发展的一大亮点。

8.1　Web 物流管理平台项目开发的思路和需求分析

Web 物流管理平台旨在解决物流企业内部订单管理问题、加盟商结算问题、车辆在途跟踪问题等，根据实际项目开发经验，其主要功能需求如下：

（1）访问管理。
（2）系统管理。
（3）订单管理。
（4）调度管理。
（5）运力管理。
（6）财务管理。
（7）论坛管理。
（8）后台管理。
（9）终端管理等。如图 8.1 所示。

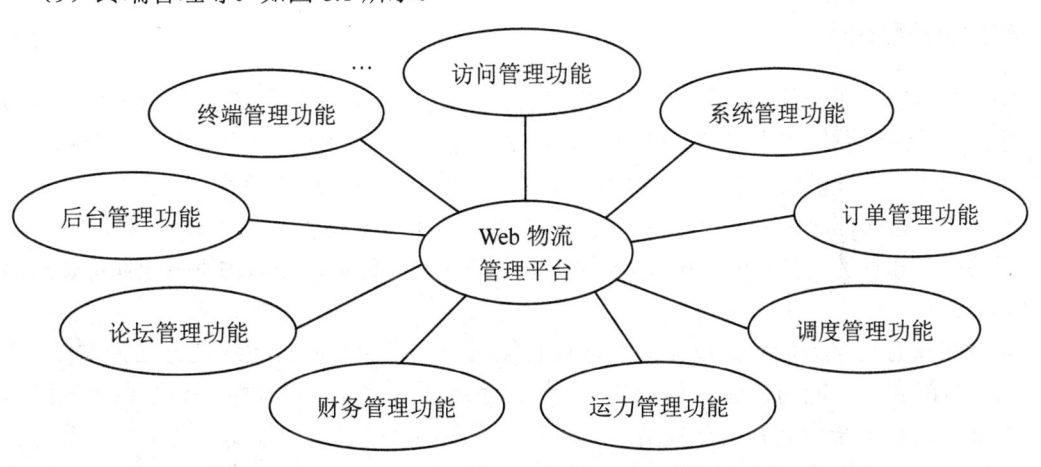

图 8.1　Web 物流管理平台的功能需求分析

从实际物流管理与 Web 管理的衔接来看，其接单到完成送货的 Web 管理流程如图 8.2 所示。

我们开发 Web 物流管理平台的思路是先设计订单管理模块，然后设计后台管理模块，在此基础上可以拓展功能，完善整个 Web 物流管理平台。

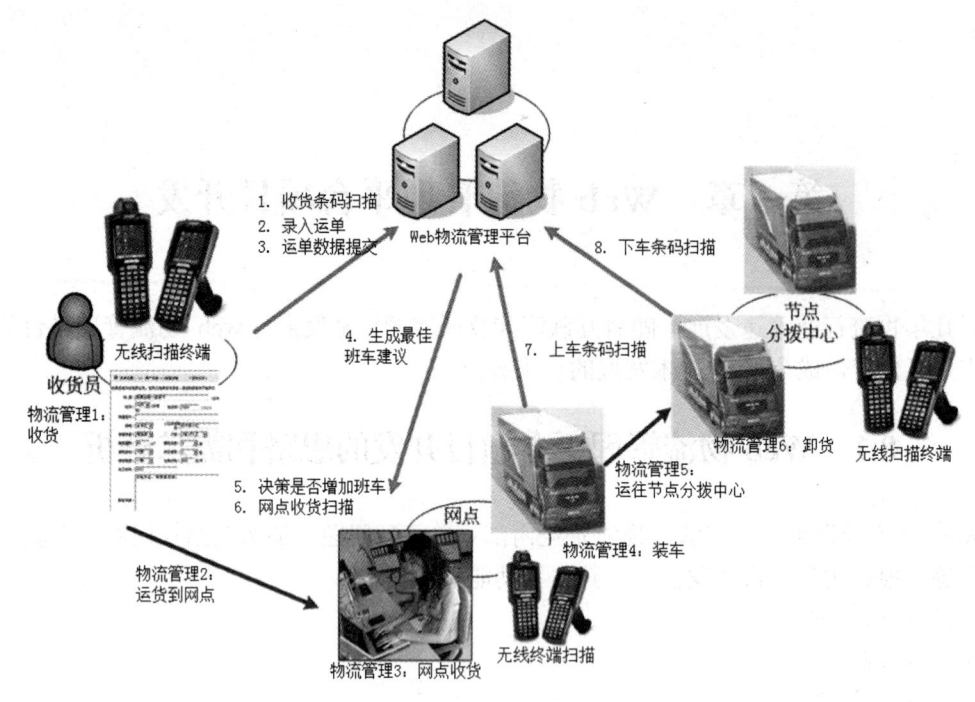

图 8.2　Web 物流管理平台的流程分析

8.2　Web 物流管理平台项目开发的系统设计

Web 物流管理平台项目开发的系统设计，仍然可以参考第 5 章所述的东华大学智能科学相关网络课程 Web 站点项目开发方法。

8.2.1　概要设计

Web 物流管理平台的站点是一种网络交互软件，此 Web 网站以 Web 物流管理方面的最新方法总结和系统研发成果为支撑。以物流企业 Web 管理平台为例，此系统提供了全面有效且简单易用的访问管理模块、系统管理模块、订单管理模块、调度管理模块、运力管理模块、财务管理模块、论坛管理模块、后台管理模块和终端管理模块。使用 Web 物流管理平台的站点，可以帮助用户和管理人员充分利用 Web 物流管理的便利和优势，提高物流企业业务管理的质量和效率。

Web 物流管理平台的站点以先进的现代智能网络技术和新的智能管理方法为支撑，不仅以高效、节能和多功能为目标，而且注重了软件系统的可靠性、实时性和操作界面友好等性能。Web 物流管理平台具有用户登录、取回密码、密码修改、访问控制、动态菜单管理、组织结构管理、人员管理、账号管理、角色管理、属性管理、快速下单、快速回单、订单查询、入库核对、城际配载、实发核对、城内派送、货损查询、班车管理、片区管理、车辆管理、预配管理、实发管理、外配查询、账单管理、计费设置、开账设置、资料下载、信息发布、论坛管理、最优路线推荐、预配载推荐、运输历史查询、计费、开账、终端管理等功能，如图 8.3 所示。

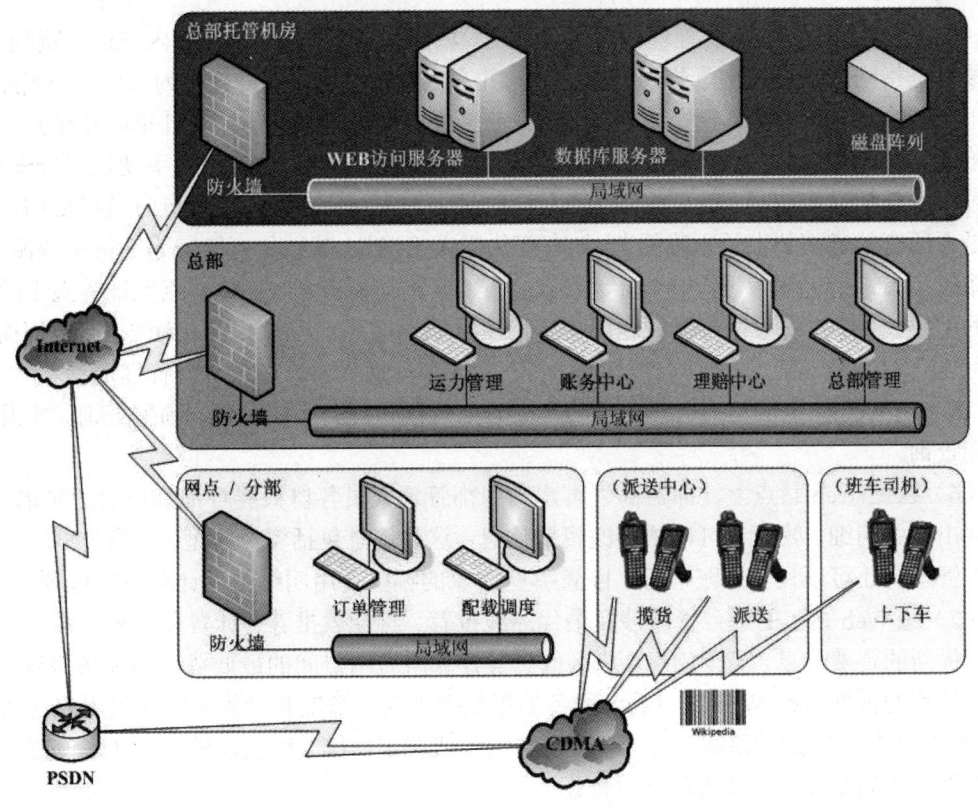

图 8.3　Web 物流管理平台的系统架构

8.2.2　详细设计

从目标功能的详细设计角度来看，Web 物流管理平台具备以下功能：

（1）此 Web 站点具有用户登录、取回密码、密码修改、访问控制和动态菜单管理等功能，可以建立多级别用户管理，让管理员可以动态设置用户权限。用户只能访问自己所属组织结构内的人员、车辆、网点等信息，所有用户都能访问订单信息。用户只能使用自己所配权限对应的菜单项，只能对自己权限对应的按钮进行操作。

（2）此 Web 站点支持多级组织结构的添加、删除和修改，层数不受限。分网点信息、承运商信息、公司客户信息区分对待管理。人员管理涉及员工信息、司机信息和客户信息，这些信息包括姓名、性别、所属组织、常用电话、备用电话、住址、信用、身份证号、身份证的签发机关、签发时间、有效期、地址、驾驶证信息等。

（3）此 Web 站点的订单管理包括快速下单、快速回单、订单查询、订单明细显示、审核订单、修改订单、作废订单、捡回订单和拆单管理。快速下单指简单快捷地录入订单信息，支持一个订单处理多个货品。快速回单是指货物送达后进行人工确认，保留签字信息，可上传回单凭证。订单的详细信息包括订单的基础信息、运输历史、资费情况、操作日志。审核订单是指审核复查订单信息是否正确，支持自动审核。修改的订单可以保留记录，未通过审核的订单可以删除。订单未能按计划完成且暂时无法明确其状态，可以作废，已作废的订单可以捡回。如果订单分车运输，则对应的运单进行拆单，需人工确认最佳的拆分订单方案。

（4）此 Web 站点的调度管理涉及入库核对、城际配载、实发核对、城内派送和货损查询。入库核对是指网点确认下车货物与订单一致，并人工确认，其结果可打印为入库单。城际配载是指干线运输管理，根据车辆空闲情况、班车设置情况、货物体积重量、订单起止地点等情况自动给出货与车的配载关系，需人工确认，其结果可打印为派车单。可以手动选择外配车辆，可同时录入外配详细信息。可以临时加车，同时录入加车详细信息。实发核对是指根据派车单确认是否所有的货都装上了正确的车，如有变化需人工确认，其结果可打印为交接单或派送单。城内派送是指末端运输管理，根据分部设置情况、货物体积重量、订单终点地址等人工给出货与车的配载关系。系统可以根据派送历史带出默认派送网点，其结果打印为派送单。货损查询是指可以查询停滞于某点过长时间的货，人工确认为货损状态，进入货损管理流程。

（5）此 Web 站点的运力管理包括班车管理、片区管理、车辆管理、预配查询、实发查询和外配查询。

（6）在此 Web 站点上，加盟商、客户、内部管理人员各自只能查询到自己的账单信息，并能列出相关明细。管理员可以增删改资费信息，这些信息包括资费类型、计费方式、计算公式等。管理员还可以设置开账信息，配置哪些对象的哪些费用明细合并计算成哪些项目。

（7）此 Web 站点的后台管理涉及最优路线推荐、预配载推荐、计费和开账。系统每天定时根据最新的资费信息、班车信息、片区信息等计算所有网点间的最低费用的 3 条路线，作为预配载推荐的依据。此 Web 站点后台服务器根据今天收货情况和最优路线建议用户使用哪些班车，根据货物实际走的路线、资费设置等自动生成费用明细。系统定时根据开账设置汇总出账单数据，作为各加盟商及内部结算依据。

（8）此 Web 站点的终端具备登录、登出、客户查询、订单查询、派车单查询、派送单查询、快速下单、占仓确认、入库核对、实发核对和快速回单等功能。此 Web 站点的终端优先考虑 CE 6.0 智能操作系统，支持 CDMA2000 EVDO、一维码、二维码、RFID 扫描、签名，满足工业级三防（IP54 或以上），要求高性能、速度快、稳定、不死机，优先考虑 Marvell、主频 520MHz 以上、内存 256M 以上、扩展支持 32G，还要求大尺寸彩色触屏、强光下可见，电池续航能力必须强（连续通信及扫描 5 小时以上，连续扫描 1000 次左右），支持短信功能，最好支持 GPS 或 GPSONE。

Web 物流管理平台站点是基于 Windows 操作系统或 Linux 操作系统、数据库（Access、MySQL、SQL Server、Oracle 等都是可用的）开发的，任何安装了数据库的服务器均可以安装和部署 Web 物流管理平台站点。为保证 Web 站点流畅运行，推荐如下软硬件环境：

（1）Web 站点运行的硬件环境。

计算机 CPU 推荐为 Intel 或其兼容机主频 1.00 GHz 或更高主频，内存(RAM)推荐为 128MB 及以上，硬盘最低要求为 1GB 及以上。

（2）Web 站点运行的软件环境。

Web 站点运行的服务器操作系统推荐为 Windows 系列或 Linux 系列，其数据库环境推荐为 Access、MySQL、SQL Server、Oracle 等。

和智能科学相关网络课程 Web 站点的数据库设计类似，Web 物流管理平台的 SQL Server 2008 数据库使用 JDBC 进行直接的数据库连接。由于项目模块较多、较复杂，主要编程方法与前面章节类似，本章主要介绍此 Web 平台的设计思路和界面功能。

8.3 用户访问管理模块的设计

为了测试和演示 Web 物流管理平台的编程设计方法，先用 Java、JSP 高级编程技术设计了 Web 物流管理平台的用户访问管理模块。

8.3.1 功能设计

用户访问管理模块用来让用户登录登出，允许用户修改密码，对用户的访问权限进行控制，实现动态菜单。

首先呈现给用户的是 Web 物流管理平台首页，如图 8.4 所示。用户可以用自己的用户名和密码登录到 Web 物流管理平台，使用对应的权限，通过相应的菜单进行管理。

图 8.4　Web 物流管理系统站点首页

8.3.2 用户的登录、登出和修改密码

为了实现物流企业的 Web 物流业务管理，先要实现用户的登录。如果用户未输入用户名就提交，平台将提示用户，如图 8.5 所示。当用户未输入密码时，平台也会提示用户，如图 8.6 所示。

图 8.5　登录 JSP 程序提示用户输入用户名

图 8.6　登录 JSP 程序提示用户输入密码

首页登录程序 index.jsp 让用户填写用户名和密码的表单，提交给平台主页面程序 mainFrm.jsp，index.jsp 程序的源代码如下：

```jsp
<%@page contentType="text/html;charset=UTF-8" language="Java" %>
<%@ page import="java.sql.*"%>
<%
//index.jsp 文件
```

```
try
{
    Class.forName("sun.jdbc.odbc.JdbcOdbcDriver");
    //加载驱动程序
}
catch(ClassNotFoundException e)
{
    out.println(e.toString());
}
%>
<html>
<head>
<META http-equiv=Content-Type content="text/html; charset=utf-8">
<title>Web 物流管理平台</title>
<LINK href="css/login.css" type=text/css rel=stylesheet>
<STYLE>
TD { FONT-SIZE: 9pt; FONT-FAMILY: 宋体}
A { TEXT-DECORATION: none}
A:hover { COLOR: #cc0000; TEXT-DECORATION: underline}
.botton { BORDER-RIGHT: 1px inset; BORDER-TOP: 1px inset; FONT-SIZE: 9pt; BORDER-LEFT: 1px inset; BORDER-BOTTOM: 1px inset; HEIGHT: 14pt}
.botton2 { BORDER-RIGHT: 1px ridge; BORDER-TOP: #ffffff 1px ridge; FONT-SIZE: 9pt; BORDER-LEFT: #ffffff 1px ridge; COLOR: #333333; BORDER-BOTTOM: 1px ridge; HEIGHT: 14pt; BACKGROUND-COLOR: #cccccc}
INPUT { BORDER-TOP-WIDTH: 1px; PADDING-RIGHT: 1px; PADDING-LEFT: 1px; BORDER-LEFT-WIDTH: 1px; FONT-SIZE: 9pt; BORDER-LEFT-COLOR: #cccccc; BORDER-BOTTOM-WIDTH: 1px; BORDER-BOTTOM-COLOR: #cccccc; PADDING-BOTTOM: 1px; BORDER-TOP-COLOR: #cccccc; PADDING-TOP: 1px; HEIGHT: 20px; BORDER-RIGHT-WIDTH: 1px; BORDER-RIGHT-COLOR: #cccccc}
.btn_log {
    BORDER-TOP-WIDTH: 0px;
    FONT-WEIGHT: bold;
    BORDER-LEFT-WIDTH: 0px;
    BACKGROUND-IMAGE: url(images/btn_log.gif);
    BORDER-BOTTOM-WIDTH: 0px;
    WIDTH: 56px;
    CURSOR: pointer;
    COLOR: #fff;
    PADDING-TOP: 3px;
    HEIGHT: 24px;
    BORDER-RIGHT-WIDTH: 0px
}
.btn_cancel {
    BORDER-TOP-WIDTH: 0px;
    FONT-WEIGHT: bold;
    BORDER-LEFT-WIDTH: 0px;
    BACKGROUND-IMAGE: url(images/btn_cancel.gif);
```

```
        BORDER-BOTTOM-WIDTH: 0px;
        WIDTH: 56px;
        CURSOR: pointer;
        COLOR: #fff;
        PADDING-TOP: 3px;
        HEIGHT: 24px;
        BORDER-RIGHT-WIDTH: 0px
}
</STYLE>
</HEAD>
<BODY leftMargin=0 topMargin=0 bgcolor="#5476B6" onload="fly()" style="overflow-x:
        hidden;overflow-y:hidden;">
<SCRIPT language=JavaScript>
<!--
SmallStars = 20;
LargeStars = 5;
SmallYpos = new Array();
SmallXpos = new Array();
LargeYpos = new Array();
LargeXpos = new Array();
Smallspeed= new Array();
Largespeed= new Array();
ns=(document.layers)?1:0;
if (ns) {
    for (i = 0; i < SmallStars; i++) {
        document.write("<LAYER NAME='sn"+i+"' LEFT=0 TOP=0 BGCOLOR='#FFFFF0' CLIP='0,0,1,1'>
            </LAYER>")
    }
    for (i = 0; i < LargeStars; i++) {
        document.write("<LAYER NAME='ln"+i+"' LEFT=0 TOP=0 BGCOLOR='#FFFFFF' CLIP='0,0,2,2'>
            </LAYER>")
    }
}
else {
    document.write('<div style="position:absolute;top:0px;left:0px">');
    document.write('<div style="position:relative">');
    for (i = 0; i < SmallStars; i++) {
        document.write('<div id="si" style="position:absolute;top:0;left:0;width:1px;height:1px;
background:#fffff0;font-size:1px"></div>')
    }
document.write('</div>');
document.write('</div>');
document.write('<div style="position:absolute;top:0px;left:0px">');
document.write('<div style="position:relative">');
for (i = 0; i < LargeStars; i++) {
    document.write('<div id="li" style="position:absolute;top:0;left:0;width:2px;height:2px;
```

```
        background:#ffffff;font-size:2px"></div>')
    }
    document.write('</div>');
    document.write('</div>');
}
WinHeight=(document.layers)?window.innerHeight:window.document.body.clientHeight;
WinWidth=(document.layers)?window.innerWidth:window.document.body.clientWidth;
//Inital placement!
for (i=0; i < SmallStars; i++) {
    SmallYpos[i] = Math.round(Math.random()*WinHeight);
    SmallXpos[i] = Math.round(Math.random()*WinWidth);
    Smallspeed[i]= Math.random()*5+1;
}
for (i=0; i < LargeStars; i++) {
    LargeYpos[i] = Math.round(Math.random()*WinHeight);
    LargeXpos[i] = Math.round(Math.random()*WinWidth);
    Largespeed[i]= Math.random()*10+5;
}
function fly() {
    var WinHeight=(document.layers)?window.innerHeight:
            window.document.body.clientHeight;
    var WinWidth=(document.layers)?window.innerWidth:
            window.document.body.clientWidth;
    var hscrll=(document.layers)?window.pageYOffset:document.body.scrollTop;
    var wscrll=(document.layers)?window.pageXOffset:document.body.scrollLeft;
    for (i=0; i < LargeStars; i++)
    {
        LargeXpos[i]-=Largespeed[i];
        if (LargeXpos[i] < -10) {
            LargeXpos[i]=WinWidth;
            LargeYpos[i]=Math.round(Math.random()*WinHeight);
            Largespeed[i]=Math.random()*10+5;
        }
        if(ns) {
            document.layers['ln'+i].left=LargeXpos[i];
            document.layers['ln'+i].top=LargeYpos[i]+hscrll;
        }
        else {
            li[i].style.pixelLeft=LargeXpos[i];
            li[i].style.pixelTop=LargeYpos[i]+hscrll;
        }
    }
    for (i=0; i < SmallStars; i++) {
        SmallXpos[i]-=Smallspeed[i];
        if (SmallXpos[i] < -10) {
            SmallXpos[i]=WinWidth;
```

```
          SmallYpos[i]=Math.round(Math.random()*WinHeight);
          Smallspeed[i]=Math.random()*5+1;
       }
       if(ns) {
          document.layers['sn'+i].left=SmallXpos[i];
          document.layers['sn'+i].top=SmallYpos[i]+hscrll;
       }
       else {
          si[i].style.pixelLeft=SmallXpos[i];
          si[i].style.pixelTop=SmallYpos[i]+hscrll;
       }
    }
    setTimeout('fly()',10);
}
//-->
</SCRIPT>
<FORM NAME=logFrm id=logFrm METHOD=post ACTION="mainFrm.jsp">
<TABLE align="center" cellSpacing=0 cellPadding=0 width="100%" height="100%" border=0>
<tr valign=middle>
<td>
<TABLE align="center" cellSpacing=0 cellPadding=0 width="1000" height="571" border=0
       background="images/login.jpg">
  <TBODY>
   <TR>
     <TD width="100%" colspan=3 height=350></TD>
   </TR>
   <TR>
     <TD width="33%"    height=21>  </TD>
     <TD width="30%"    height=21>  </TD>
     <TD align=middle width="37%" height=21>
       <P align=left>  用户名 <INPUT TYPE="text" id="username" name="username"
         value="" maxlength=12 style="width: 130px"></P>
     </TD>
   </TR>
   <TR>
     <TD width="33%" height=22></TD>
     <TD width="30%" height=22></TD>
     <TD align=middle width="37%" height=22>
       <P align=left>  密  码 <INPUT TYPE="password" id="password"
         name="password" value="" maxlength=12 style="width: 130px"></P>
     </TD>
   </TR>
   <TR>
     <TD width="33%" height=44></TD>
     <TD width="30%"    height=44>  </TD>
     <TD width="37%" height=44>
```

```html
        <input type="button" class="btn_log" onclick="return checklogin()"> <input type="button"
          class="btn_cancel"><div id="loginmsg"></div>
      </TD>
    <TR>
      <TD width="33%" height=63>  </TD>
      <TD width="30%" height=63>  </TD>
      <TD width="37%" height=63></TD>
    </TR>
  </TBODY>
</TABLE>
</td>
</tr>
</table>
</FORM>
<script type="text/javascript">
  function checklogin() {
    document.getElementById("loginmsg").innerHTML="";
    if(document.getElementById("username").value=="") {
      document.getElementById("loginmsg").innerHTML="<font color='red'><b>请输入用户名！</b></font>";
      document.getElementById("username").focus();
      return false;
    } else {
```
```jsp
<%
  try
  {
    Connection con = DriverManager.getConnection("jdbc:odbc:WTMSDB", "", "");
    Statement stmt = con.createStatement();
    ResultSet rs=stmt.executeQuery("SELECT * FROM users");
    while(rs.next()) {
      String ustr=rs.getString("username");
      ustr=ustr.trim();
      String pstr=rs.getString("password");
      pstr=pstr.trim();
%>
      if(document.getElementById("username").value=="<%=ustr%>" &&
        document.getElementById("password").value=="<%=pstr%>") {
        document.getElementById("logFrm").submit();
        return true;
      }
<%
    }
    rs.close();
  }
  catch(SQLException se) {
    out.println(se.toString());
  }
```

```
%>
    }
    if(document.getElementById("password").value=="") {
      document.getElementById("loginmsg").innerHTML="<font color='red'><b>请输入密码！</b></font>";
      document.getElementById("password").focus();
      return false;
    }
    document.getElementById("loginmsg").innerHTML="<font color='red'><b>输入的用户名或密码错误！
      </b></font>";
    document.getElementById("username").value="";
    document.getElementById("password").value="";
    document.getElementById("username").focus();
    return false;
  }
</script>
</BODY>
</HTML>
```

当用户输入的用户名与密码不匹配时，JavaScript 函数 checklogin()会显示提示，如图 8.7 所示。当用户输入了正确的用户名和密码，就会登录进入 Web 物流管理平台的主页面。

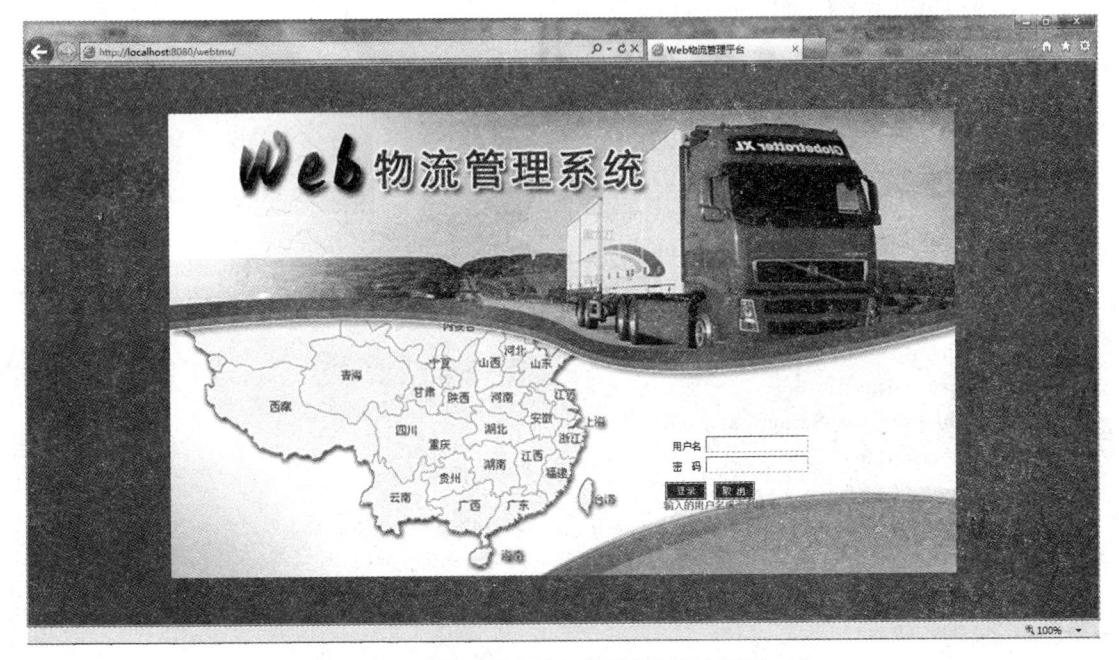

图 8.7 平台提示用户输入的用户名和密码不一致

8.3.3 用户访问控制和动态菜单设计

用户访问控制主要体现在有权限限制的菜单项和命令项的显示和使用上，例如最高管理员 admin 可以看到并使用所有菜单，如图 8.8 所示。

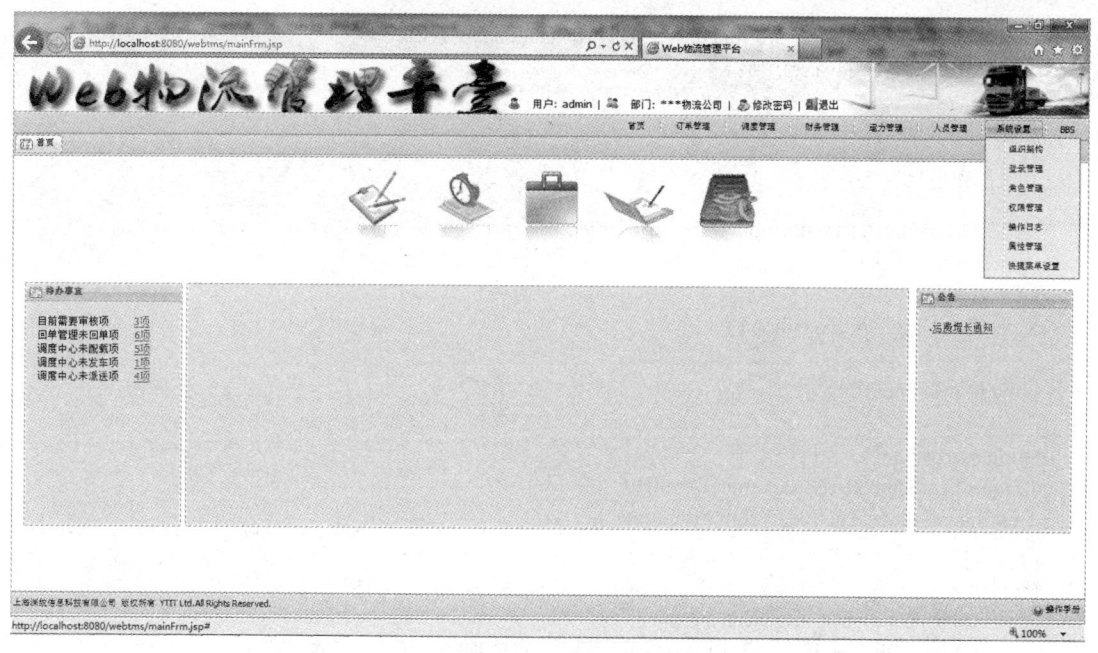

图 8.8　admin 用户能使用所有菜单

　　admin 用户能访问所有的菜单，包括订单管理、调度管理、财务管理、运力管理、人员管理、系统设置，其中系统设置具有组织架构、登录管理、角色管理、权限管理、操作日志、属性管理和快捷菜单设置等高级管理功能。而其他用户没有这些权限，不能使用这些菜单。例如，订单服务员 saleman1 只能访问订单管理菜单和 BBS，如图 8.9 所示。

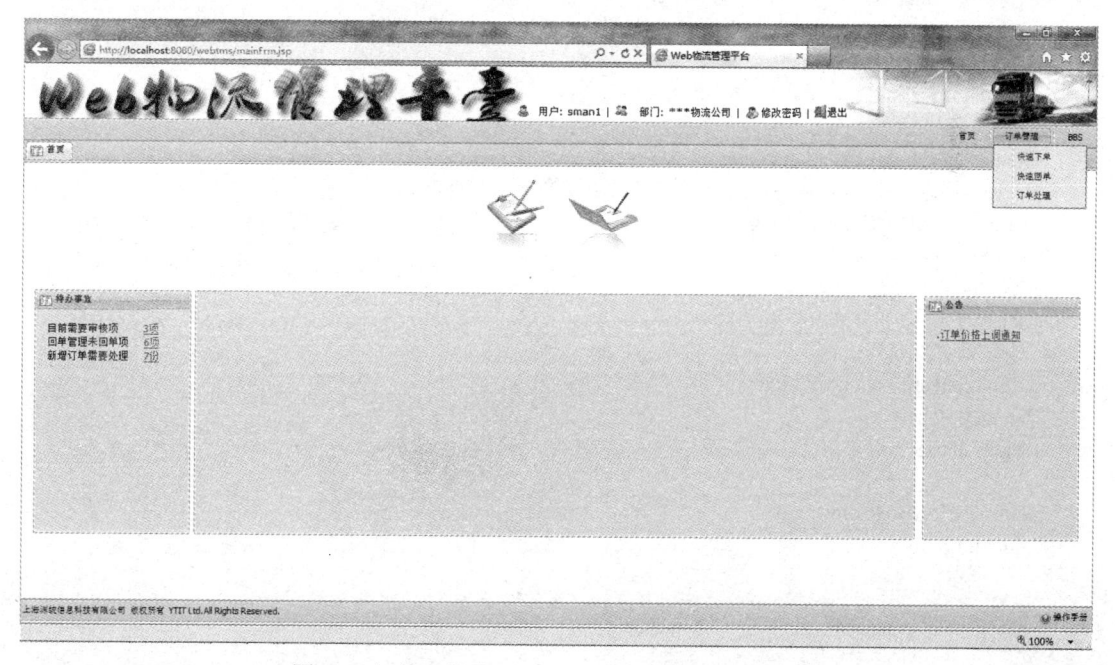

图 8.9　订单服务员 saleman1 只能使用订单管理菜单

　　用户访问控制是通过 JSP、JavaBean 和 EXT2.0 技术编程实现的，其 JSP 例子的源代码如下：

237

```jsp
<%@page contentType="text/html;charset=UTF-8" language="Java" %>
<%@ page import="java.sql.*"%>
<%
//index.jsp 文件
try
{
    Class.forName("sun.jdbc.odbc.JdbcOdbcDriver");
    //加载驱动程序
}
catch(ClassNotFoundException e)
{
    out.println(e.toString());
}
String username="";
if(request.getParameter("username")!=null) {
    username=request.getParameter("username");
}
else {
        %>
        <meta http-equiv="Refresh" content="0;url=index.jsp">
        <%
}
%>
<html>
<head>
<meta http-equiv="Content-Type" content="text/html; charset=utf-8">
<style type="text/css">
.multipleSelectBoxControl span {
/* Labels above select boxes*/
    font-family:arial;
    font-size:11px;
    font-weight:bold;
}
.multipleSelectBoxControl div select {
/* Select    box layout */
    font-family:arial;
    height:100%;
}
.multipleSelectBoxControl input {
/* Small butons */
    width:25px;
}
.multipleSelectBoxControl div {
    float:left;
}
</style>
<title>Web 物流管理平台</title>
<!-- ------------- 2.0-->
<link rel="stylesheet" type="text/css" href="js/resources/css/ext-all.css" />
  <link rel="stylesheet" type="text/css" href="js/resources/css/xtheme-slate.css" />
```

```jsp
<script type="text/javascript" src="js/adapter/ext/ext-base.js"></script>
<link rel="stylesheet" type="text/css" href="css/tabs-example.css" />
<script type="text/javascript" src="js/ext-all.js"></script>
<!-- forum.js 主界面菜单头 -->
<%
if(username.equals("admin")) {
%>
<script type="text/javascript" src="js/forum.js"></script>
<%
}
else if(username.equals("sman1")){
%>
<script type="text/javascript" src="js/forum6.js"></script>
<%
}
%>
<link rel="stylesheet" type="text/css" href="css/examples.css" />
<link rel="stylesheet" type="text/css" href="css/Multiselect.css" />
<script type="text/javascript" src="js/states.js"></script>
<script type="text/javascript" src="js/Multiselect.js"></script>
<script type="text/javascript" src="js/DDView.js"></script>
<script type="text/javascript" src="js/newWin.js"></script>
<link rel="stylesheet" type="text/css" href="css/forum.css" />
<link rel="stylesheet" type="text/css" href="css/grid-examples.css" />
<script type="text/javascript" src="js/TabCloseMenu.js"></script>
<script type="text/javascript" src="js/examples.js"></script>
<script type="text/javascript" src="js/restpwd_frm.js"></script>
<script type="text/javascript" src="js/permissions_frm.js"></script>
<script type="text/javascript" src="js/role_frm.js"></script>
<script type="text/javascript" src="js/staff_frm.js"></script>
<script type="text/javascript" src="js/area_frm.js"></script>
<script type="text/javascript" src="js/net_frm.js"></script>
<!-- welcome.js 主界面其余信息显示 -->
<%
if(username.equals("admin")) {
%>
<script type="text/javascript" src="js/welcome.js"></script>
<%
}
else if(username.equals("sman1")){
%>
<script type="text/javascript" src="js/welcome6.js"></script>
<%
}
%>
<script type="text/javascript" src="order/Order_shFrm.js"></script>
<script type="text/javascript" src="order/Order_cdFrm.js"></script>
<script type="text/javascript" src="order/RowExpander.js"></script>
<script type="text/javascript" src="dispatch/stowage.js"></script>
<script type="text/javascript" src="dispatch/delivery.js"></script>
```

```html
<script type="text/javascript" src="dispatch/shifa.js"></script>
<script type="text/javascript" src="staff/staff_yg.js"></script>
<script type="text/javascript" src="staff/driver.js"></script>
<script type="text/javascript" src="staff/customer.js"></script>
<script type="text/javascript" src="staff/branch.js"></script>
<script type="text/javascript" src="staff/operators.js"></script>
<script type="text/javascript" src="finance/mybill.js"></script>
<script type="text/javascript" src="dispatch/storage.js"></script>
<script type="text/javascript" src="dispatch/quick_return.js"></script>
<script type="text/javascript" src="capacity/vehicles.js"></script>
<script type="text/javascript" src="capacity/shuttle.js"></script>
<script type="text/javascript" src="capacity/charges.js"></script>
<script type="text/javascript" src="capacity/outside.js"></script>
<script type="text/javascript" src="order/goods.js"></script>
<script type="text/javascript" src="finance/bill_set.js"></script>
<script type="text/javascript">
<!-- 鱼眼动态显示实现 -->
</script>
<script type="text/javascript">
$(document).ready(
    function() {
        $('#dock').Fisheye({
            maxWidth: 110,
            items: 'a',
            itemsText: 'span',
            container: '.dock-container',
            itemWidth: 110,
            proximity: 90,
            halign : 'center'
        })
    }
);
</script>
<style type="text/css">
html, body {
    font: 11px Arial, Helvetica, sans-serif;
    background: #ffffff url(/img/main-bg.gif);
    padding: 0;
    margin: 0;
    border:0 none;
    overflow:hidden;
    height:100%;
}
img {
    border: none;
}
/* dock - top */
.dock {
    position: relative;
    height: 80px;
```

```css
    text-align: center;
}
.dock-container {
    position: absolute;
    height: 70px;
    background: url(img/dock-bg2.gif);
    padding-left: 20px;
}
a.dock-item {
    display: block;
    width: 60px;
    color: #000;
    position: absolute;
    top: 0px;
    text-align: center;
    text-decoration: none;
    font: bold 12px Arial, Helvetica, sans-serif;
}
.dock-item img {
    border: none;
    margin: 5px 10px 0px;
    width: 100%;
}
.dock-item span {
    display: none;
    padding-left: 20px;
}
/* dock2 - bottom */
#dock2 {
    width: 100%;
    bottom: 0px;
    position: absolute;
    left: 0px;
}
.dock-container2 {
    position: absolute;
    height: 80px;
    background: url(/img/dock-bg.gif);
    padding-left: 20px;
}
a.dock-item2 {
    display: block;
    font: bold 12px Arial, Helvetica, sans-serif;
    width: 80px;
    color: #000;
    bottom: 0px;
    position: absolute;
    text-align: center;
    text-decoration: none;
}
```

```css
.dock-item2 span {
    display: none;
    padding-left: 20px;
}
.dock-item2 img {
    border: none;
    margin: 5px 10px 0px;
    width: 100%;
}
.mylabel {
    font-size: 1px
}
#all {
    height: 40%;
    width: 100%;
    margin-right: auto;
    margin-left: auto;
    filter:alpha(opacity=100);
    right: 320;
    top: 0;
    position:absolute;
}
#user_w {
    height: 40%;
    width: 30%;
    margin-right: auto;
    margin-left: auto;
    filter:alpha(opacity=100);
    right: 295;
    top: 35;
    position:absolute;
}
#dep_w {
    height: 40%;
    width: 30%;
    margin-right: auto;
    margin-left: auto;
    filter:alpha(opacity=100);
    right: 131;
    top: 35;
    position:absolute;
}
#dep{
    height: 10;
    width: 10;
    margin-right: auto;
    margin-left: auto;
    filter:alpha(opacity=100);
    right: 278;
    top: 45;
```

```css
    position:absolute;
}
#pwd_w {
    height: 40%;
    width: 30%;
    margin-right: auto;
    margin-left: auto;
    filter:alpha(opacity=100);
    right: 42;
    top: 35;
    position:absolute;
}
#pwd {
    height: 10;
    width: 10;
    margin-right: auto;
    margin-left: auto;
    filter:alpha(opacity=100);
    right: 114;
    top: 45;
    position:absolute;
}
#out_w {
    height: 40%;
    width: 30%;
    margin-right: auto;
    margin-left: auto;
    filter:alpha(opacity=100);
    right: 0;
    top: 35;
    position:absolute;
}
#out {
    height: 10;
    width: 10;
    margin-right: auto;
    margin-left: auto;
    filter:alpha(opacity=100);
    right: 25;
    top: 43;
    position:absolute;
}
#user {
    height: 10;
    width: 10;
    margin-right: auto;
    margin-left: auto;
    filter:alpha(opacity=100);
    right: 402;
    top: 46;
```

```css
      position:absolute;
}
.settings {
      background-image:url(images/fam/folder_wrench.png) !important;
}
.nemus {
      font:normal 12px verdana;
      margin:0;
      padding:0;
      border:0 none;
      overflow:hidden;
      height:100%;
}
.nav {
      background-image:url(images/fam/folder_go.png) !important;
}
#snap {
      border:1px solid #c3daf9;
      overflow:hidden;
}
```
```html
</style>
<script type="text/javascript">
function MM_displayStatusMsg(msgStr) { //v5.0
      status=msgStr;
      document.MM_returnValue = true;
}
</script>
</head>
<body  onload="MM_displayStatusMsg('欢迎登录 Web 物流管理平台　当前用户：<%=username%>　部门：物流公司'); document.getElementById('usernamespan').innerHTML='<%=username%>'; return document.MM_returnValue">
<div id="tree-div"></div>
<div id="header" style="height: 11%;width: 100%" >
</div>
<div id="tabpanel"></div>
<div id="footer" ></div>
</body>
</html>
```

admin 用户能查看的全部菜单功能是通过 EXT2.0 程序 forum.js 和 welcome.js 实现的，其中 welcome.js 程序的源代码如下：

```javascript
function getWelcome() {
    var tools = [{
        id:'gear',
        handler: function() {
            Ext.Msg.alert('Message', 'This function need to be modified.');
        }
    },{
        id:'close',
        handler: function(e, target, panel) {
            panel.ownerCt.remove(panel, true);
```

```
        }
    }];
    var welcomePanel    = new Ext.Panel({
        title: '首页',
        iconCls: 'tabs',
        closable: false,
        layout:'table',
        layoutConfig: {columns:3},
        defaults: {frame:true, width:400, height: 300},
        html:'<div class="dock" id="dock"><div class="dock-container"><a class="dock-item" href="#" ><img src="img/ksxd.png" title="快速下单" onclick="showMessages(\'快速下单\',\'order/quick_order.jsp\',\'ksxd\')" style="cursor:pointer;"/><span>快速下单</span></a><a class="dock-item" href="#"><img src="img/pzjh.png" alt="配载计划" onclick="showMessages(\'配载计划\',\'dispatch/stowage_plan.jsp\',\'pzjh\')" style="cursor:pointer;"/><span>配载计划</span></a><a class="dock-item" href="#"><img src="img/portfolio.png" title="派送计划" onclick="showMessages(\'派送计划\',\'dispatch/delivery_plan.jsp\',\'psjh\')" style="cursor:pointer;"/><span>派送计划</span></a><a class="dock-item" href="#"><img src="img/kshd.png" title="快速回单" onclick="showMessages(\'快速回单\',\'dispatch/quick_return.jsp\',\'kshd\')" style="cursor:pointer;"/><span>快速回单</span></a><a class="dock-item" href="#"><img src="img/wdzd.png" title="我的账单" onclick="showMessages(\'我的账单\',\'finance/my_bill.jsp\',\'wdzd\')" style="cursor:pointer;"/><span>我的账单</span></a></div></div><br><br><br><br>',
        items:[{
            title:'待办事宜',
            style:'margin: 5px;',
            iconCls: 'tabs',
            width:200, height: 300,
            html:'<font size="2">目前需要审核项       <a href="#">3 项</a><br>回单管理未回单项     <a href="#">6 项</a><br>调度中心未配载项     <a href="#">5 项</a><br>调度中心未发车项     <a href="#">1 项</a><br>调度中心未派送项     <a href="#">4 项</a></font>'
        },{
            width:document.body.scrollWidth-450
        },{
            title:'公告',
            style:'margin: 10px;',
            width:200, height: 300,
            html:'<font size="2px">.<a href="#">运费增长通知</a></font>',
            iconCls: 'tabs'
        }]
    });
    return    welcomePanel;
}
function showMessages(title,url,type) {
    if(!parent.addTab(title,url,type)) {
        parent.tabs.items.each(function(item) {
            if(item.title==title) {
                item.show();
            }
        });
    }
}
```

Admin 用户不仅可以使用所有菜单功能,还在主页显示了 5 个可用的图片导航,分别负责快速下单、配载计划、派送计划、快速回单和我的账单管理,如图 8.10 所示。

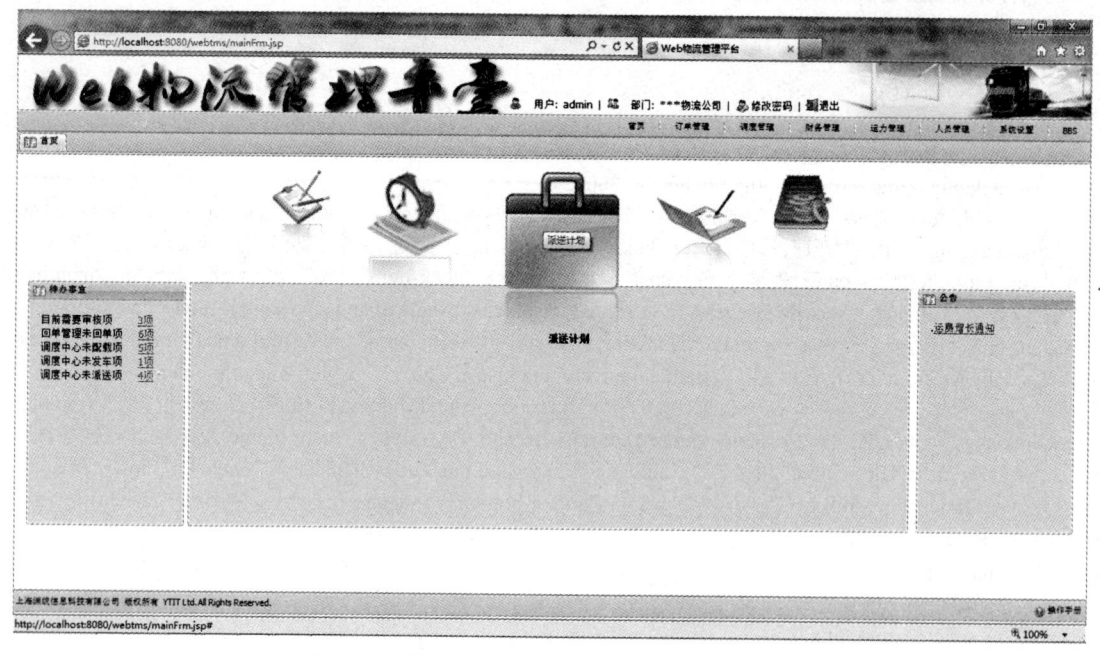

图 8.10　管理员 admin 可以使用 5 个图片导航

而销售员 sman1 只能使用 2 个图片导航,限于订单处理范畴,如图 8.11 所示。

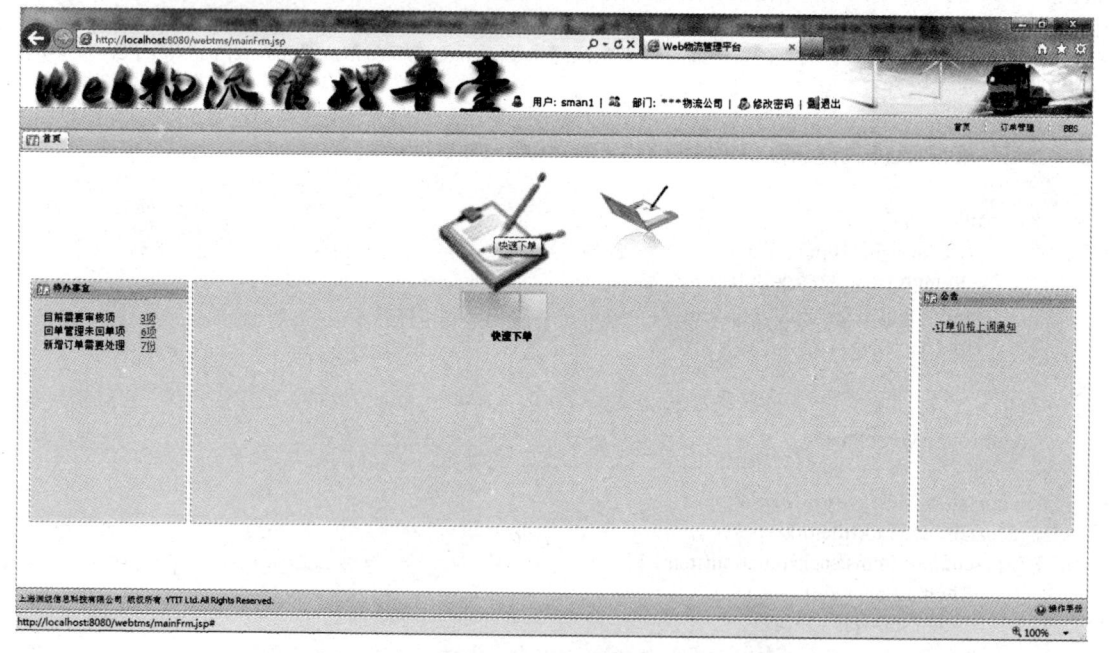

图 8.11　销售员 sman1 只能使用 2 个图片导航

这些功能是通过 EXT2.0 程序 forum6.js 和 welcome6.js 实现的,其中 welcome6.js 程序的

源代码如下：

```javascript
function getWelcome() {
    var tools = [{
        id:'gear',
        handler: function() {
            Ext.Msg.alert('Message', 'This function need to be modified.');
        }
    },{
        id:'close',
        handler: function(e, target, panel) {
            panel.ownerCt.remove(panel, true);
        }
    }];
    var welcomePanel   = new Ext.Panel({
        title: '首页',
        iconCls: 'tabs',
        closable: false,
        layout:'table',
        layoutConfig: {columns:3},
        defaults: {frame:true, width:400, height: 300},
        html:'<div class="dock" id="dock"><div class="dock-container"><a class="dock-item" href="#" ><img src="img/ksxd.png"  title=" 快速下单 "   onclick="showMessages(\'快速下单\',\'order/quick_order.jsp\',\'ksxd\')" style="cursor:pointer;"/><span>快速下单</span></a><a class="dock-item" href="#"><img src="img/kshd.png" title=" 快 速 回 单 "  onclick="showMessages(\' 快 速 回 单 \',\'dispatch/quick_return.jsp\',\'kshd\')"    style="cursor:pointer;"/><span>快速回单</span></a></div></div><br><br><br><br>',
        items:[{
            title:'待办事宜',
            style:'margin: 5px;',
            iconCls: 'tabs',
            width:200, height: 300,
            html:'<font size="2">目前需要审核项       <a href="#">3 项</a><br>回单管理未回单项     <a href="#">6 项</a><br>新增订单需要处理     <a href="#">7 份</a></font>'
        },{
            width:document.body.scrollWidth-450
        },{
            title:'公告',
            style:'margin: 10px;',
            width:200, height: 300,
            html:'<font size="2px">.<a href="#">订单价格上调通知</a></font>',
            iconCls: 'tabs'
        }]
    });
    return   welcomePanel;
}
function showMessages(title,url,type) {
```

```
        if(!parent.addTab(title,url,type)) {
            parent.tabs.items.each(function(item) {
                if(item.title==title) {
                    item.show();
                }
            });
        }
    }
```

8.4 订单管理模块的设计

订单有下单、审核、运输、送达、作废和货损 6 个状态。如果一单多货且货物状态不一致，以所有货物上述状态顺序中最前面的一个状态作为整张订单的状态。如果订单状态无法确认，可由管理员置为作废状态。如果订单停滞在某节点过长时间，就通过人工确认变为货损状态，也可由系统管理员置为作废状态。订单的管理操作涉及数据的添加、修改、删除和查询，可以用第 5 章和第 6 章中类似的信息管理 JSP 程序实现。

8.4.1 功能设计

在正常情况下，揽收员提交订单后为下单，网点审核通过后为审核状态，网点配载后为运输状态，派送员送达客户签收后为送达状态，如图 8.12 所示。

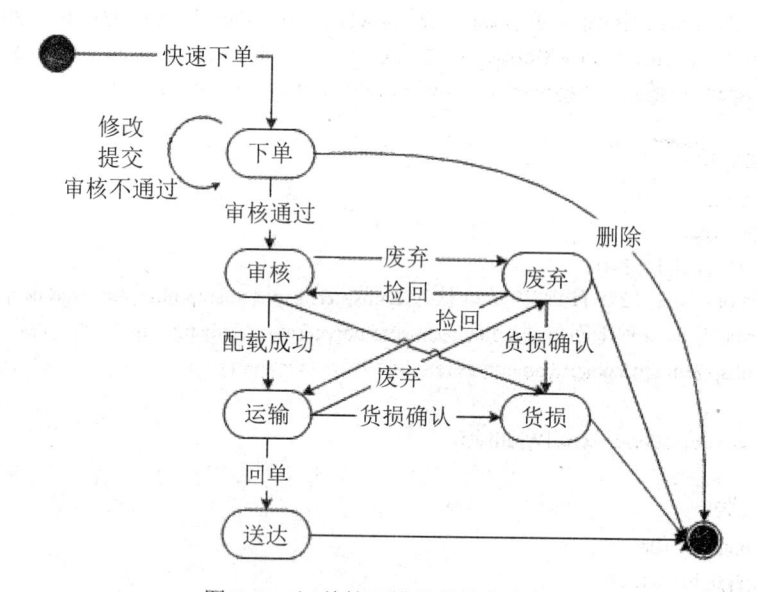

图 8.12 订单管理模块的状态变换

快速下单可以采用手持终端扫描录入和电脑 Web 录入两种方式，使用了【快速下单】、【修改】、【作废】、【删除】等功能控件，如图 8.13 所示。单击【快速下单】菜单项，弹出新订单的信息窗口，输入订单的基本信息和货物信息，如图 8.14 所示。单击【修改】按钮，弹出修改界面，对录入状态的单据进行修改。选中指定的订单，单击【删除】按钮，可以删除该订单。在揽货时，通过手持终端输入（或模糊查询）客户信息、收货人、目的地、一件或多件货物名称、重量、体积费用等信息，上传服务器或暂存手持终端中，可打印条码。

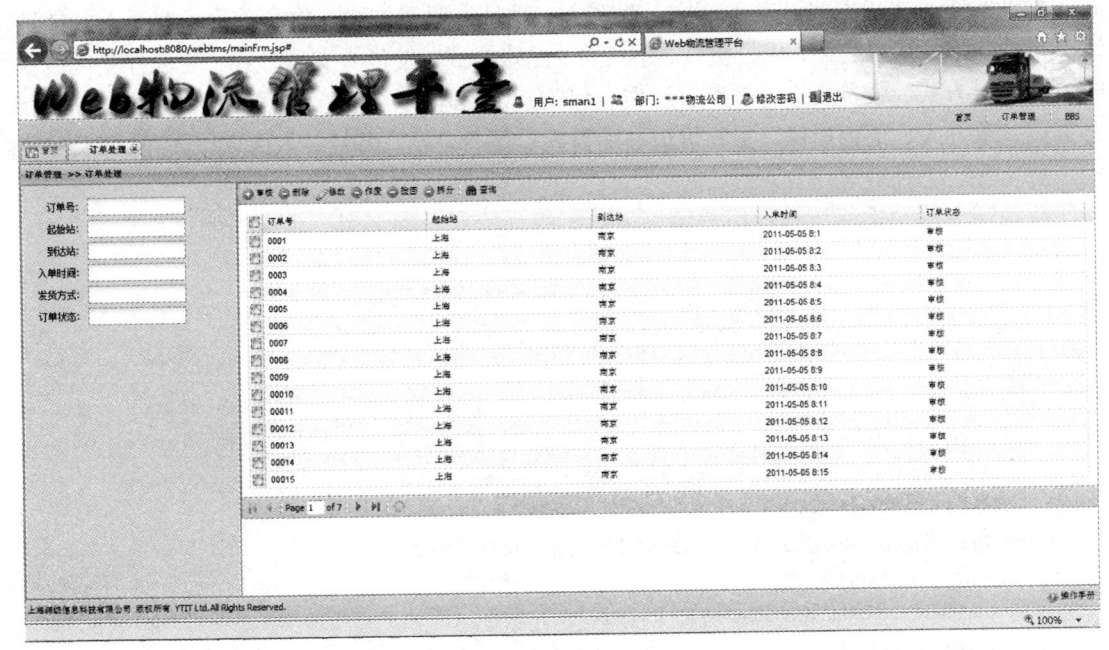

图 8.13　订单处理窗口

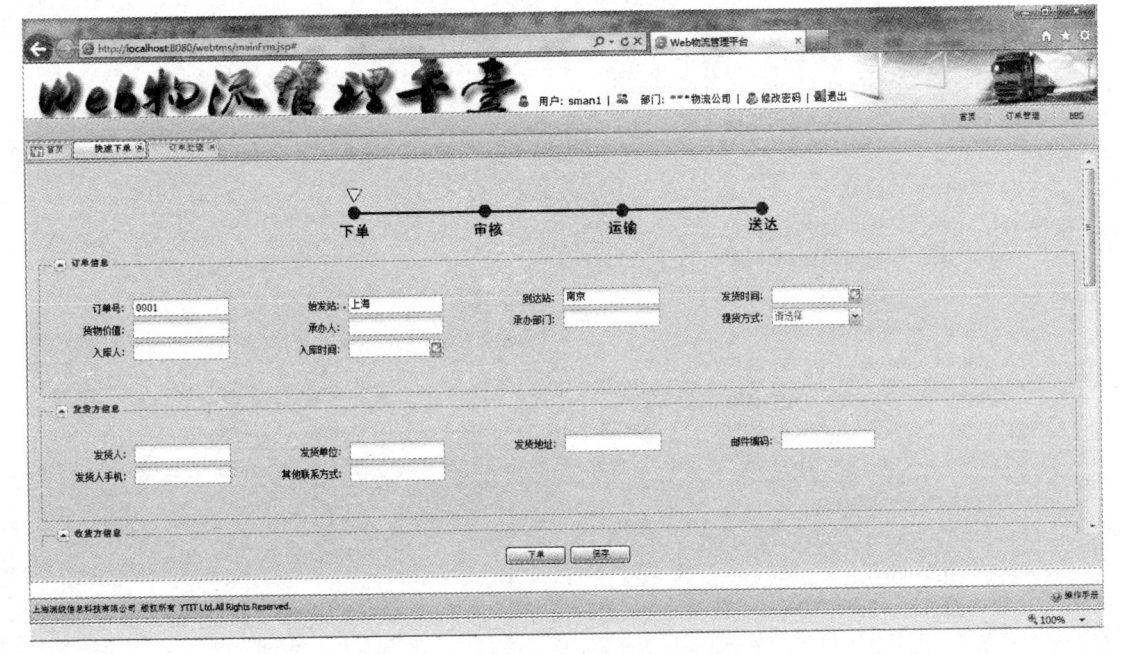

图 8.14　快速下单窗口

8.4.2　快速下单模块的设计

为了设计快速下单模块，首先要设计订单的信息数据表，主要包括订单状态、订单号、发货人、发货人邮编、发货地址、发货人手机、签收时是否通知发件人、收件人、收件人邮编、

249

收件人手机、收件人地址、发货时是否通知收件人、每次中转是否都通知双方、始发站、到达站、推荐路线、送货方式、发货单位、联系人、地址、联系方式、收货单位、联系人、地址、联系方式、结算客户名称、代收货款、手续费、结账方式、发货方支付方式、发货方支付钱款、收货方支付方式、收货反支付钱款、运费、保险费、保险额、欠款、是否回单、发货时间、承办部门、承办人、是否投保、货物价值、受益人、是否公函、备注、入库人、入单时间、总体积、总重量、总件数等信息。

快速下单模块实际上是让用户填好表单，提交给后台服务器，生成新的订单数据，其部分源代码如下：

```
<%@ page language="java" import="java.util.*" pageEncoding="utf-8"%>
<!DOCTYPE HTML PUBLIC "-//W3C//DTD HTML 4.01 Transitional//EN">
<html>
<head>
<title>快速下单</title>
<META http-equiv=Content-Type content="text/html; charset=UTF-8">
<script type="text/javascript">
var username=parent.document.getElementById("username").value;
var ds = new Ext.data.Store({
    reader: new Ext.data.ArrayReader({}, [
        {name: 'company'},
        {name: 'price', type: 'string'},
        {name: 'change', type: 'string'},
        {name: 'pctChange', type: 'string'},
        {name: 'lastChange', type: 'string'}
    ])
});
//ds.loadData(myData);
var ds1 = new Ext.data.Store({
    reader: new Ext.data.ArrayReader({}, [
        {name: 'company'},
        {name: 'price', type: 'string'},
        {name: 'change', type: 'float'},
        {name: 'pctChange', type: 'string'}
    ])
});
//ds1.loadData(myData1);
// example of custom renderer function
function italic(value) {
    return '<i>' + value + '</i>';
}
// example of custom renderer function
function change(val) {
    if(val > 0){
        return '<span style="color:green;">' + val + '</span>';
    } else if(val < 0) {
        return '<span style="color:red;">' + val + '</span>';
```

```
    }
    return val;
}
function pctChange(val) {
    if(val > 0){
        return '<span style="color:green;">' + val + '%</span>';
    } else if(val < 0) {
        return '<span style="color:red;">' + val + '%</span>';
    }
    return val;
}
var sm= new Ext.grid.CheckboxSelectionModel({
    dataIndex:'company',
    singleSelect: true,
    listeners: {
        rowselect: function(sm, row, rec) {
        }
    }
});
var colModel = new Ext.grid.ColumnModel([{
        id:'lastChange',
        header: "货物编号",
        width: 85,
        locked:false,
        sortable: true,
        dataIndex: 'lastChange'
    }, {
        header: "货物名称",
        width: 75,
        sortable: true,
        dataIndex: 'company'
    }, {
        header: "货物体积",
        width: 75,
        sortable: true,
        dataIndex: 'price'
    }, {
        header: "货物数量",
        width: 75,
        sortable: true,
        dataIndex: 'change'
    }, {
        header: "货物重量",
        width: 75,
        sortable: true,
        dataIndex: 'pctChange'
```

```
        }]);
    var colModel_ss = new Ext.grid.ColumnModel([
        sm, {
                id:'price',
                header: "班车线路",
                width: 75,
                sortable: true,
                locked:false,
                dataIndex: 'price'
        }, {
                header: "费用",
                width: 75,
                sortable: true,
                renderer: Ext.util.Format.usMoney,
                dataIndex: 'change'
        }, {
                header: "是否空闲",
                width: 75,
                sortable: true,
                dataIndex: 'pctChange'
        }]);
    var frm= new Ext.FormPanel({
        frame: true,
        labelAlign: 'right',
        autoScroll :true,
        height:document.body.scrollHeight*0.75,
        width:document.body.scrollWidth,
        items:[{
                html:'<center><img src="img/status_xd.gif"/></center>'
        },{
                xtype:'fieldset',
                title: '订单信息',
                layout:'table',
                collapsible: true,
                autoHeight:true,
                layoutConfig: {columns:4},
                items:[
                    new Ext.Panel({
                        width:document.body.scrollWidth*0.2,
                        layout:'column',
                        labelAlign: 'right',
                        items:[{
                            layout: 'form',
                            labelWidth:80,
                            items:[{
                                xtype:'textfield',
```

```
            fieldLabel: '订单号',
            name: 'first',
            anchor:'90%'
        },{
            xtype:'textfield',
            fieldLabel: '货物价值',
            name: 'first',
            anchor:'90%'
        },{
            xtype:'textfield',
            fieldLabel: '入库人',
            name: 'first',
            anchor:'90%'
        }]
    }]
}), new Ext.Panel({
    width:document.body.scrollWidth*0.2,
    layout:'column',
    labelAlign: 'right',
    items:[{
        layout: 'form',
        labelWidth:80,
        items:[{
            xtype:'textfield',
            fieldLabel: '始发站',
            name: 'first',
            anchor:'90%'
        },{
            xtype:'textfield',
            fieldLabel: '承办人',
            name: 'first',
            anchor:'90%'
        },{
            xtype:'datefield',
            fieldLabel: '入库时间',
            name: 'first',
            anchor:'90%'
        }]
    }]
}), new Ext.Panel({
    width:document.body.scrollWidth*0.2,
    layout:'column',
    labelAlign: 'right',
    items:[{
        layout: 'form',
        labelWidth:80,
```

```
            items:[{
                xtype:'textfield',
                fieldLabel: '到达站',
                name: 'first',
                anchor:'90%'
            },{
                xtype:'textfield',
                fieldLabel: '承办部门',
                name: 'first',
                anchor:'90%'
            },{
                anchor:'90%'
            }]
        }),{
          columnWidth:1,
          layout:"form",
          labelWidth:80,
          items:[{
             xtype:'datefield',
             fieldLabel: '发货时间',
             name: 'first',
             width:120
          },
          new Ext.form.ComboBox({
             fieldLabel: '提货方式',
             store: new Ext.data.SimpleStore({
                fields: ['chinese', 'english'],
                data : [[' 送货上门','hubei'],['自提','jiangxi']]
             }),
             selectOnFocus:true,
             displayField:'chinese',
             mode: 'local',
             triggerAction: 'all',
             emptyText:'请选择',
             width:120
          }), {
             anchor:'80%'
          }]
        }]
     },{
        xtype:'fieldset',
        title: '发货方信息',
        layout:'table',
        collapsible: true,
        autoHeight:true,
```

```
layoutConfig: {columns:4},
items:[
    new Ext.Panel({
        width:document.body.scrollWidth*0.2,
        layout:'column',
        labelAlign: 'right',
        items:[{
            layout: 'form',
            labelWidth:80,
            items:[{
                xtype:'textfield',
                fieldLabel: '发货人',
                name: 'first',
                anchor:'90%'
            },{
                xtype:'textfield',
                fieldLabel: '发货人手机',
                name: 'first',
                anchor:'90%'
            }]
        }]
    }), new Ext.Panel({
        width:document.body.scrollWidth*0.2,
        layout:'column',
        labelAlign: 'right',
        items:[{
            layout: 'form',
            labelWidth:80,
            items:[{
                xtype:'textfield',
                fieldLabel: '发货单位',
                name: 'first',
                anchor:'90%'
            },{
                xtype:'textfield',
                fieldLabel: '其他联系方式',
                name: 'first',
                anchor:'90%'
            }]
        }]
    }), new Ext.Panel({
        width:document.body.scrollWidth*0.2,
        layout:'column',
        labelAlign: 'right',
        items:[{
            layout: 'form',
```

```
                    labelWidth:80,
                    items:[{
                        xtype:'textfield',
                        fieldLabel: '发货地址',
                        name: 'first',
                        anchor:'90%'
                    },{
                        anchor:'90%'
                    }]
                }]
            }), new Ext.Panel({
                width:document.body.scrollWidth*0.2,
                layout:'column',
                labelAlign: 'right',
                items:[{
                    layout: 'form',
                    labelWidth:80,
                    items:[{
                        xtype:'textfield',
                        fieldLabel: '邮件编码',
                        name: 'first',
                        anchor:'90%'
                    },{
                        anchor:'90%'
                    }]
                }]
            })]
        },{
            xtype:'fieldset',
            title: '收货方信息',
            layout:'table',
            collapsible: true,
            autoHeight:true,
            layoutConfig: {columns:4},
            items:[
                new Ext.Panel({
                    width:document.body.scrollWidth*0.2,
                    layout:'column',
                    labelAlign: 'right',
                    items:[{
                        layout: 'form',
                        labelWidth:80,
                        items:[{
                            xtype:'textfield',
                            fieldLabel: '收货人',
                            name: 'first',
```

```
          anchor:'90%'
        },{
          xtype:'textfield',
          fieldLabel: '收货人手机',
          name: 'first',
          anchor:'90%'
        }]
      }]
    }), new Ext.Panel({
      width:document.body.scrollWidth*0.2,
      layout:'column',
      labelAlign: 'right',
      items:[{
        layout: 'form',
        labelWidth:80,
        items:[{
          xtype:'textfield',
          fieldLabel: '收货单位',
          name: 'first',
          anchor:'90%'
        },{
          xtype:'textfield',
          fieldLabel: '其他联系方式',
          name: 'first',
          anchor:'90%'
        }]
      }]
    }), new Ext.Panel({
      width:document.body.scrollWidth*0.2,
      layout:'column',
      labelAlign: 'right',
      items:[{
        layout: 'form',
        labelWidth:80,
        items:[{
          xtype:'textfield',
          fieldLabel: '收货地址',
          name: 'first',
          anchor:'90%'
        },{
          anchor:'90%'
        }]
      }]
    }), new Ext.Panel({
      width:document.body.scrollWidth*0.2,
      layout:'column',
```

```
            labelAlign: 'right',
            items:[{
                layout: 'form',
                labelWidth:80,
                items:[{
                    xtype:'textfield',
                    fieldLabel: '邮件编码',
                    name: 'first',
                    anchor:'90%'
                },{
                    anchor:'90%'
                }]
            }]
        })]
    },{
        xtype:'fieldset',
        title: '资费信息',
        layout:'table',
        collapsible: true,
        height:200,
        layoutConfig: {columns:4},
        items:[{
            columnWidth:4,
            layout:"form",
            labelWidth:80,
            width:260,
            items:[{
                xtype:'textfield',
                fieldLabel: '结算客户名称',
                name: 'first',
                width:120
            },
            new Ext.form.ComboBox({
                fieldLabel: '是否投保',
                store: new Ext.data.SimpleStore({
                    fields: ['chinese', 'english'],
                    data : [['是','hubei'],['否','jiangxi']]
                }),
                selectOnFocus:true,
                displayField:'chinese',
                mode: 'local',
                triggerAction: 'all',
                emptyText:'请选择',
                width:120
            }),{
                xtype:'textfield',
```

```
            fieldLabel: '已付金额',
            name: 'first',
            width:120
        },{
            xtype:'textarea',
            fieldLabel: '备注',
            height:30,
            name: 'first',
            width:120
        }]
    },{
        columnWidth:4,
        layout:"form",
        labelWidth:80,
        width:260,
        items:[
            new Ext.form.ComboBox({
                fieldLabel: '结算方式',
                store: new Ext.data.SimpleStore({
                    fields: ['chinese', 'english'],
                    data : [['现付','hubei'],['到付','jiangxi']]
                }),
                selectOnFocus:true,
                displayField:'chinese',
                mode: 'local',
                triggerAction: 'all',
                emptyText:'请选择',
                width:120
            }),{
            xtype:'textfield',
            fieldLabel: '保险费',
            name: 'first',
            width:120
        },{
            xtype:'textfield',
            fieldLabel: '欠款',
            name: 'first',
            width:120
        },{
            anchor:'90%'
        }]
    },{
        columnWidth:4,
        layout:"form",
        labelWidth:80,
        width:250,
```

```
            items:[
                new Ext.form.ComboBox({
                    fieldLabel: '结算方式',
                    store: new Ext.data.SimpleStore({
                        fields: ['chinese', 'english'],
                        data : [['月结','hubei'],['季结','jiangxi']]
                    }),
                    selectOnFocus:true,
                    displayField:'chinese',
                    mode: 'local',
                    triggerAction: 'all',
                    emptyText:'请选择',
                    width:120
                }),{
                    xtype:'textfield',
                    fieldLabel: '保险额',
                    name: 'first',
                    width:120
                },new Ext.form.ComboBox({
                    fieldLabel: '是否代收货款',
                    store: new Ext.data.SimpleStore({
                        fields: ['chinese', 'english'],
                        data : [['是','hubei'],['否','jiangxi']]
                    }),
                    selectOnFocus:true,
                    displayField:'chinese',
                    mode: 'local',
                    triggerAction: 'all',
                    emptyText:'请选择',
                    width:120
                }),{
                    anchor:'90%'
                }]
        }, new Ext.Panel({
            width:document.body.scrollWidth*0.2,
            layout:'column',
            labelAlign: 'right',
            items:[{
                layout: 'form',
                labelWidth:80,
                items:[{
                    xtype:'textfield',
                    fieldLabel: '运费',
                    name: 'first',
                    anchor:'90%'
                },{
```

```
            xtype:'textfield',
            fieldLabel: '受益人',
            name: 'first',
            anchor:'90%'
        },{
            xtype:'textfield',
            fieldLabel: '代收金额',
            name: 'first',
            anchor:'90%'
        },{
            anchor:'90%'
        }]
    }]
})]
},{
    columnWidth: 0.5,
    layout: 'fit',
    items: {
        xtype: 'grid',
        ds: ds,
        cm: colModel,
        width:document.body.scrollWidth*0.94,
        sm: new Ext.grid.RowSelectionModel({
            singleSelect: false,
            listeners: {
                rowselect: function(sm, row, rec) {
                }
            }
        }),
        autoExpandColumn: 'lastChange',
        height: 200,
        title:'货物信息',
        border: true,
        tbar:[{
            text:'新增 ',
            iconCls:'add',
            handler:function() {
                newWin('goods','货物信息新增');
            }
        },{
            text:'修改 ',
            iconCls:'edit',
            handler:function() {
                newWin('goods','货物信息修改');
            }
        },{
```

```
                    text:'删除 ',
                    iconCls:'delete',
                    handler:function() {
                        Ext.MessageBox.confirm('提示信息', '是否要删除货物信息?', showResult);
                    }
                }],
                listeners: {
                    render: function(g) {
                    },
                    delay: 10 // Allow rows to be rendered.
                }
            }
        },{
            xtype:'fieldset',
            title: '总计',
            layout:'table',
            collapsible: true,
            autoHeight:true,
            layoutConfig: {columns:4},
            items:[
                new Ext.Panel({
                    width:document.body.scrollWidth*0.2,
                    layout:'column',
                    labelAlign: 'right',
                    items:[{
                        layout: 'form',
                        labelWidth:80,
                        items:[{
                            xtype:'textfield',
                            fieldLabel: '总件数',
                            name: 'first',
                            anchor:'90%'
                        }]
                    }]
                }), new Ext.Panel({
                    width:document.body.scrollWidth*0.2,
                    layout:'column',
                    labelAlign: 'right',
                    items:[{
                        layout: 'form',
                        labelWidth:80,
                        items:[{
                            xtype:'textfield',
                            fieldLabel: '总体积 M3',
                            name: 'first',
                            anchor:'90%'
```

```
            }]
         }]
      }), new Ext.Panel({
         width:document.body.scrollWidth*0.2,
         layout:'column',
         labelAlign: 'right',
         items:[{
            layout: 'form',
            labelWidth:80,
            items:[{
               xtype:'textfield',
               fieldLabel: '总重量',
               name: 'first',
               anchor:'90%'
            }]
         }]
      })]
   },{
      columnWidth: 0.5,
      layout: 'fit',
      items: {
         xtype: 'grid',
         ds: ds1,
         cm: colModel_ss,
         width:document.body.scrollWidth*0.94,
         sm: sm,
         autoExpandColumn: 'price',
         height: 200,
         title:'推荐路线',
         border: true,
         listeners: {
            render: function(g) {
            },
            delay: 10 // Allow rows to be rendered.
         }
      }
   }],
   buttons: [{
      text: '下单'
   },{
      text: '保存'
   }]
});
Ext.getCmp('<%=request.getParameter("id")%>').add (frm);
function showResult(btn){
   if(btn=='yes'){
      Ext.Msg.alert("提示信息", "货物信息删除成功!");
   }
};
</script>
```

```
</head>
<body>
</body>
</html>
```

8.4.3 后台最优路线决策模块和预配载智能推荐模块的设计

在 Web 物流管理平台上，以车次 3 为例，其最初的已用预配载方数为 0，如图 8.15 所示。

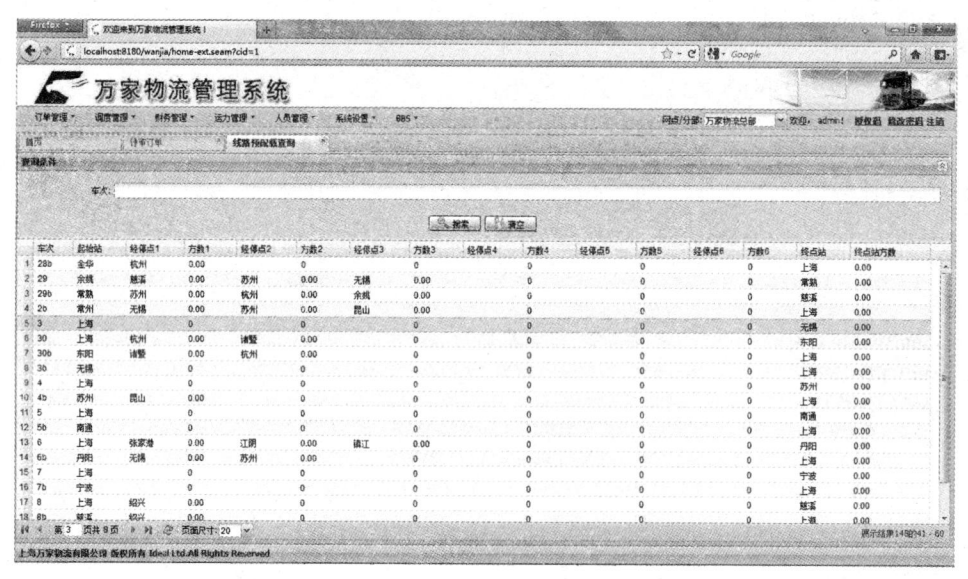

图 8.15 车次 3 的最初状态

销售员为客户新建上海到无锡的送货订单后，如图 8.16 所示，需要寻找最优路线，并考虑预配载问题。

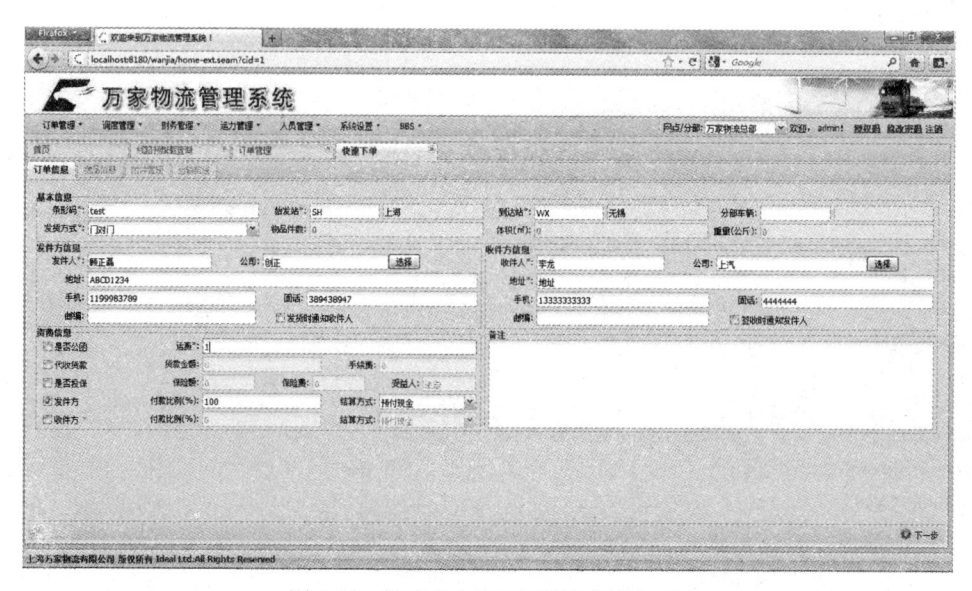

图 8.16 新建从上海到无锡的送货订单

按照最优路线搜索算法，Web 物流管理平台及时求得上海到无锡的最佳路线，满足成本最低和允许配载的条件，如图 8.17 所示。最佳路线就是上海到无锡的直达车，价格为 30 元。乘坐此趟车送货，那么车次 3 的可用预配载方数变为 44，减少了 1，如图 8.18 所示。

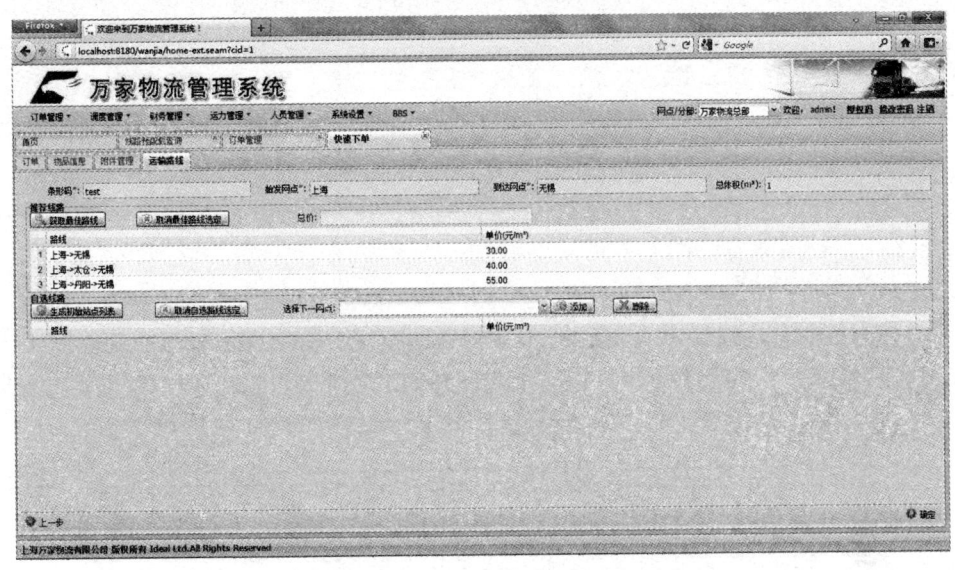

图 8.17　求得从上海到无锡的最优送货路线

图 8.18　车次 3 的可用预配载方数减少了

也就是说，车次 3 的已用预配载方数变为 1，如图 8.19 所示。

当货车送货到达目的地的那天凌晨，Web 物流管理平台会释放此订单的已占用预配载，即其可用预配载方数增加了 1，如图 8.20 所示。也就是说，其已用预配载方数变为 0，恢复初始值了，如图 8.21 所示。

系统管理模块、快速回单模块、订单审核修改与删除模块、调度管理模块、运力管理模块、财务管理模块、终端信息管理模块类似，都可在前面章节的 JSP 代码基础上变通实现。

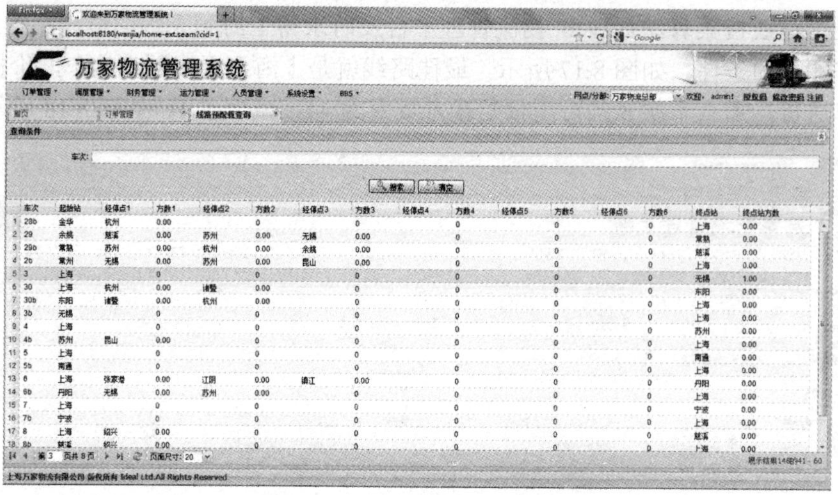

图 8.19　车次 3 的已用预配载方数增加了

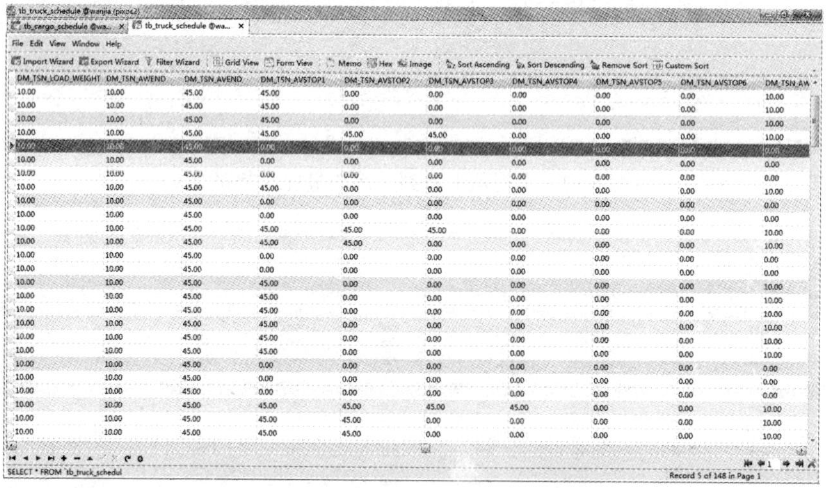

图 8.20　释放后车次 3 的可用预配载方数增加了

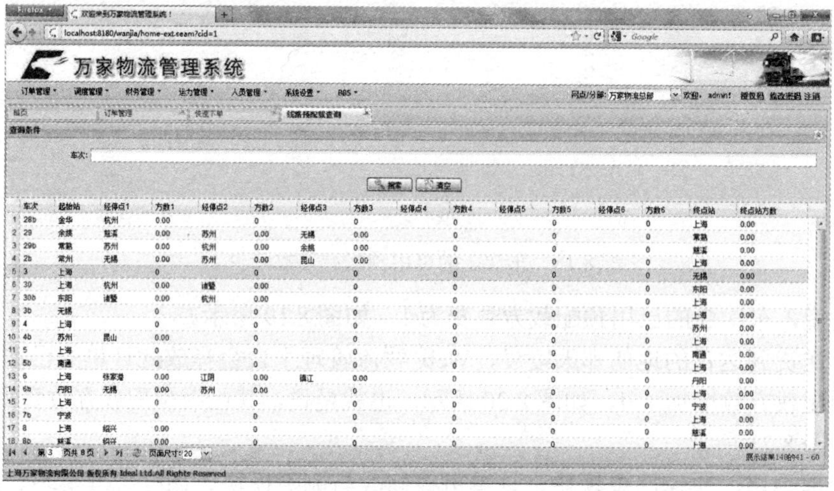

图 8.21　车次 3 的已用预配载方数恢复为初始值

8.5 小结

本章以物流企业 Web 业务管理平台开发为项目实例，介绍了 Web 物流管理平台项目开发的思路、需求分析、系统设计和各个模块实现方法。

通过 Web 物流管理平台的测试与应用，Web 物流管理平台站点（演示网址：http://www.ytxxchina.com/webtms）具备以下功能：

（1）此 Web 站点具有了用户登录、取回密码和密码修改等功能，对用户访问进行控制。

（2）此 Web 站点对物流公司组织结构、人员、用户账号和角色进行系统管理。

（3）此 Web 站点对订单相关流程进行管理。

（4）此 Web 站点还具有调度管理、运力管理、财务管理、后台智能管理与决策以及终端信息管理等功能。

第 9 章　基于 Web 的智能控制系统项目开发

近年来，Web 技术和智能控制技术的飞速发展带来了这两门先进技术融合的机遇，这造就了基于 Web 的智能控制系统项目开发方向。Web 网络不仅为人们提供了数据、图片、影像的分享机会，也实现了人们之间的实时影像互动。这些技术的实现建立在机器人等智能设备基础上，本章就介绍基于 Web 的智能控制系统设计案例。

9.1　基于 Web 的智能控制系统项目开发的思路和需求分析

基于 Web 的智能控制系统设计有两种实现方式，一种是建立在 TCP/IP 协议基础上的 Web 控制，另一种是建立在可编程路由器基础上的 Web 控制，如图 9.1 所示。

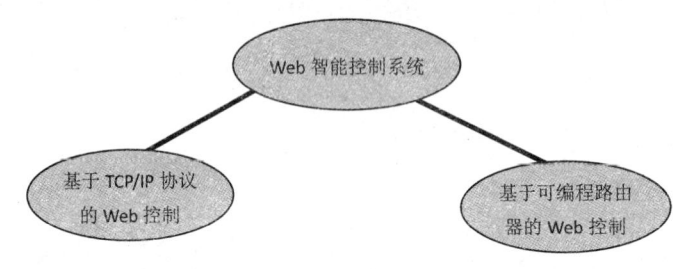

图 9.1　基于 Web 的智能控制系统设计方法

本章分析了 Internet 服务器和远程机器之间的 TCP/IP 协议通信，利用 Web 技术制作了用户登录和操作的网站，以便用户基于 Web 的远程控制体验，并在基于 Linux 内核的 Ubuntu 系统及其 TCP/IP 协议基础上，构建了服务器/客户端的通信模式，在该通信模式下，可以实现不同 IP 地址之间的可靠有效地互联互通。此基于 Web 的智能控制系统实现了用户在 Internet 服务器端登录系统并在操作界面上提交远程控制指令，通过远程的通信，在远程机器上执行指令，如图 9.2 所示。

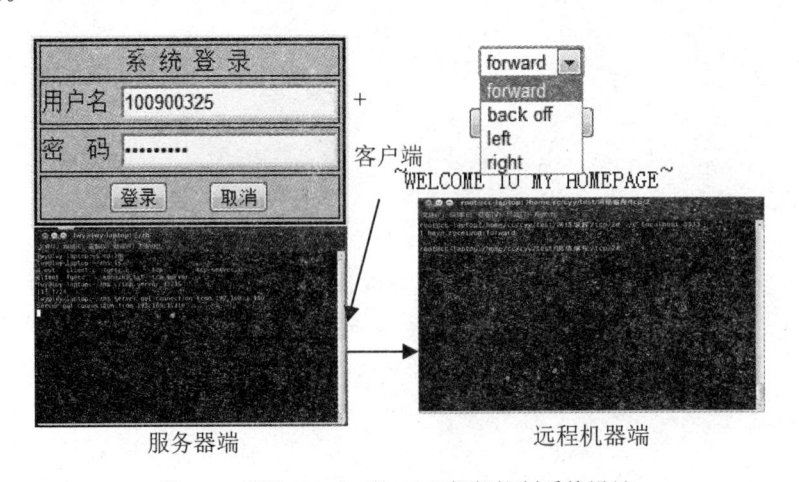

图 9.2　基于 TCP/IP 的 Web 智能控制系统设计

然后，本章设计了一种基于可编程路由器和 OPENWRT 操作系统的 Web 远程机器人控制系统。该设计巧妙地利用二手的路由器主控板和开源的 OPENWRT 操作系统搭建了控制系统运行平台，整个控制系统由功能强大的 OPENWRT 操作系统管理。控制系统的下位机主控芯片使用飞思卡尔公司的 K60 芯片，并由其管理超声波模块，驱动 OLED 显示屏，驱动机器人动力电机和转向舵机及摄像头方向舵机。下位机系统和 OPENWRT 的通信采用串口通信方式。上层 Web 控制端采用 Web 编程的 HTML 和 LUA 脚本语言编写，运行在浏览器上，具有非常广泛的平台支持特性。本设计不仅实现了在局域网内的有效控制，还利用了域名绑定技术实现广域网内的有效控制。本设计具有跨平台特性好、控制范围广、运行稳定、方便扩展功能等诸多优点，具有很大的应用价值。

9.2 基于 TCP/IP 协议的 Web 智能控制系统设计

Web 智能控制系统的站点设计，仍然可以参考第 5 章所述的东华大学智能科学相关网络课程 Web 站点项目开发方法。目前，基于 Web 的远程机器控制在许多国家都有很多研究，尤其是美国、日本、瑞士、澳大利亚、德国等高校和研究所，这些研究者们的研究工作为 Internet 增添了许多具有创造性意义的机器人控制点。1994 年春天，Ken Goldberg 首次提出了关于网络机器的研究论点，起初他是想利用万维网让公众可以通过网络访问并且可以远程遥控机器，然而 Ken Goldberg 基于这一点又将这个想法运用到了 Mercury Project 中。这样，给用户带来了很多的方便，例如，在挖掘沙土中的物品的过程中，用户可以利用一台 IBM SCARA 型机器远程监控沙土挖掘的过程。1994 年 9 月，西澳大利亚大学的 Kenneth Taylor 等人将一台 6 自由度的 ASEIRb26 型机器手连接到 Internet 上，构建了可以远程控制搬运和搭建积木的 Telerobot。Telerobot 是起初基于 Web 的远程机器控制系统的典型例子，在应用中用户可以通过填写 HTML 表单，在反馈到机器工作区的图像上直接点击，高级用户还可以输入一系列连续的移动指令，向机器发送请求指令。然后，服务器端的 CGI 脚本会处理用户的请求，与机器的控制服务器和图像服务器分别进行通信功能，可以调节控制机器的移动，在机器完成所设任务的同时，返回到系统当前位置的不同角度的图像。国内也取得了一些很好的研究成果，例如，北京航空航天大学研究所和海军总医院共同研究开发了一种远程操作的机器，这种机器可以用于医疗手术。此机器从手术室传输出来病人的相关信息数据，医生在手术室外便可以对病人的情况进行分析讨论，规划手术，然后只需要操作鼠标就可以远程控制手术室内的机器，进行相关的手术。

9.2.1 功能设计

本节侧重于 Web 网站界面设计、基于 TCP/IP 网络编程的远程通信和基于 Linux 内核的 Ubuntu 系统运用，实现了基于 Web、Linux 和 TCP/IP 的远程机器控制系统。

在此基于 Web 的智能控制系统中，Web 服务器、Web 服务程序、Socket 通信程序、TCP/IP 通信协议和远程机器之间的关系如图 9.3 所示。首先，利用 JSP 技术设计 Web 网站界面，实现用户登录和表单指令的提交，并将表单的指令内容存储在 TXT 文件中。本节在 Web 服务程序中所使用的语言主要是 Java 语言、HTML 语言和 JSP 语言进行编写，在 Tomcat 6.0 的环境中调试运行 Web 网站程序，在 Socket 通信程序中所使用的语言主要是 C 语言。然后，利用

TCP/IP 协议实现了 Web 服务器与客户端之间的远程通信，进而实现了远程机器的控制。接着，Web 服务器和远程机器都使用基于 Linux 内核的 Ubuntu 操作系统，并在此操作系统上实现了套接字通信程序。通过基于 Web、Linux 和 TCP/IP 的远程控制系统的联机测试，证实了基于 Web、Linux 和 TCP/IP 的远程机器控制系统的可行性。

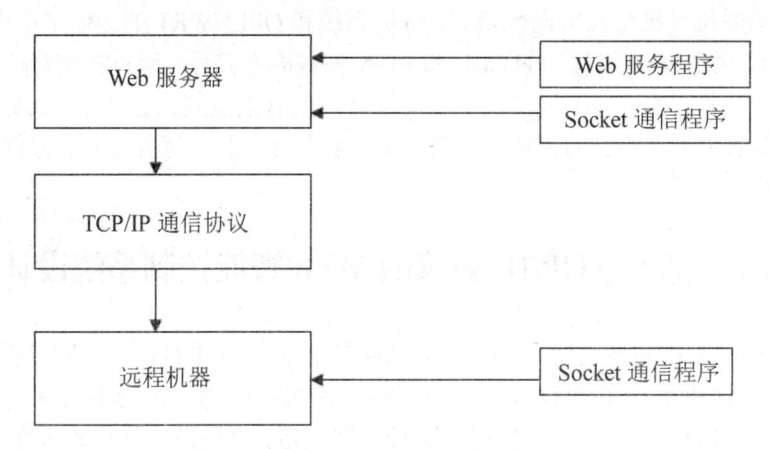

图 9.3 基于 TCP/IP 协议的 Web 智能控制系统架构

9.2.2 基于 TCP/IP 协议的 Web 控制系统网站设计

本系统是用 192.168.1.111 作为 Web 服务器的 IP 地址，8080 作为 Tomcat 6.0 服务器的默认端口号。首先，设计 Web 控制系统网站的登录首页 index.jsp，如图 9.4 所示。

图 9.4 基于 TCP/IP 协议的 Web 控制平台登录首页

index.jsp 程序可以用上一章类似的代码实现，其 JSP 源代码如下：

```
<%@page contentType="text/html;charset=UTF-8" language="Java" %>
<%@ page import="java.sql.*"%>
<%
```

```
//index.jsp 文件
try
{
    Class.forName("sun.jdbc.odbc.JdbcOdbcDriver");
    //加载驱动程序
}
catch(ClassNotFoundException e)
{
    out.println(e.toString());
}
%>
<html>
<head>
<META http-equiv=Content-Type content="text/html; charset=utf-8">
<title>Web 控制平台</title>
<LINK href="css/login.css" type=text/css rel=stylesheet>
<STYLE>
TD { FONT-SIZE: 9pt; FONT-FAMILY: 宋体}
A { TEXT-DECORATION: none}
A:hover { COLOR: #cc0000; TEXT-DECORATION: underline}
.botton { BORDER-RIGHT: 1px inset; BORDER-TOP: 1px inset; FONT-SIZE: 9pt; BORDER-LEFT: 1px inset; BORDER-BOTTOM: 1px inset; HEIGHT: 14pt}
.botton2 { BORDER-RIGHT: 1px ridge; BORDER-TOP: #ffffff 1px ridge; FONT-SIZE: 9pt; BORDER-LEFT: #ffffff 1px ridge; COLOR: #333333; BORDER-BOTTOM: 1px ridge; HEIGHT: 14pt; BACKGROUND-COLOR: #cccccc}
INPUT { BORDER-TOP-WIDTH: 1px; PADDING-RIGHT: 1px; PADDING-LEFT: 1px; BORDER-LEFT-WIDTH: 1px; FONT-SIZE: 9pt; BORDER-LEFT-COLOR: #cccccc; BORDER- BOTTOM-WIDTH: 1px; BORDER-BOTTOM-COLOR: #cccccc; PADDING- BOTTOM: 1px; BORDER-TOP-COLOR: #cccccc; PADDING-TOP: 1px; HEIGHT: 20px; BORDER-RIGHT- WIDTH: 1px; BORDER-RIGHT-COLOR: #cccccc}
.btn_log {
    BORDER-TOP-WIDTH: 0px;
    FONT-WEIGHT: bold;
    BORDER-LEFT-WIDTH: 0px;
    BACKGROUND-IMAGE: url(images/btn_log.gif);
    BORDER-BOTTOM-WIDTH: 0px;
    WIDTH: 56px;
    CURSOR: pointer;
    COLOR: #fff;
    PADDING-TOP: 3px;
    HEIGHT: 24px;
    BORDER-RIGHT-WIDTH: 0px
}
.btn_cancel {
    BORDER-TOP-WIDTH: 0px;
    FONT-WEIGHT: bold;
    BORDER-LEFT-WIDTH: 0px;
```

```
        BACKGROUND-IMAGE: url(images/btn_cancel.gif);
        BORDER-BOTTOM-WIDTH: 0px;
        WIDTH: 56px;
        CURSOR: pointer;
        COLOR: #fff;
        PADDING-TOP: 3px;
        HEIGHT: 24px;
        BORDER-RIGHT-WIDTH: 0px
}
</STYLE>
</HEAD>
<BODY leftMargin=0 topMargin=0 bgcolor="#5476B6" onload="fly()" style="overflow-x:
        hidden;overflow-y:hidden;">
<SCRIPT language=JavaScript>
<!--
SmallStars = 20;
LargeStars = 5;
SmallYpos = new Array();
SmallXpos = new Array();
LargeYpos = new Array();
LargeXpos = new Array();
Smallspeed= new Array();
Largespeed= new Array();
ns=(document.layers)?1:0;
if (ns) {
    for (i = 0; i < SmallStars; i++) {
        document.write("<LAYER NAME='sn"+i+"' LEFT=0 TOP=0 BGCOLOR='#FFFFF0'
            CLIP='0,0,1,1'></LAYER>")
    }
    for (i = 0; i < LargeStars; i++) {
        document.write("<LAYER NAME='ln"+i+"' LEFT=0 TOP=0 BGCOLOR='#FFFFFF'
            CLIP='0,0,2,2'></LAYER>")
    }
}
else {
    document.write('<div style="position:absolute;top:0px;left:0px">');
    document.write('<div style="position:relative">');
    for (i = 0; i < SmallStars; i++) {
        document.write('<div id="si" style="position:absolute;top:0;left:0;width:1px;height:1px;
            background:#fffff0;font-size:1px"></div>')
    }
    document.write('</div>');
    document.write('</div>');
    document.write('<div style="position:absolute;top:0px;left:0px">');
    document.write('<div style="position:relative">');
    for (i = 0; i < LargeStars; i++) {
```

```
      document.write('<div id="li" style="position:absolute;top:0;left:0;width:2px;height:2px;
        background:#ffffff;font-size:2px"></div>')
    }
    document.write('</div>');
    document.write('</div>');
  }
  WinHeight=(document.layers)?window.innerHeight:window.document.body.clientHeight;
  WinWidth=(document.layers)?window.innerWidth:window.document.body.clientWidth;
  //Inital placement!
  for (i=0; i < SmallStars; i++) {
    SmallYpos[i] = Math.round(Math.random()*WinHeight);
    SmallXpos[i] = Math.round(Math.random()*WinWidth);
    Smallspeed[i]= Math.random()*5+1;
  }
  for (i=0; i < LargeStars; i++) {
    LargeYpos[i] = Math.round(Math.random()*WinHeight);
    LargeXpos[i] = Math.round(Math.random()*WinWidth);
    Largespeed[i]= Math.random()*10+5;
  }
  function fly() {
    var WinHeight=(document.layers)?window.innerHeight:window.document.body.clientHeight;
    var WinWidth=(document.layers)?window.innerWidth:window.document.body.clientWidth;
    var hscrll=(document.layers)?window.pageYOffset:document.body.scrollTop;
    var wscrll=(document.layers)?window.pageXOffset:document.body.scrollLeft;
    for (i=0; i < LargeStars; i++) {
      LargeXpos[i]-=Largespeed[i];
      if (LargeXpos[i] < -10) {
        LargeXpos[i]=WinWidth;
        LargeYpos[i]=Math.round(Math.random()*WinHeight);
        Largespeed[i]=Math.random()*10+5;
      }
      if(ns) {
        document.layers['ln'+i].left=LargeXpos[i];
        document.layers['ln'+i].top=LargeYpos[i]+hscrll;
      }
      else {
        li[i].style.pixelLeft=LargeXpos[i];
        li[i].style.pixelTop=LargeYpos[i]+hscrll;
      }
    }
    for (i=0; i < SmallStars; i++) {
      SmallXpos[i]-=Smallspeed[i];
      if (SmallXpos[i] < -10) {
        SmallXpos[i]=WinWidth;
        SmallYpos[i]=Math.round(Math.random()*WinHeight);
        Smallspeed[i]=Math.random()*5+1;
```

```
        }
        if(ns) {
            document.layers['sn'+i].left=SmallXpos[i];
            document.layers['sn'+i].top=SmallYpos[i]+hscrll;
        }
        else {
            si[i].style.pixelLeft=SmallXpos[i];
            si[i].style.pixelTop=SmallYpos[i]+hscrll;
        }
    }
    setTimeout('fly()',10);
}
//-->
</SCRIPT>
<FORM NAME=logFrm id=logFrm METHOD=post ACTION="mainFrm.jsp">
<TABLE align="center" cellSpacing=0 cellPadding=0 width="100%" height="100%" border=0>
<tr valign=middle>
<td>
<TABLE align="center" cellSpacing=0 cellPadding=0 width="1000" height="571" border=0
        background="images/login.jpg">
  <TBODY>
    <TR>
     <TD width="100%" colspan=3 height=350></TD>
    </TR>
    <TR>
     <TD width="33%"    height=21>  </TD>
     <TD width="30%"    height=21>  </TD>
     <TD align=middle width="37%" height=21>
      <P align=left>  用户名 <INPUT TYPE="text" id="username" name="username"
        value="" maxlength=12 style="width: 130px"></P>
     </TD>
    </TR>
    <TR>
     <TD width="33%" height=22></TD>
     <TD width="30%" height=22></TD>
     <TD align=middle width="37%" height=22>
      <P align=left>  密 码 <INPUT TYPE="password" id="password"
        name="password" value="" maxlength=12 style="width: 130px"></P>
     </TD>
    </TR>
    <TR>
     <TD width="33%" height=44></TD>
     <TD width="30%"    height=44>  </TD>
     <TD width="37%" height=44>
      <input type="button" class="btn_log" onclick="return checklogin()"> <input type="button"
        class="btn_cancel"><div id="loginmsg"></div>
```

```html
          </TD>
       <TR>
          <TD width="33%" height=63>  </TD>
          <TD width="30%" height=63>  </TD>
          <TD width="37%" height=63></TD>
       </TR>
     </TBODY>
</TABLE>
</td>
</tr>
</table>
</FORM>
<script type="text/javascript">
   function checklogin() {
      document.getElementById("loginmsg").innerHTML="";
      if(document.getElementById("username").value=="") {
         document.getElementById("loginmsg").innerHTML="<font color='red'><b>请输入用户名！
           </b></font>";
         document.getElementById("username").focus();
         return false;
      } else {
```
```jsp
<%
   try
   {
      Connection con = DriverManager.getConnection( //Linux 连接数据库方式
,"","");
      Statement stmt = con.createStatement();
      ResultSet rs=stmt.executeQuery("SELECT * FROM users");
      while(rs.next()) {
         String ustr=rs.getString("username");
         ustr=ustr.trim();
         String pstr=rs.getString("password");
         pstr=pstr.trim();
%>
         if(document.getElementById("username").value=="<%=ustr%>" && document.getElementById("password").value=="<%=pstr%>") {
            document.getElementById("logFrm").submit();
            return true;
         }
<%
      }
      rs.close();
   }
   catch(SQLException se) {
      out.println(se.toString());
   }
```

```
%>
    }
    if(document.getElementById("password").value=="") {
      document.getElementById("loginmsg").innerHTML="<font color='red'><b>请输入密码！
          </b></font>";
      document.getElementById("password").focus();
      return false;
    }
    document.getElementById("loginmsg").innerHTML="<font color='red'><b>输入的用户名或密码错误！
        </b></font>";
    document.getElementById("username").value="";
    document.getElementById("password").value="";
    document.getElementById("username").focus();
    return false;
  }
</script>
</BODY>
</HTML>
```

如果用户登录成功，就进入 Web 控制平台的主页面 mainFrm.jsp，如图 9.5 所示。

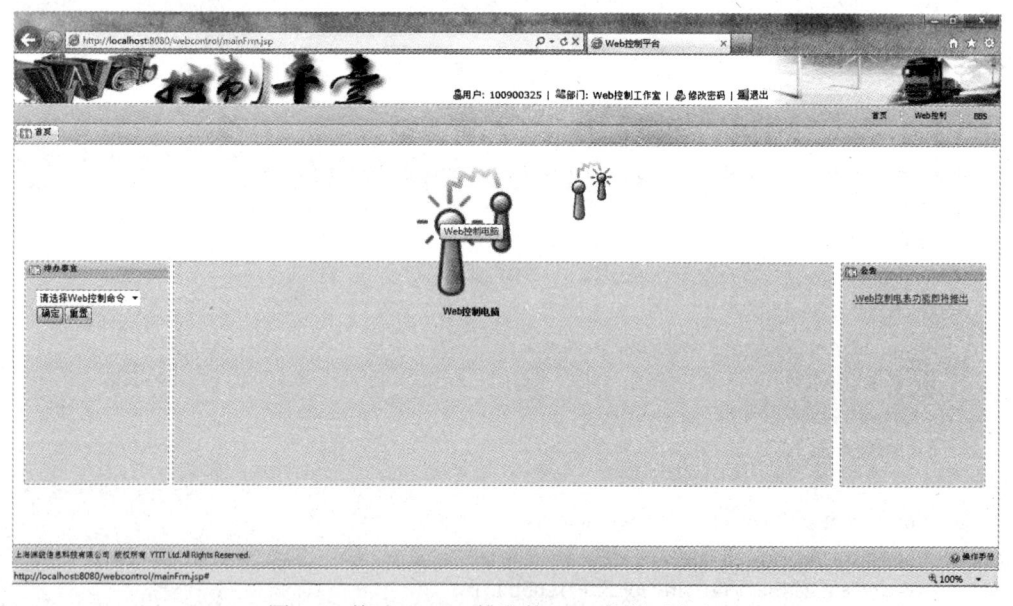

图 9.5 基于 TCP/IP 协议的 Web 控制平台主页

当用户选择远程机器所能控制的机器人行进方向后（例如用户选择"智能车前进"），就会将命令"forward"通过表单提交到 writecommand.jsp 后台程序中，来写入此命令到数据文件 kongzhi.txt 中，其表单程序的部分源代码如下：

```
var welcomePanel  = new Ext.Panel({
    title: '首页',
    iconCls: 'tabs',
    closable: false,
    layout:'table',
```

```
        layoutConfig: {columns:3},
        defaults:
        {
            frame:true,
            width:400,
            height: 300
        },
        html:'<div class="dock" id="dock"><div class="dock-container"><a class="dock-item" href="#" ><img src="images/webcc.png" title="Web 控制电脑" onclick="showMessages(\'Web 控制电脑\', \'order/web_control_computer.jsp\',\'webcc\')" style="cursor:pointer;"/><span>Web 控制电脑</span></a><a class="dock-item" href="#"><img src="images/webrc.png" title="Web 电脑受控" onclick="showMessages(\'Web 电脑受控\', \'dispatch/web_computer_controlled.jsp\', \'kshd\')" style="cursor:pointer;"/><span>Web 电脑受控</span></a></div></div><br><br> <br><br>',
        items:[{
            title:'待办事宜',
            style:'margin: 5px;',
            iconCls: 'tabs',
            width:200, height: 300,
            html:'<iframe name=commandfileframe width=0 height=0 style="visibility:hidden;"> </iframe><form action="writecommand.jsp" method="post" target="commandfileframe"><select name="command"><option value="">请选择 Web 控制命令</option><option value="forward">智能车前进</option><option value="backward">智能车后退</option><option value="left">智能车左拐弯</option><option value="right">智能车右拐弯</option></select><p><input type="submit" value="确定"><input type="reset" value="重置"></form>'
        },{
            width:document.body.scrollWidth-450
        },{
            title:'公告',
            style:'margin: 10px;',
            width:200, height: 300,
            html:'<font size="2px">.<a href="#">Web 控制电表功能即将推出</a></font>',
            iconCls: 'tabs'
        }]
    });
    return welcomePanel;
}
```

后台 JSP 程序 writecommand.jsp 通过 Java 开发包 IO 将传递的命令数据写入到数据文件中，以便 Linux 操作系统从服务器端发送到客户端，来让远端的机器控制智能车前进，其 JSP 程序的源代码如下：

```
<%@page language="java" contentType="text/html; charset=UTF-8"pageEncoding="UTF-8"%>
<%@page import="java.io.*"%>
<%
//writecommand.jsp 文件
String command = request.getParameter("command");   //取用户提交的指令
File filename = new File("d:\\zh\\kongzhi.txt");   //保存文件路径的设置
FileOutputStream fos = new FileOutputStream(filename);   //设置数据文件
OutputStreamWriter os = new OutputStreamWriter(fos);   //设置数据流
BufferedWriter bw = new BufferedWriter(os);   //数据写入
bw.write(request.getParameter("command"));
//将提交到服务器的内容写到相应的文件之中去
bw.close();   //关闭数据写入
```

```
os.close();    //关闭数据流
fos.close();   //数据文件关闭
out.clear();   //输出关闭
out = pageContext.pushBody();
%>
```

然后，服务器端在 Linux 环境中读取存储了智能车控制命令 forward 的数据文件，并将此数据文件传送到客户端的远程机器上，远程机器的 IP 地址为 192.168.1.110，如图 9.6 和图 9.7 所示。

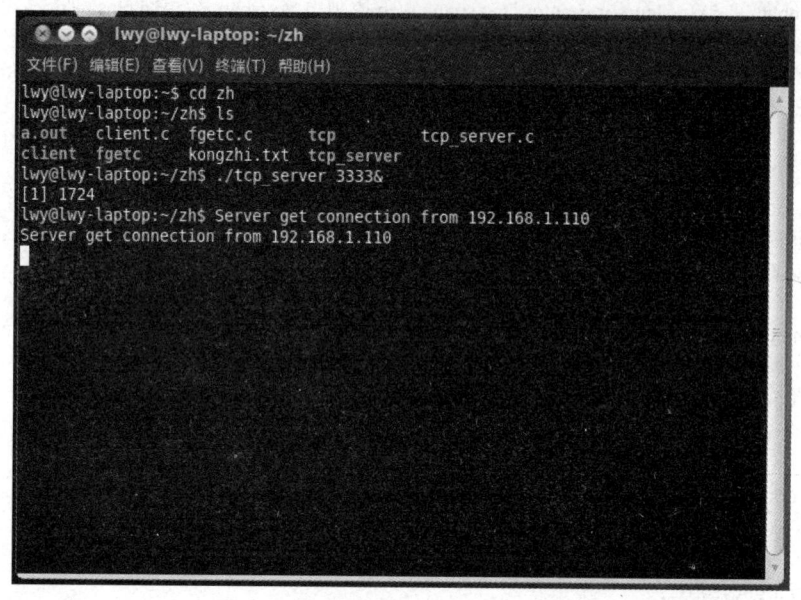

图 9.6　基于 TCP/IP 协议的远程机器命令文件传递服务器端所示信息

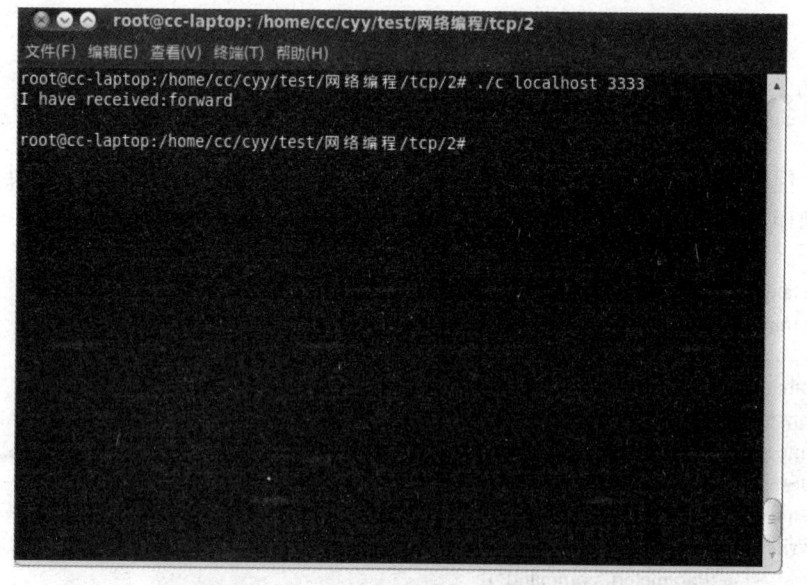

图 9.7　基于 TCP/IP 协议的远程机器命令文件传递客户端所示信息

从图 9.7 可以看出，客户端显示了 I have received:forward 的信息，表明客户端收到了用户由网页提交的一个 forward 的指令，表明在这次通信中，客户端成功收到了来自远程服务端的提交内容。

最后，远程机器就可以根据 forward 命令，通过控制程序控制智能车前进了。

9.3　基于可编程路由器和 OPENWRT 操作系统的机器人 Web 控制

为了测试和演示机器人 Web 控制的编程设计方法，用可编程路由器的 HTML、LUA 编程技术设计了 Web 控制平台。

9.3.1　功能设计

基于 OPENWRT 的网络远程机器人控制系统采用了三层软件架构设计，即用户层、指令数据解析层和下位机指令接收及执行层。最上层是用户层，这一层包括两个模块，即身份验证模块和控制模块。为了将精力集中在控制方法上的研究，身份验证模块使用了 JSP 语言实现，可以参考上一节的 JSP 代码。下位机传送来的数据如摄像头数据、超声波探测数据或者其他传感器数据经过指令及数据解析层，传送到控制界面，以人能读懂的信息形式呈现出来。这一层比较复杂，主要使用了 LUA 脚本语言进行编写，并配合 OPENWRT 系统下的软件组件，改写路由器的软件系统，如图 9.8 和图 9.9 所示。使用 MDK 软件对 K60 进行编程开发，即开发下位机软件，也就是下位机指令接收及执行层软件。这一层的软件采用 C 语言进行开发，使用基于飞思卡尔官方库的二次开发库进行快速编程。目前主流的操作系统都有各自平台下浏览器软件，为了尽可能地使本设计具有跨平台特性，控制界面采用 JSP 网页的形式。这样在任何平台下的浏览器都能运行控制界面，即做到了广泛的跨平台支持，甚至是现在非常热门的移动领域，手机上的浏览器也同样支持本设计的控制界面。而且控制界面用网页写的话，都不用随身携带，只要有能上网的设备和浏览器就能进入控制系统。

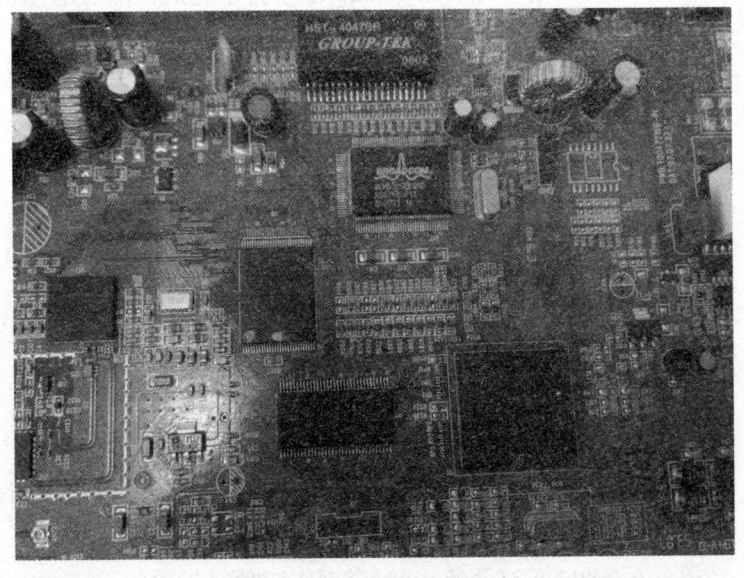

图 9.8　可编程路由器的主板

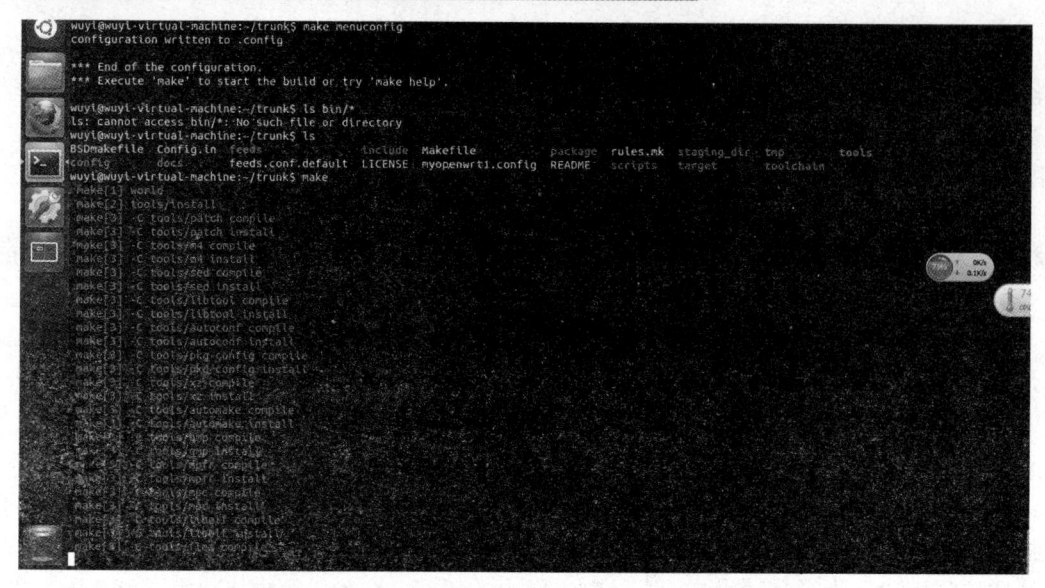

图 9.9　编译 OPENWRT 系统以改写路由器的软件系统

9.3.2　基于可编程路由器和 OPENWRT 的机器人 Web 控制系统设计

控制界面使用网页的，如果想访问该页面的话必须知道该页面的地址。可以将页面放在服务器上绑定一个静态域名。本设计巧妙地利用了路由器主控板及 OPENWRT 系统特点，将控制界面放在了 OPENWRT 的 Web 服务器根目录下，用户可以通过访问 OPENWRT 的服务器根目录内容而访问到控制界面。下面根据用户层划分的模块进行叙述。

（1）身份验证模块：采用 HTML 和 JSP 语言，在路由器的 Linux 操作系统安装 Linux 版本的 JDK 开发包和 Tomcat 6.0 软件。

（2）Web 控制模块：采用 HTML 语言编写，在本次设计里采用了形式最简单的 Web 控制界面，如图 9.10 所示。网页编辑可以在 Windows 平台下完成，然后用 WinScp 软件传输到 OPENWRT 服务器目录中。

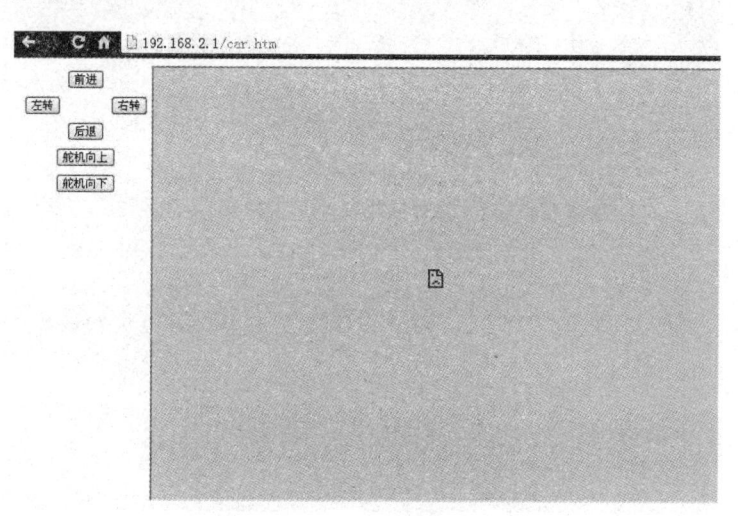

图 9.10　OPENWRT 系统上 Web 控制移动机器人的指令网页界面

本设计的路由器主控板上挂载了一个 UVC 摄像头，型号是中星微 301。视频流是通过 USB 端口连接到系统，为了将视频输出到用户层的控制界面，使用了一款开源的视频流控制软件 MJPG-streamer，Web 控制机器人并实时显示视频的网页文件 car.htm 的源代码如下：

```html
<div style="float:left">
<script>

function sendSer(value){
document.getElementById("ser").src="http://192.168.1.1/cgi-bin/webpagetoser?"+value;
}

</script>
<table>
<tr><td/><img id="ser" width="1" height="1">
<td><input type="button" onmousedown="sendSer('1')" onmouseup="sendSer('0')" value=前进 /></td><td/></tr>
<tr><td><input type="button" onmousedown="sendSer('2')" onmouseup="sendSer('0')" value=左转 /></td><td/>
<td><input type="button" onmousedown="sendSer('4')" onmouseup="sendSer('0')" value=右转 /></td></tr>
<tr><td/><td><input type="button" onmousedown="sendSer('3')" onmouseup="sendSer('0')" value=后退 /></td><td/></tr>
<tr><td colspan="3" align="middle"> <input type="button" onclick="sendSer('5')" value=摄像头向上 /></td></tr>
<tr><td colspan="3" align="middle"> <input type="button" onclick="sendSer('6')" value=摄像头向下 /></td></tr>
</table>
</div>

<div style="float:left">
<iframe width="480" height="320" src="http://192.168.1.1:8080/?action=stream"/>
</div>
```

本设计最终的效果是用户通过网页控制串口，所以需要将 html 和 LUA 脚本控制串口结合在一起。在 Windows 上建 control.html 和 webpagetoser.lua 文件，control.html 源代码如下：

```html
<div style="float:left">
<script>
function sendSer(value){
document.getElementById("ser").src="http://192.168.1.1/cgi-bin/web2ser?"+value;
}
</script>
<table>
<tr><td/><img id="ser" width="1" height="1">
<td><input type="button" onmousedown="sendSer('1')" onmouseup="sendSer('0')" value=前进 /></td><td/></tr>
<tr><td><input type="button" onmousedown="sendSer('2')" onmouseup="sendSer('0')" value=左转 /></td><td/>
<td><input type="button" onmousedown="sendSer('4')" onmouseup="sendSer('0')" value=右转 /></td></tr>
<tr><td/><td><input type="button" onmousedown="sendSer('3')" onmouseup="sendSer('0')" value=后退 /></td><td/></tr>
<tr><td colspan="3" align="middle"> <input type="button" onclick="sendSer('5')" value=舵机向上 /></td></tr>
<tr><td colspan="3" align="middle"> <input type="button" onclick="sendSer('6')" value=舵机向下 /></td></tr>
</table>
</div>
```

而 webpagetoser.lua 程序文件的源代码如下：

#!/usr/bin/lua
io.output("/dev/ttyS0")
io.write(os.getenv("QUERY_STRING"))

将上述两个文件通过 WinScp 上传到 OPENWRT 的 Web 服务器根目录中，这样就可以通过浏览器进行访问。其访问地址的构造非常简单，在前文中已经知道了 LUCI 管理接口地址，这个地址可以看成服务器的默认地址。按照目录下文件的思路来理解，就不难发现该文件的访问地址是 192.168.1.1/control.html。打开服务器下的 Web 控制界面，并使用串口调试工具检查，如图 9.11 所示。

可以看到，通过触发网页上的控制按钮，主控板的串口可以发出指令。至此，用户层的指令经用 LUA 脚本编写的指令及数据解析层可以传输给下位机。用户层的控制指令可以传输给下位机，指令层通道已经没有问题，下面着手建立数据层通道。OPENWRT 系统本身并没有集成这个软件，首先需要进行安装，在命令行输入下面的命令：

root@DreamBox:~# opkg install mjpg-streamer

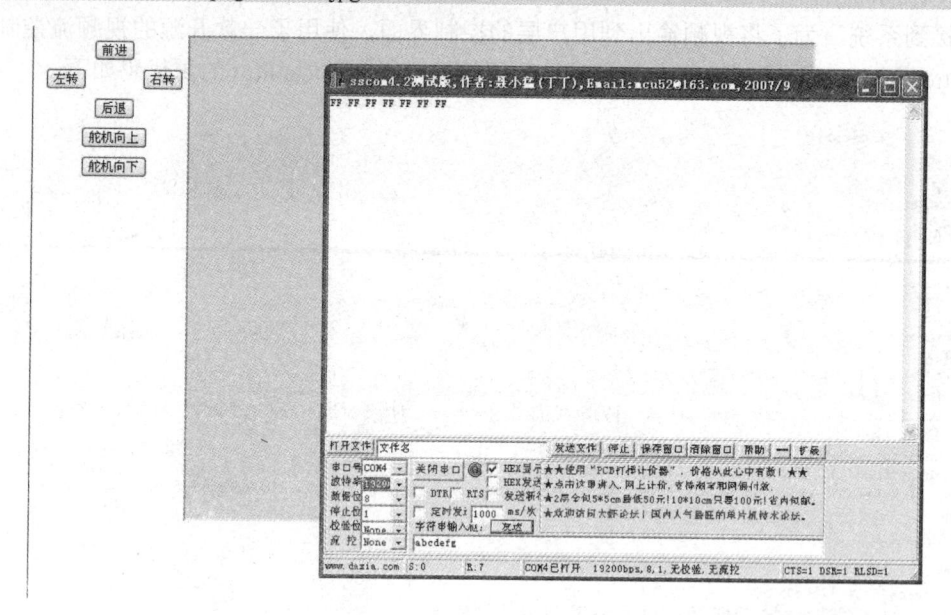

图 9.11　用串口调试工具检查 OPENWRT 服务器的机器人 Web 控制界面

完成对 mjpg-streamer 软件的安装后，使用下面的命令开机启动该软件：
/etc/init.d/mjpg-streamer enable

下面介绍下位机主控芯片，采用了飞思卡尔 K60 系列芯片，如图 9.12 所示。

图 9.12　下位机主控芯片 K60

其接口丰富，高速运行稳定。采用了先进的 ARM CORTEX—M4 架构，内部集成硬件 DSP，处理浮点型数据将更占优势。

本设计的下位机主控芯片挂载了一个超声波模块，如图 9.13 所示。

超声波模块发出脉冲号，测量信号被物体返回的间隔时间，这样就可以算出障碍物距离，如图 9.14 所示。

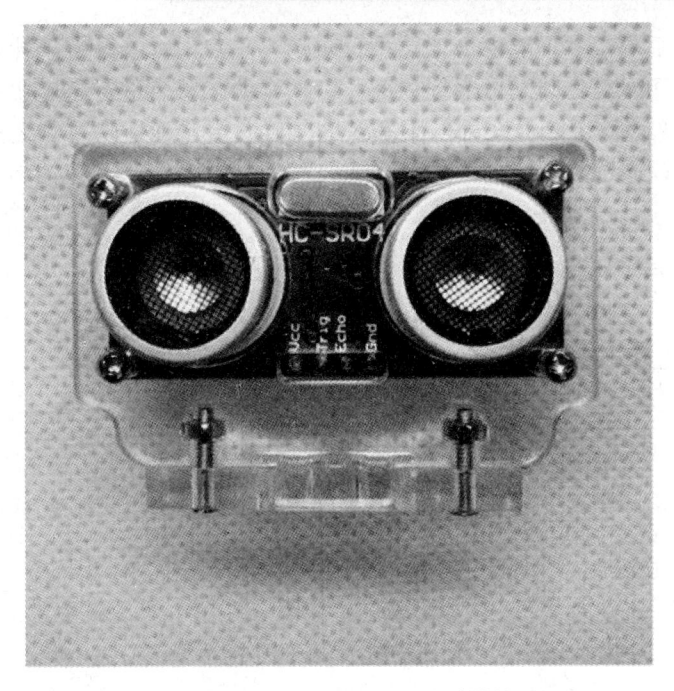

图 9.13　下位机挂载的超声波模块

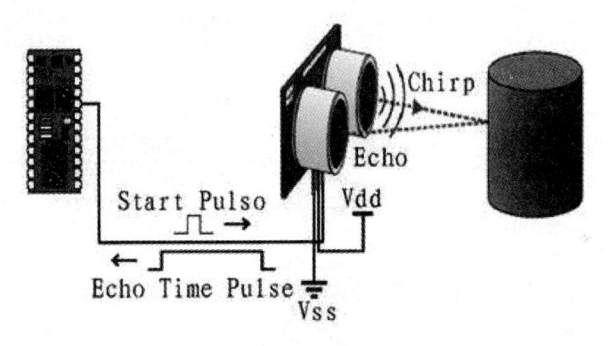

图 9.14　超声波原理图

　　下位机控制的移动机器人包括电源系统和电机驱动模块，其硬件电路如图 9.15 所示。本设计中使用的电源电压有 5V、3.3V、7.2V、12V，电池电压为 7.2V，经升压降压电路达到电压需求。机器人动力轮直流电机的驱动采用 MOSFET 驱动电路进行驱动。

　　本设计最终要实现的是局域网和广域网都能控制基于 OPENWRT 的网络远程机器人控制系统。局域网的控制在前面已经叙述，因为都在一个网段内，所以，在电脑的浏览器上直接可以访问控制界面。要实现外网控制，首先系统要接入外网。可以使主控板连接到一个能访问外网的路由器，这样系统就和外网连接上了。但是问题来了，路由器连接到外网的时候 IP 地址是随时都可能更新的，这是实现外网控制最大的障碍。作为控制者，它很难知道几千里外机器人的 IP 地址。如果每次登录系统前都要知道控制系统的 IP 地址，那么本系统使用起来太麻烦。本设计的主控板的 IP 地址是可以固定，问题出现在连接外网的路由器的对外 IP 地址是不固定的。连接外网的路由器可以静态分配一个 IP 地址给控制系统的主控板，但是只要知道连接外网的对外 IP 地址才能访问我们设置的静态 IP 地址。连接外网的路由器 IP

283

地址会在每次重启后更新。不能保证该路由器永远不重启。所以得换一种思路去解决这个问题。查阅资料，发现现在有动态域名提供商，可以将动态域名进行绑定服务。比如去花生壳申请一个账号，那么以这个账号在外网下登录的时候它会自动地映射到之前设置好的本地路由器。这样，就可以通过外网访问本地路由器，然后本地路由器又和控制系统绑定。即可以通过外网访问到本设计的系统。

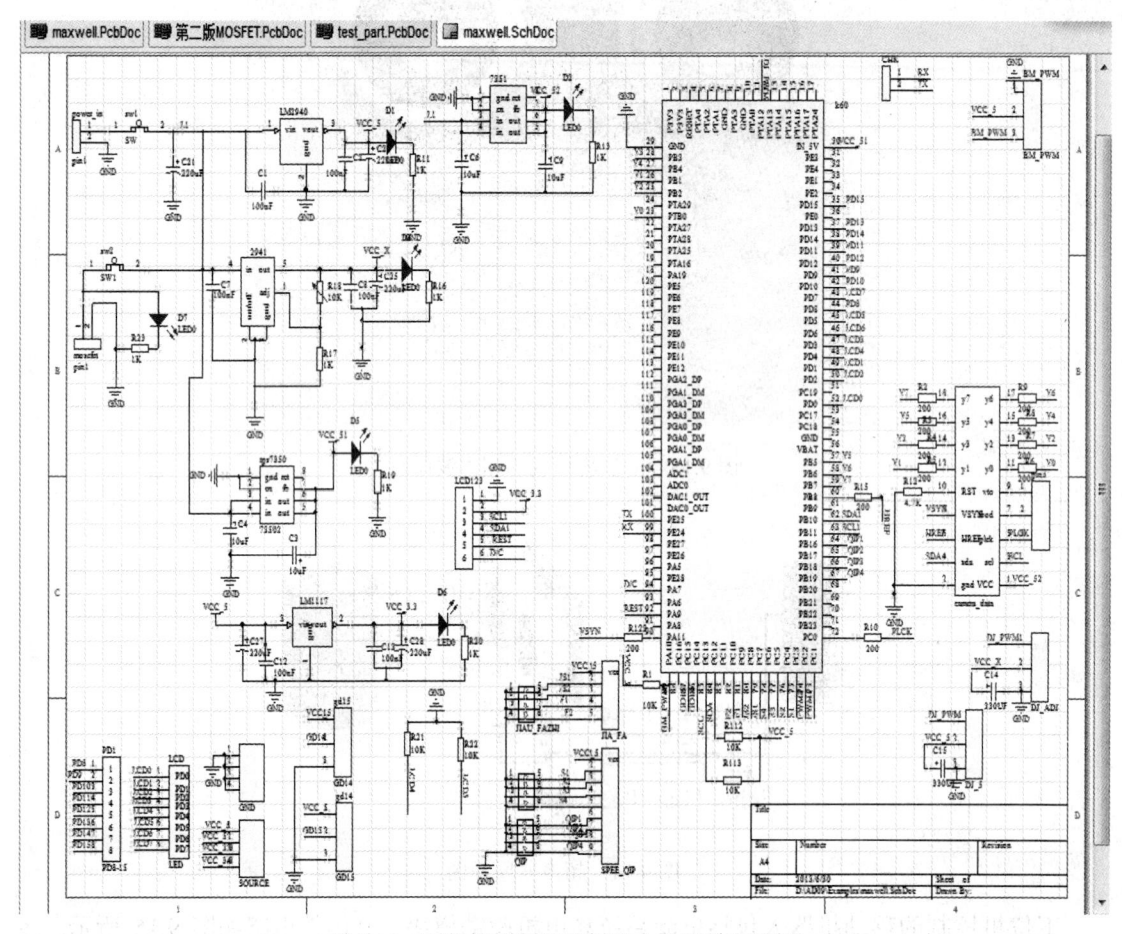

图9.15　下位机控制移动机器人的硬件电路图

要实现此功能，需要对本地连接外网的路由器进行一些设置。本设计中使用的OPENWRT在编译的时候加入了LUCI组件，所以下面的设置不采用命令行模式，而是通过LUCI管理界面进行设置。

（1）先配置本地路由器。用浏览器登录到本地路由器进行设置，找到转发规则虚拟服务器项目，本设计运行OPENWRT的主控板的IP地址是192.168.2.1。控制系统需要开一个端口号：8080。该端口号用于传输视频流。所有外网对8080端口的访问会被重新映射到该地址，即本设计的主控板。

（2）设置静态IP地址分配，相当于是把本地连接外网的路由器和本设计运行OPENWRT的主控板绑定起来。这里需要主控板的MAC地址，可以用putty登录到OPENWRT的系统，输入ifconfig命令查看主控板的MAC地址。

（3）打开动态 DNS 管理项，将申请到的花生壳账号填入。这样就可以不用担心本地路由器对外网的 IP 地址值，在庞大的互联网里使用花生壳的动态域名绑定即可快速方便地访问到本地路由器。以上是将本地连接外网的路由器进行设置，下面使用强大的可视化 LUCI 管理界面对运行 OPENWRT 的主控板进行设置。在前文中已经通过命令行模式将运行 OPENWRT 操作系统的主控板无线模式设置为客户端模式，并成功连上实验室的无线网，下面需要对端口进行一些设置。

（4）使用 LUCI 进入系统的网络设置。点击【接口】设置选项，进入接口设置。在 WWAN 口一栏将协议模式改为【STATIC】，静态 IP 地址设置为前文中本地路由器分配的静态 IP 地址。上述设置好后，进入无线网络设置，可以看到运行 OPENWRT 的主控板已经连接到了无线网络。为了保证系统能顺利被外网访问，需要撤除 OPENWRT 的防火墙机制。Linux 系统的安全机制是很健全和强大的，所以在这里有必要撤除一下，以验证整个系统的联通性。

（5）进入 OPENWRT 系统的防火墙设置，将防火墙撤除，所有【禁止】的选项设为【允许】。所有的配置工作完成后，就可以通过外网访问本设计的控制系统了。

本系统的 Web 受控对象是智能车机器人，如图 9.16 所示。

图 9.16　通过可编程路由器和 OPENWRT 操作系统 Web 控制的移动机器人

9.4 小结

本章以远程机器和远程机器人的 Web 控制平台开发为项目实例,介绍了 Web 控制平台项目开发的思路、需求分析、系统设计和各个模块实现方法。

通过 Web 控制平台的测试与应用,Web 控制平台站点(演示网址:http://www.ytxxchina.com/webcontrol)具备以下功能:

(1)此 Web 站点具有了用户登录、取回密码和密码修改等功能,对用户访问进行控制。

(2)此 Web 站点对开放权限的远程机器进行 Web 控制。

(3)此 Web 站点对开放权限的远程机器人进行 Web 控制。

第 10 章 Web 卓越工程师的现在与未来

随着互联网、手机、嵌入式系统、APP 等 Web 应用的发展与普及，Web 卓越工程师已经成为一个流行、收入不菲和有前景的职业，也是国家发展的必要螺丝钉。

10.1 国家对 Web 卓越工程师培养的重视与政策扶持

2010 年 4 月，中共中央、国务院印发了《国家中长期人才发展规划纲要（2010－2020 年》（中发〔2010〕6 号），提出了到 2020 年中国人才发展的总体目标，即培养和造就规模宏大、结构优化、布局合理、素质优良的人才队伍，确立国家人才竞争比较优势，进入世界人才强国行列，为在本世纪中叶基本实现社会主义现代化奠定人才基础。同年 7 月，《国家中长期教育改革和发展规划纲要(2010－2020 年)》正式全文发布。这是中国进入 21 世纪之后的第一个教育规划，是今后一个时期指导全国教育改革和发展的纲领性文件。

随着这些纲领性文件的出台，中国高等教育的思路更加明晰，教育部的"卓越工程师教育培养计划"重大改革项目也应运而生。该计划是促进我国由工程教育大国迈向工程教育强国的重大举措，旨在培养造就一大批创新能力强、适应经济社会发展需要的高质量各种类型工程技术人才，为国家走新型工业化发展道路、建设创新型国家和人才强国战略服务，对促进高等教育面向社会需求培养人才，全面提高工程教育人才培养质量具有十分重要的示范和引导作用。通过行业、企业深度参与培养，学校按通用标准和行业标准培养工程人才，强化培养学生的工程能力和创新能力（陈希．卓越工程师教育培养计划．http://www.jyb.cn/high/tbch/2010/zygcs/）。

卓越工程师的培养在一些发达国家已受到重视，例如德国的工程教育由来已久。与发达国家的工程教育相比较，中国工程教育存在培养方案针对性不足、培养目标不清晰、大学教师缺乏工程经历、大学毕业生工程经验薄弱、企业不愿接收大学生实习等方面的问题（王春梅．德国高等工程教育模式的变化．中国大学教学，2001, (1): 12-15）。如何在短时间内，通过学习国外的先进经验，并结合中国的实际需求及发展水平发展具有中国特色的工程教育方法，是中国未来发展的战略需要，也是所有从事高等教育人员的当务之急。

10.1.1 卓越工程师培养的通用标准

卓越工程师教育培养是为贯彻落实党的十七大提出的走中国特色新型工业化道路、建设创新型国家、建设人力资源强国等战略部署，贯彻落实《国家中长期教育改革和发展规划纲要（2010~2020）》和《国家中长期人才发展规划纲要（2010~2020）》而提出的高等教育重大改革计划。卓越工程师培养标准的研究和制订是实现该计划的主要目标，是培养各种层次和类型的卓越工程师后备人才的一项重要的基础性工作。

1. 培养标准体系

标准体系由通用标准、行业标准以及学校标准三个层面构成，如图 10.1 所示。通用标准是国家对各行各业各种类型卓越工程师培养从宏观上提出的基本质量要求,是行业制定各个专业卓越工程师培养标准的根据和基础,是制定行业标准和学校标准的宏观指导性标准;行业标准是各行业主体专业领域的卓越工程师培养必须达到的中观要求,包含本行业内若干专业的专业标准,它不仅是对通用标准的具体化,还应体现专业特点和行业要求,应由各专业委员会与工业企业界一道根据通用标准制定;学校标准是各个学校在通用标准的指导下,以行业标准为基础制定的校内各个工程专业卓越工程师培养的可落实、可评估检查的具体标准。目前,卓越工程师的培养分为本科、硕士和博士三个层次。通用标准由本科工程师培养通用标准、硕士工程师培养通用标准和博士工程师培养通用标准组成。行业标准的具体名称应包括行业名称+专业名称+培养层次,如机械行业本科层次的机械工程及自动化专业的标准应称为:机械行业机械工程及自动化专业本科标准。学校标准的具体名称应包括学校名称+专业名称+培养层次,如清华大学的材料工程专业本科层次工程师的培养标准应称为:清华大学材料工程专业本科标准。

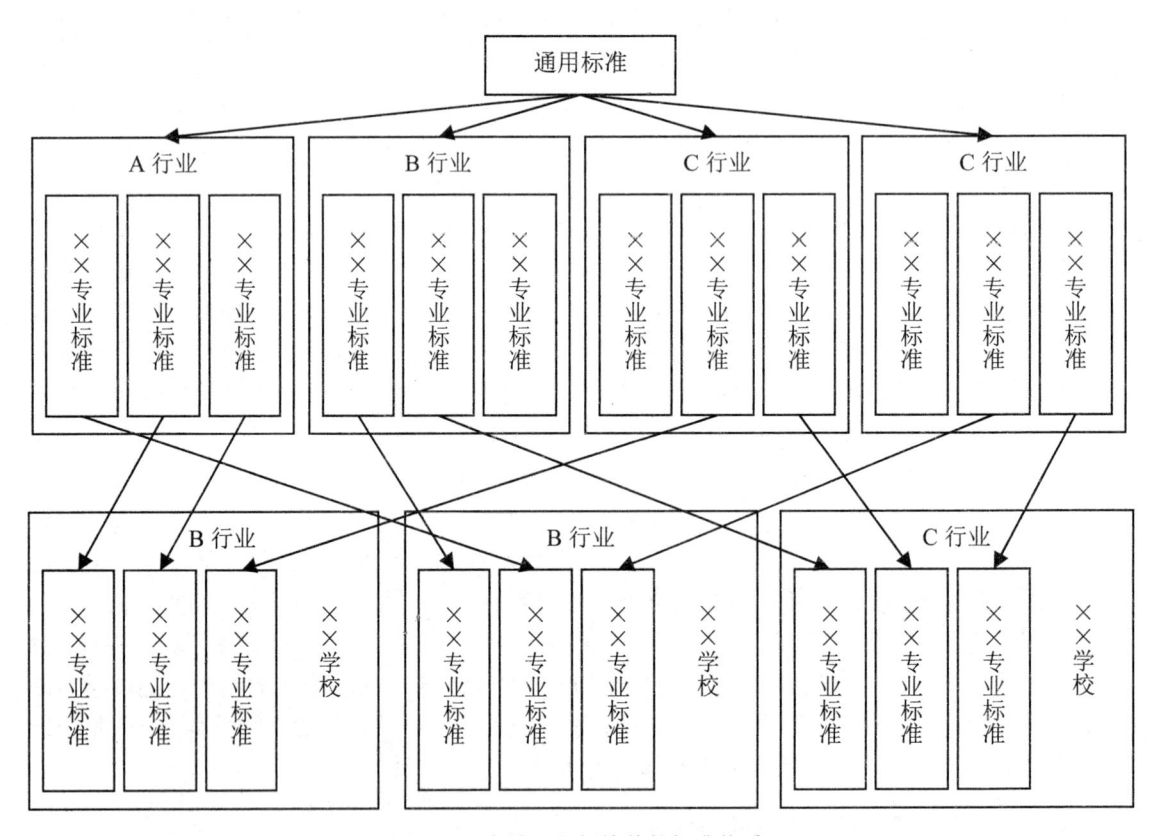

图 10.1 卓越工程师培养的标准体系

2. 卓越工程师培养通用标准的制订原则和基本思路

培养卓越人才的主要目标是面向工业界、面向未来、面向世界,培养造就一大批创新能力强、适应经济社会发展需要的高质量各类型工程技术人才,为建设创新型国家、实现工业化和现代化奠定坚实的人力资源优势,增强我国的核心竞争力和综合国力。为实现这一目标,卓越计划通用标准的制订应遵循以下原则。

(1)服务国家战略。通用标准首先要满足实现国家战略对工程人才的需要。我国的国家战略是：加快经济发展方式转变，走中国特色新型工业化道路；提高自主创新能力，建设创新型国家；建设人力资源强国，增强国家的核心竞争力。就教育界而言，实现这些国家战略的关键在于通过培养卓越工程师，面向工业界、面向未来、面向世界培养造就一大批创新能力强、适应经济社会发展需要的各类型高素质后备工程技术人才。这要求从服务国家战略的高度研究和设计卓越工程师的通用标准。

（2）追求质量卓越。在通用标准中应反映各种层次和类型的工程师在知识、能力和素质方面具备的竞争优势和发展潜力。在竞争优势方面，本科层次工程师应能完全胜任生产一线的各项工作，硕士层次工程师的设计开发能力应在国内具有竞争优势，博士层次工程师的研究开发能力应在国际上具有竞争优势。在发展潜力方面，各种层次的工程师，尤其是硕士层次和博士层次的工程师，应能满足未来发展需要，具备适应和引领未来工程技术发展方向的能力。

（3）满足国际化需要。工程教育要面向世界，这一方面要求培养熟悉当地国家文化和法律、具有在跨文化环境下进行交流与合作的能力，以及参与国际竞争能力的国际化工程师。另一方面，要求培养出来的卓越后备工程师在工程学位资格上能适应国际互认，以满足国际市场的需要。这些要求体现在通用标准上就是对工程师相关知识、能力和素质的明确规定。

（4）发挥宏观指导。通用标准不仅要涵盖各行各业对各类工程人才的要求，还要有利于不同类型和不同服务面向的学校发挥办学优势和人才培养特色。因此，通用标准应该是宏观定性、内涵丰富、适应面广和富有弹性的培养标准，能够充分体现出对行业标准和学校标准的宏观指导作用，并为行业标准和学校标准的制定提供充足的灵活处理的空间。

3. 卓越工程师培养的双层标准

从有利于各层次卓越工程师培养标准的制订和培养质量管理的角度考虑，卓越工程师培养的通用标准应该由基本标准和优秀标准两方面构成。

（1）基本标准。基本标准是卓越工程师培养必须达到的最低要求，是衡量各类院校卓越工程师培养的合格标准。三个层次卓越工程师的基本标准之间应该存在着这样一种关系：后一层次工程师的基本标准包含前一层次工程师的基本标准外加本层次工程师必备的其他基本要求。换句话说，每一层次工程师都必须具备前一层次工程师的基本要求，但不必满足前一层次工程师的优秀标准。如硕士层次工程师的基本标准包含本科层次工程师的基本标准和硕士层次工程师还需具备的其他基本要求，但硕士层次工程师不必满足本科层次工程师的优秀标准。这种基本标准兼容的方式既体现了不同层次工程师之间的关联性，同时也为在有限学制内达到优秀标准提供时间上的保证。

（2）优秀标准。各层次工程师的优秀标准是培养卓越工程师的高于及格线的标准，由于各层次工程师的培养目标不同，因此，他们的优秀标准之间不必具有兼容性。优秀标准包含体现各层次工程师卓越水平的具体要求。三个层次卓越工程师培养标准之间的关系如图 10.2 所示，其中各层次卓越工程师培养标准之间的兼容性体现在基本标准之间。

10.1.2 卓越工程师的培养过程

在教育部提出"卓越工程师计划"重大教育改革项目之后，各类学校纷纷按照计划的精神进行一系列实践活动。教学过程中对实践活动的设计、编排、校内外培训人员的培养、对学生创新思维和国际化意识的培养对于"卓越工程师计划"的顺利实施有着重要作用。

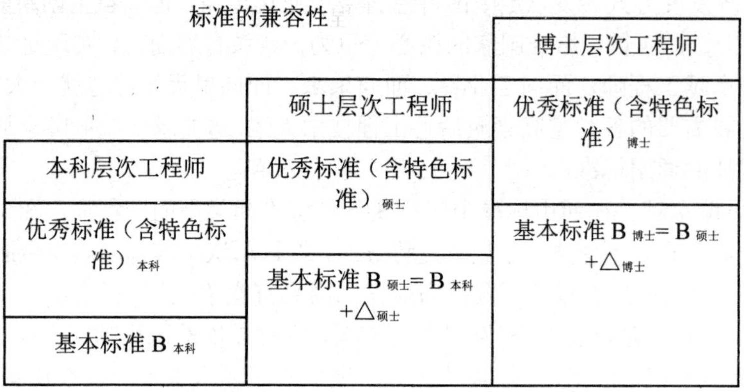

标准的兼容性

		博士层次工程师
	硕士层次工程师	优秀标准（含特色标准）博士
本科层次工程师	优秀标准（含特色标准）硕士	
优秀标准（含特色标准）本科		基本标准 B 博士＝B 硕士 ＋△博士
	基本标准 B 硕士＝B 本科 ＋△硕士	
基本标准 B 本科		

图 10.2　不同层次卓越工程师培养标准之间的关系

1. 合理设计课程

"卓越工程师计划"的专业课程要周密设计，统筹安排，要与行业基础理论和行业发展实际紧密结合。一方面，要保证学员通过该计划的培训掌握专业知识和技能；另一方面，要保持专业知识的先进性和前沿性，使学生通过培训能够夯实专业基础，掌握专业知识、了解行业发展、接触技术前沿。在专业课程设计的环节上，前期要进行充分的调研，并且要有学校任课老师和企业培训人员参与，保证学校教学与企业培训衔接流畅，层层递进。这样，才能让学生循序渐进地接受基础理论和实践知识，环环相扣，学校与企业教育交相辉映，保障学生学习的效果，达到预期的目的。

2. 重塑教学内容

"卓越工程师计划"强调"学以致用、全面发展"的应用型工程师培养教育理念和"优化基础、强化能力、提高素质"的教学改革要求，所以在教学内容上要很好地体现这一宗旨，理论与实践相结合（陈希. 卓越工程师教育培养计划. http://www.jyb.cn/high/tbch/2010/ zygcs/）。作为企业方的培训，既不能偏重理论，让学生回归课堂，也不能单纯只讲设备及其操作流程，变成产品的代言人。学生需要通过实训了解设备，学会操作，并对理论知识实现再加工和升华。校企联合培训的内容要更有深度，要让学生通过实践学习到在学校无法获得的工程实践知识；同时，这些通过实践的渠道获得的工程实践知识要与理论知识相呼应，相补充。只有这样才能达到"实践出真知"的效果，使学生通过感性的认知实现对知识的融汇贯通，为创新人才的进一步培养做好铺垫。

3. 选择及培训师资人员

"卓越工程计划"要深入和全面地选择并培训师资人员，要求师资人员要有丰富的理论知识和实践经验。企业方师资人员的选择要尽量吸引行业一线专业技术人才，他们既要有丰富的实战经验，又要有与之紧密结合的理论知识做支撑。企业的培训人员要与学校的教师有良好的互动和交流，取长补短，互通有无。依托相关试点专业开展"双师型队伍建设"改革试点，以推动院校专任教师双师素质能力提升为重点，组织在岗专任教师定期到企业锻炼，参与技术服务，以此来提高教师的实践能力（黄学勇. 高职教育"双师型"教师队伍建设的研究. 中国成人教育, 2009, (1): 15-16）。同时吸引行业企业一线专业技术人才到校担任兼职教师，参与教学工作，提升师资队伍建设水平。只有做好这样的双向交流才能真正把目前学校教育的薄弱环节做实做强，学生才能真正从校企联合培养的工程中获益，才能真正把这项事业做好。

4. 培养创新能力和国际化意识

要在工程实践中培养学生的创新能力和国际化意识。卓越计划不仅是要培养一大批能够适应和支撑产业发展的工程人才，更要为建设创新型国家、提升我国工程科技队伍的创新能力而培养一大批创新型工程人才。同时，为增强综合国力，应对经济全球化的挑战，还要培养一大批具有国际竞争力的工程人才。因此，对学生在工程实践中引入创新机制，培养学生的创新意识与跟踪国际先进水平的能力就显得尤为重要（陈希. 卓越工程师教育培养计划. http://www.jyb.cn/high/ tbch/2010/zygcs/）。各院校要依托校内实验室、工作室、创业园，积极争取与外界合作，通过开设创新创业课程，加强教材和师资队伍建设，把创新创业教育纳入教育教学计划，培养大学生创新创业意识，提高大学生的创新创业实践能力。这就需要在课程设计上多花心思，调动学生的主观能动性。

10.1.3 卓越工程师培养的动力机制

"卓越工程师"教育培养计划是适应我国社会发展需要应运而生的，对高等工程教育的改革发展具有重大意义，而校企合作培养是实现"卓越工程师"目标的重要路径。为了实现"卓越工程师"培养创新，要加快"卓越工程师"的机制构建，打造具有资金保障、师资支撑、组织支持、制度保证的动力机制，以保障校企联合培养"卓越工程师"的有效运转。

1. 积极构建资金保障机制

高校应从国家、各级政府的预算内拨款中预留一部分工程保障金，作为"卓越工程师"培养的日常开支。保障金的支出范围主要涵盖校企合作培养费、教师培训费、实践平台建设费、学生实习补助以及实习保险等方面。政府是教育经费的投入主体，高校应充分利用好政府的预算内拨款，注意对款项份额比例进行合理划分，以保证各项教学工作的顺利开展。高校应按照"谁投资，谁受益"的原则，适当提高工程类专业的收费标准。或者在不提高学费的基础上，采取必要措施，与企业签订相关协议，对学生实习期间的工资由其培养单位进行代收，以抵消"卓越工程师"培养所增加的教育成本，也为后续工程型人才的培养积累资源。高校要争取合作企业参与对"卓越工程师"的培养资助。企业作为工程人才培养的未来收益者，理应承担相应的人才培养责任（赵启峰等. 校企合作培养"卓越工程师". 河北联合大学学报（社会科学版），2012）。由此，可以从几个方面进行资助：提供校企合作经费的支持，主要用于学生实践补贴、企业所开展的科研以及实践指导教师工资等；提供人才支持，企业配备内部的高级工程技术人员作为学生的实践指导教师，作为高校实践教师的后备支撑；为工程实习生提供相关的实习岗位和真实的生产实践情境，进而保证人才培养的质量。争取社会资源对"卓越工程师"培养方案的资助，主要是来自社会公益组织、企业及校友的资助，以保证"卓越工程师"经费来源的多样化。

2. 着力打造师资队伍培养机制

这是成功开展"卓越工程师"培养计划的关键环节，也是保证工程型人才培养质量的基础工程。工程教育是一个集实践性、创新性和集成性为一体的教育活动，不仅要求高校工程类教师掌握系统全面的理论知识，还需要具备丰富的工程实践经验作为教学铺垫（李德才、王俊. 关于培养"卓越工程师"的几点认识. 研究生教育研究，2011）。在校企合作背景下，必须着力构建一支特别能攻关、理论功底扎实与实践教学能力较强的教师队伍，积极打造"卓越工程师"校企合作培养的师资机制。具体来说，可以针对高校工科师资普遍缺乏丰富的工程实践经验的问题，做一些硬性规定，对参与"卓越工程师"培养的教师要求必须具备一定年限的工程实践经历。如对每届工程类本科专业，在4年内担任五门及以上课别的教师要求要有3年或以上工程实践经历，只有具备此条件的教师才有资格担任授课任务。对于那些未能满足条件的教师，学校应加强培训力度，与外部相关企业合作，安排他们到企业中进行挂职锻炼。为了弥补校内工科师资的不足，除了培养校内专职教师以外，高校应加强与企业间的人才交流，积极与企业达成外聘协议，聘请企业内部具有丰富工程实践经验的工程师或管理人员作为"卓越工程师"培养的兼职教师，以弥补办学师资不足的现状。

3. 不断完善组织支持机制

行之有效的校企联动组织支持机制在校企联合培养工程人才中主要起着沟通与连接作用，对校企之间的合作进行总体规划、协调、指导与沟通，以实现校企之间的全方位、全过程的合作。具体来说，该组织支持机制主要以校企委员会为主体，下辖校企人才培养办公室和专业建设委员会，后者又分为若干不同专业的第二分委会。

（1）校企合作委员会作为校企联合培养"卓越工程师"的常设机构，由高校、行业协会以及企业三方的人员组成，主要负责"卓越工程师"培养方案、培养目标以及培养规格的制定；对实践教学工作进行整体规划、业务指导与宏观调控；协调校企之间的日常教学、生产与技术研发等工作；制定校企双方在"卓越工程师"培养中的责任与义务并保证落实；建立健全工程型人才培养的方针政策，主要涵盖日常管理制度、实践教学经费投入、教学与实践质量监控等方面的内容；负责争取外部资源，加强与政府、社会之间的联系和沟通（汪泓. 更新人才培养观念，创新人才培养模式——卓越工程师教育培养的理论与实践创新. 上海工程技术大学教育研究，2010）；对校企合作进行全过程指导与监督，解决校企合作中产生的各种问题。

（2）人才培养办公室是校企合作委员会下辖的二级组织，其主要职责表现在校企合作中日常事务的处理，以及校企内外部门间的协调与沟通，具体包含了校企合作协议的拟定、"卓越工程师"培养工作的校企对接、培养过程的监控、校企合作中的制度建设。此外，针对校企合作的进展情况及需要进一步解决的问题，要定期向校企合作委员会做相应的工作汇报，保证校企合作的信息通畅。

（3）专业建设委员会同样是校企合作委员会下辖的二级单位，由高校工科专业领域内的教授、著名学者以及合作企业的工程类专家、高级工程师等组成，主要负责构建科学的"卓越工程师"课程体系、确定教学内容、落实培养计划等各项工作。为了进行精细化管理，保证人才培养的质量，根据工科不同的专业类别，专业委员会又分为众多三级组织，如水利工程专业建设委员会、土木工程专业建设委员会、机械工程专业建设委员会等。各专业建设委员会主要负责制订并不断完善本专业"卓越工程师"的培养规格与标准、校企专业培养方案、企业实践课程开发等实体性工作。

4. 建立健全合作培养制度保证机制

制度作为行为方式的规则，对人们的行为具有重要的指向作用。有效的制度是"卓越工程师"顺利开展的有机保障。因此，为了保证"卓越计划"在校企间得以顺利实施，就要建立相应的校企合作制度作为保障，使高校教学院系、校企各职能部门、教师与学生，在有效的制度环境下各司其职、相互配合，有效开展各项工作。校企合作培养"卓越工程师"需要校企之间的共同配合，从制度建设上来看，也要从高校和企业两个层面建立相应的制度保障。高校作为校企合作的发起端和牵头者，理应承担起人才培养的重任。因此，针对"卓越工程师"培养的制度保障，应从高校层面入手。高校在校企合作中的制度构建涉及人才培养规划和目标、校企间的分工细则、人才培养的经费预算、校企合作绩效评估考核等方面的内容。在"卓越工程师"培养目标的导向下，要不断完善并落实高校的各项政策制度，切实依照工程人才培养任务实施校企合作，进而实现校企合作目标。在企业层面，针对"卓越工程师"培养的制度保障，主要涉及实践平台建设、工程型人才培养规格、实习生的日常管理等方面的内容。企业层面的制度在校企合作中起着支撑作用。在企业工程人才保障制度的建设中，要努力与高校形成一个有机耦合点，互通互容、相互依存（孙颖等. 推进卓越工程师孵化的现实阻力及对策性思考. 高等工程教育研究，2011）。

10.2 Web 卓越工程师教育培养计划的实施现状

"卓越计划"参与高校结合本校的办学定位、人才培养目标、服务面向、办学优势与特色等，精心遴选本校具有良好基础和行业背景的专业领域和人才培养层次参与"卓越计划"。目前在 194 所参与高校中共选出 824 个本科专业或试点班及 288 个研究生层次学科专业参与"卓越计划"。

"卓越计划"参与高校从 2008 级和 2009 级选拔进入"卓越计划"的学生分别为 7678 人和 13599 人，2010 年、2011 年和 2012 年进入"卓越计划"的学生分别为 25953 人、38634 人和 44377 人。截至 2012 年，全国进入"卓越计划"培养的学生总数达到 130241 人，其中，按照高校隶属关系，教育部直属高校、中央其他部门所属高校和各省市所属高校学生数分别为 72534 人、9928 人和 47779 人；按照培养层次，本科、硕士和博士层次学生数分别为 112640 人、16485 人和 1116 人。

虽然国家在"卓越计划"的实施上没有专项经费，但"卓越计划"参与高校通过各种渠道自筹经费，在教学改革方面投入经费 40234.46 万元，在教学条件建设上投入经费 151458.84 万元，在学生实习经费上投入 29534.07 万元，共计 221227.36 万元。

表 10.1 分别按照"985 工程"大学、"211 工程"大学、地方普通本科院校和地方新建本科院校四种类型给出各类型"卓越计划"参与高校、参与学生和投入经费情况。自 2010 年 6 月"卓越计划"启动至今的三年期间，参与高校在国家教育部的指导和部署下，在国务院相关部委、工业行业部门、省市各级政府的大力支持下，在各类企业的积极配合和参与下，开展了大量的工程人才培养模式改革和工程教育教学改革工作，初步取得了卓有成效的成绩，不仅推动了本校工科专业人才培养的系统性改革，而且对本校其他应用型专业人才培养，乃至全校的教育教学改革均起到积极的促进作用。

表 10.1 各类高校参与"卓越计划"数量、学生人数和投入经费

学校类型	"卓越计划"参与高校数（所）	"卓越计划"参与学生数（人）	实施"卓越计划"投入经费额（万元）
"985"大学	27	55011	72906.12
"211"大学	38	31386	65275.02
普通本科院校	110	36876	73017.89

续表

学校类型	"卓越计划"参与高校数（所）	"卓越计划"参与学生数（人）	实施"卓越计划"投入经费额（万元）
新建本科院校	19	6968	10028.33
合计	194	130241	221227.36

10.3　Web 卓越工程师培养的不足与改进方向

1. 从学校培养标准的制定方面来看，Web 卓越工程师培养存在的不足

（1）目前仅有少数行业组织在"卓越计划"通用标准的基础上制定出本行业主体专业领域的人才培养标准，即行业标准，这使得相关专业的学校培养标准的制定缺乏行业标准作为依据。

（2）少数参与高校的学校培养标准未能凸显本校人才培养特色，这不仅不能满足"卓越计划"的要求，而且将直接影响相关专业卓越工程师培养的质量。

（3）个别参与高校的学校培养标准过于抽象和简单，甚至是通用标准的简化。

2. 从课程体系和教学内容改革方面来看，Web 卓越工程师培养存在的不足

（1）课程体系的价值取向没有在整合重组后的课程体系中得到充分体现，即新的课程体系在完整、系统和有效地实现课程体系应有的价值取向上还存在着一定的距离。

（2）课程体系改革的系统性不够，即仅重视通识课程、学科基础课程和专业课程各自的整合和改革，而对这三类课程之间的逻辑关系和内在联系考虑不足。

（3）学科专业的交叉性和综合性重视不够，虽然有些参与高校将相近专业进行合并，但课程体系和教学内容改革主要局限于"卓越计划"试点专业所在院系，缺乏与其他专业院系的合作。

（4）课程进行了整合与重组，但教学内容更新显得不足。

3. 从推行研究性学习方法方面来看，Web 卓越工程师培养存在的不足

（1）对研究性学习的性质认识不足，简单地把有讨论和互动环节的课堂教学理解为研究性学习，也就是说，在原有的讲授式教学方式中增加了一些讨论和师生互动就认为是研究性学习了。

（2）主导研究性学习的教师自身的工程实践经验不足，不具备解决工程问题、案例和项目的能力，难以开展有效的研究性学习。

（3）用于研究性学习的问题和案例不是源于工程实践或企业实际，往往是教师闭门造车或虚构的，无助于学生工程能力的培养和提高。

（4）采用研究性学习教学方法的教师之间缺乏合作，每位教师各自为阵，研究性学习的作用不能充分发挥。

（5）参与高校层面缺乏激励教师实施研究性学习的政策和措施，如对教师开展研究性学习教学方法没有明确要求，对开展研究性学习的教师在绩效薪酬上没有倾斜等。

4. 从工科教师队伍建设方面来看，Web 卓越工程师培养存在的不足

（1）在校内专职教师队伍建设方面，校方担心本校的科研论文发表和理论研究成果会在不同程度上受到冲击和影响，从而影响研究型大学高水平大学建设步伐和地方大学学术水平的

提高。而一些具有教授职务终审权的高校没有开设"工程型"教师职务系列,而没有教授职务终审权的一些地方高校在本校权限范围内支持校内专职教师队伍建设的力度有限。同时,从事工程教育的教师基本上还是"单打独斗",对教师团队建设重视不够。此外,有些地方高校认为,在工科教师的聘任和考核上,教育部需要出台具体的办法,否则,工程教育改革工作难以落到实处。

(2)在企业兼职教师队伍建设方面,首先是对兼职教师教学能力的培养重视不够。一些兼职教师长期在企业工作,虽然具有丰富的工程实践经验和解决复杂工程问题的能力,但在教学内容选择、组织和教学方法的采用上却缺乏经验,这在一定程度上会影响到兼职教师所承担的教学任务的教学效果。二是兼职教师的作用发挥有限。兼职教师往往只被要求参与实践教学工作的某个环节,而既没有参与"卓越计划"试点专业的专业培养方案的制定,也不了解专业培养标准和各个教学环节之间的内在联系,这就使得兼职教师不可能从卓越工程师培养的高度来重视和完成所承担的教学任务。三是相当一些高校没有将"卓越计划"要求"本科四年内要有6门专业课是由具有5年以上工程实践经历的教师主讲"这一规定予以具体落实。

5. 针对上述不足,提出了以下参考性的改进方向

(1)学校培养标准制定现存问题的对策。

1)对缺乏行业标准的专业,如果参与高校具有良好的行业背景,掌握或熟悉相关行业领域对该专业工程人才的要求,则参与高校可以此为基础制定该专业的学校培养标准;否则,如果工程专业认证标准中有相应专业的专业补充标准,则参与高校可以该专业补充标准作为本专业的"准行业标准"进行参考。

2)对于本校人才培养特色不明显的学校培养标准,应该在"卓越计划"实施进程中尽快地完善和修订,并落实到专业培养方案中,以使得本校人才培养特色能够在卓越工程师培养过程中逐渐实现。

3)对于不符合要求的学校培养标准,应该对照"卓越计划"的要求重新制定,使其在"卓越计划"实施过程中发挥应有的作用。

(2)课程体系和教学内容改革现存问题的对策。

1)重课程体系的系统性和整体性以及每门课程作用的综合性。将每个课程模块、每门课程甚至每个教学环节均作为整个课程体系中的一个相互关联和影响的部分和构成要素,从系统和整体的角度分析各自在卓越工程师培养上的目标、功能和作用,采取一体化的方式进行课程体系的改革、整合与重组。

2)重视校内学习课程与企业学习课程之间的关系、交叉和衔接;处理好理论性课程与实践的结合以及实践性课程与理论的联系,形成"理论——实践——再理论——再实践"螺旋式推进的理论与实践教学模式;避免教学内容在不同课程或模块中的重复和交叉。

3)实践性课程的建设和实施要注意发挥校内实践教学资源的作用。"卓越计划"强调企业学习,这并不意味着弱化或轻视校内实践教学在工程人才培养上应有的作用。与此相反,要重视和加强校内实践教学条件和设施的投入和建设,使校内实践与企业实践二者相辅相成、相得益彰。

4)课程目标的实现要通过与之适应的教学组织形式和教学方法。因此,进行课程设置和教学内容改革的同时就必须充分考虑拟采用的教学组织形式和教学方法,这不仅能够从教学实施的角度审视课程设置和教学内容改革的合理性,而且关系到课程教学目标能否有效地实现。

5）对于试行过一轮的课程体系，应该广泛听取意见并重新审视和继续完善。一方面要组织授课教师、选课学生甚至企业工程师对照相应的目标和标准对课程设置、教学内容以及整个课程体系进行研讨、分析和评价；另一方面要采用合适的评价指标对课程效果进行客观的评价；然后在此基础上进一步调整和完善课程体系。

（3）研究性学习方法现行问题的对策。

1）开展对研究性学习的教学研究，使教师充分认识到研究性学习在卓越工程师培养上不可或缺的重要作用。

2）将比较丰富的工程实践经历作为教师采取研究性学习教学方法的必备条件。教师不仅能够从容应对来自学生的各种预想不到的问题，而且能够凭借自己比较丰富的工程实践经历自如地帮助学生培养和提高工程能力。

3）从工程实践和企业实际中精心挑选、编写和设计用于研究性学习的问题、案例和项目。教师组织学生围绕着对问题的探究、案例的讨论和项目的参与，开展并完成主要课程内容的教学。

4）鼓励和加强教师在开展研究性学习教学活动中的合作。

5）在政策和措施上激励教师采取并做好研究性学习教学方法。

（4）Web技术课程教师队伍建设问题的对策。

1）解决对高校整体水平和学术水平的认识问题。对高等学校的评价总体上是集中在其所担负的人才培养、科学研究、社会服务和文化传承与创新等四项职能上所取得的成就。丰富参与高校工科教师的工程实践经历不仅是提高卓越工程师培养质量所必需的，也是加强校企合作、提升高校创新能力的需要。

2）开设"工程型"教师职务系列。建议有教授职务终审权的参与高校开设适合本校的"工程型"教师职务系列，但要处理好与其他教师职务系列的关系和"工程型"系列教师职务标准的把握问题；建议没有教授职务终审权的参与高校通过所在省市的教育和人事主管部门开设适合本地区地方高校的"工程型"教师职务系列，分别明确地建立起"工程型"助教、讲师、副教授、教授相应的职务标准，为建设一支胜任卓越工程师培养的专职教师队伍开辟既有长远制度保证又有重要导向作用的快车道。

3）重视工程教育教师团队的建设。通过建立教学团队，加强教师团队观念和合作意识、有效组合各种教育教学资源、全面提高学科专业建设和卓越工程师培养质量。

4）制定符合本校实际的工科教师聘任和考核办法。高校必须充分运用自身拥有的办学自主权，依照国家各种教育法律法规以及教育部"卓越计划"相关文件，在充分调研分析、广泛征求意见、学习和借鉴兄弟高校经验的基础上，制定和出台符合本校具体实际且行之有效的工科教师聘任和考核办法，为工科教师队伍建设提供坚实的制度保证和支持。

5）重视兼职教师教学能力的培养和提升。参与高校应该认真评估每一位兼职教师的教学能力，结合拟承担的教学任务，针对性地采取有效方式对其教学能力进行培养和提升，以保证兼职教师的教学效果。如采取兼职教师与专职教师合作开设课程的方式，一方面兼职教师可以向专职教师学习教育教学方法，另一方面专职教师可以向兼职教师学习解决工程实际问题的思路和方法。

6）重视兼职教师专业理论水平的提高。参与高校要注重引导兼职教师将其丰富的工程实践经验与工程理论相结合，使学生既能够从实践的角度理解理论，又能够从理论的高度概括实践规律。为此，必须更新兼职教师的专业知识，提高他们的工程理论水平。

7）充分发挥兼职教师在卓越工程师培养上的作用（林健. 胜任卓越工程师培养的工科教师队伍建设. 高等工程教育研究，2012）。参与高校不仅要在助手配备、教学计划安排和教育教学资源提供上为兼职教师创造条件，而且要尽可能使他们熟悉卓越工程师培养全过程，明确专业培养目标和培养标准，参与专业培养方案的制定和完善，参与人才培养模式改革和教师队伍建设，以更好地在"卓越计划"的实施过程中发挥作用。

10.4 Web卓越工程师发展的未来展望

既然国外一些发达国家在卓越工程师培养方面走在我们前面，因此展望Web卓越工程师发展的未来，我们有必要加强对发达国家卓越工程师培养经验的学习。

10.4.1 滑铁卢大学产学合作教育体系的特征与启示

归纳起来，滑铁卢大学产学合作教育体系具有以下特征。

（1）交替式产学合作教育模式。滑铁卢大学本科阶段的学制共四年零八个月，每学年分为3个学期，每个学期时间为四个月，分别为秋季学期（9~12月）、冬季学期（1~4月）和春季学期（5~8月）。在学校上课，称为学习学期，在商业、工厂或政府、企业等部门工作，称为工作学期。滑铁卢大学采用交替式合作教育模式，即在校学习和在商业、工厂或政府、企业等部门的工作期交替着进行。滑铁卢大学合作教育项目分为三种模式（见表10.2），学生可以根据专业教学需要、企业工作岗位及自愿情况从以上三种模式中任选一种。除了第三种模式在第一学年可以休学一个学期之外，其他方式在工作和学习的时间安排上一般都很紧凑，没有寒暑假。学习与工作在时间上比较平均，两者都有学分要求，同样重要，不可偏废。合作教育工作是全职工作，每天8小时，每周5天，学生可以用赚得的工资补贴学费、生活费等，完全不需要家庭承担其经济。这是真正意义上的勤工俭学，也是学习与实践的密切结合。

表10.2 三种典型的学习/工作计划

时间\模式	第1学年各学期			第2学年各学期			第3学年各学期			第4学年各学期			第5学年各学期	
	秋	冬	春	秋	冬	春	秋	冬	春	秋	冬	春	秋	春
1	学	学	工	学	工	学	工	学	工	学	工	学	工	学
2	学	工	学	工	学	工	学	工	学	工	学	工	学	学
3	学	学	休	学	工	学	工	学	工	学	工	学	工	学

（2）良好的合作教育运行机制。滑铁卢大学规定，会计、建筑、工程等专业的学生必须参加合作教育，其他专业的学生是否参加合作教育完全由学生自愿。实习工作必须与本专业相关。学生的工作岗位大多数是由学校开发，要经过学生申请和企业面试，学生与企业双向选择，双方满意后学生到企业工作。学生也可自己寻找工作岗位，但需要有学校认可。学生的工作除了工资和保险上的差别外，其他方面与长期雇员一样。学校并不参与雇主对学生的使用和管理，对学生在工作中的行为不负法律上的责任。雇主对学校也没有法律意义上的承诺，对学生按正式雇员要求，但也考虑到学生背景。对参加产学合作教育的学生来说，到企业的工作学习是一门课程，考核合格，方能取得产学合作教育学分。每个工作学期结束后，学生要完成一份报告，

报告通不过学校或者教授的审核不能拿学分。一个完成了合作教育的本科生毕业时差不多拥有两年的工作经验,而且这个经验多数学生是在 6 个学期 4~6 个不同岗位上获得的。

(3) 健全的合作教育管理与服务体系。滑铁卢大学设有庞大而有特色的合作教育与职业服务中心,现有 100 余名职员,其主要职责是:监控劳动力市场和人口统计数据的趋势,保持并加强和现有用人单位的联系,发展新的合作教育项目;鉴别适合需要的工作岗位,为学生尽力找到满意的工作;帮助学生准备工作学期的事项,指导学生前期工作准备,提供职业训练、个人和职业发展的研讨会;安置学生和阶段检查工作;安全法律顾问;为每个学生建立并保存成绩档案;评估分析用人单位对学生的成绩评价;为学生创办新企业提供市场、法律、财务、求职等咨询服务。合作教育与职业服务中心拥有良好的硬件服务设施,建有自己独立的空间大楼,内设设备齐全、可以容纳 12~100 人进行能力展示报告的厅,有 100 个可以进行单独面试的小房间,40 个可以进行电话或网上交谈的小单间。合作教育中心定期举办职业生涯规划报告,开展各类咨询与辅导活动。

(4) 企业和政府主动给予真诚的合作。合作教育计划需要依赖一大批用人单位提供与学生专业相关的工作机会,并支付学生的薪酬。许多企业主动与滑铁卢大学合作,为学生提供工作机会。滑铁卢大学合作教育的学生不仅获得了 IBM、北方电讯等大公司的信任,也获得了加拿大国防、核电、军队研究所等要害部门的认可。这一方面是部分用人单位将提供实习岗位视为应当承担的社会责任,更重要的原因是许多有远见的企业发现提供实习岗位能够降低企业人才的引入成本与培养成本。加拿大相关政府还制定了驱动企业接收学生实践的相关政策。滑铁卢大学所在的安大略省实施的退税制度规定,用人单位每接收一名学生实践,就可以享受相应的退税待遇,以鼓励企业与学校实施产学合作教育。在税收优惠等政策的激励下,企业一般都乐于接受学生实践。

上述滑铁卢大学产学合作教育体系的经验对我国 Web 卓越工程师的发展给了一些启示。

(1) 建立政府促进卓越工程师培养计划实施的保障机制。

从宏观政策的角度来讲,卓越工程师教育培养计划涉及经济、劳动人事、知识产权、劳动保护、税收等方面的工作。目前我国在这些方面还缺乏相应的法律法规,因此,国家有关部门应制订相应的法律法规推动和保障卓越工程师教育培养计划的健康发展,应结合我国的实际,界定企业参与联合培养的义务及职责,并制定相应的鼓励政策(如减免税收政策、给予企业一定的经费支持建立大学生联合培养基地);制定有关高等学校、特别是工程教育产学合作教育的法律政策(如教学的产业实践环节、工科教师的企业工作经历要求、知识产权保护等),为卓越工程师教育培养计划的顺利实施营造有利的宏观政策环境。

政府应加大对卓越工程师教育培养计划的专项资金投入。国外的经验显示,在产学合作教育中,对学校的经费支持十分重要。因为产学合作教育不仅要增加许多工作量,如联系用人单位、组织用人单位对学生面试等,而且要增加许多开支,如联系工作的差旅费、通讯费以及学校相关人员的工作津贴等。

(2) 建立企业层面的产学合作教育的内在需求机制。

企业应转变观念,把参与对人才培养和教育发展当作企业应该担当的社会责任。企业和企业家身体中要流淌道德的血液。道德血液不仅包括诚信,而且更重要的是要担当社会责任。支持人才培养和教育发展是企业和企业家应当担当的一种社会责任。

产学合作教育会使企业在人力资源方面明显受益。在联合培养的过程中,企业可优先选拔适合本企业发展的优秀人才,减少企业新进人员的培训时间,降低企业新进人员的培训成本,同时,与学校的密切合作还可以大大提高企业的社会声誉。

(3) 建立学校层面联合培养的保障机制。

学校应成立校企合作教育的专门管理机构,配置符合需要的人员和足够的经费。应根据学生专业的需要主动加强与行业、企业的联系,增进对社会用人单位的了解,将企业单位引导到校企产学合作教育中,同时负责安排学生到相应的企业进行联合培养,建立、形成和完善相应的校企合作办学机制,协调处理校企合作教育中遇到的有关问题。

与企业联合制定人才培养方案。学校在制定卓越工程师教育培养计划方案时,应了解行业的发展需求,邀请行业、企业方面的工程技术人员和专家参与人才培养方案的制定工作。按照产学合作教育的规律制定出符合经济社会发展的人才培养方案。

改革课程体系,优化课程内容。按照产学合作教育模式的要求进行课程改革和建设。学生在企业工作中的"实践性"课程应该坚持校企双方共同开发、共同考核和把关。校内课程也应该按照优化课程体系,精简理论课程内容,增强实践教学环节进行改革和建设。通过课程形式、内容和考核方式等方面的改革和建设,进一步提升产学合作教育的质量。

建设一支高水平的工程教育师资队伍。建立专任教师与非专任教师相结合的高水平工程教育教师队伍。一方面,建立校企合作联盟,聘请具有丰富工程实践经验的企业工程技术人员来校教学或指导学生进行实践。另一方面,增加校内专业教师的工程实践经验。采取多种举措鼓励工程教育的教师与企业界紧密结合,如学校安排教师带领学生到企业进行实践,分期分批派青年教师到企业进行挂职锻炼或顶岗工作,丰富工程教育教师的工程经历背景。同时,制定新的考评政策,对工科专业的教师在职称晋升、考核聘任等环节,加入对工程实践经历的要求,对工科教师的评聘与考核从侧重评价理论研究和发表论文,转向评价工程项目设计、专利、产学合作和技术服务等。

10.4.2 德国应用科技大学教育模式的特征与启示

德国应用科学大学(Fachhochschule,缩写 FH)是德国高等教育体系中的一个重要组成部分,始建成于 20 世纪 60 年代末、70 年代初,经过近 40 多年的发展,已经形成了从办学理念、培养目标到教学内容、课程设置都比较成熟完善的应用型人才培养体系。至今,德国有约 2/3 的工程师、一半的企业管理人员和计算机信息技术人员毕业于应用科学大学,是名副其实的工程师摇篮。

归纳起来,德国 FH 模式具有以下特征。

(1) 从生源条件看,应用科学大学的学生入学前一般都具有相应的实践经验。学生主要来自专业高级中学、高级专业学校、完全中学、专业完全中学。专业高级中学主要接收已接受过双元制职业培训的实科中学毕业生;高级专业学校本身为职业教育机构,学生一般在此之前都已接受过双元制的职业培训;完全中学和专业完全中学学生在毕业后如果没有接受过职业培训,则一般要经过实习后才能进入应用科学大学学习。

(2) 从培养目标看,应用科学大学的教育目标是培养掌握科学的方法、擅长动手解决实际问题的工程技术专门人才。为保证这一培养目标的实现,应用科技大学的学制为 4 年,采用"3+1"模式,即有两个学期(一年)为实习期,这是决定并影响其教学质量的关键因素。应用科技大学的课程根据其培养目标而设置,课程体系和教学模式面向职业和实践。从实际效果出发，企业需要什么，学校就教什么。就教学方式而言，应用科学大学的课堂教学分为理论课和习题课。理论课讲授理论知识，习题课做练习，目的是提高学生的计算能力和实际应用能力。理论课和习题课的教学时数比例为 2∶1，可以是同一个教授讲授，也可以分别由 2 个教授完成。

（3）从人才培养方式看，应用科学大学采用学校与企业紧密结合的双元合作教育模式。德国的应用科学大学是随着企业的需求而发展起来的，与企业有着千丝万缕的联系，学校与企业相互依存。人才培养由校企共同承担，学校负责理论教学，企业负责实践教学，并为毕业生提供工作岗位。企业是学校生存的依靠、发展的源泉；学校则是企业发展的人才库、技术革新的思想库。应用科学大学的专业设置具有鲜明的面向行业的特征。如：不伦瑞克·沃芬比特尔应用科学大学一个校区在大众公司总部沃尔夫堡，汉诺威应用科学大学的附近有大众公司分厂，埃斯林根应用科学大学的附近有奔驰公司，而这几个学校都设有车辆工程专业或机械制造专业，为所在地区培养汽车行业的工程师。

（4）从师资队伍看，应用科学大学的课程实行教授负责制。课程一般由教授主讲，每一教授配有至少 1 名教学助理，协助教授进行相关课程的实验准备和实验指导。根据德国《高等教育总法》的规定，应用科学大学教授的聘任条件相当严格，一是高校毕业；二是具有教学才能；三是具有从事科学工作的特殊能力，一般应有博士学位；四是在科学知识和方法的应用或开发方面具有至少 5 年的职业实践经验，其中至少有 3 年在高校以外领域工作的经历，并做出特殊的成绩。为鼓励教授们加强与企业的合作，进行技术转让或从事应用型科研开发活动，有些联邦州还规定，应用科学大学的教授每 4 年可以申请 6 个月的学术假，下企业了解企业未来发展的最新状况。

（5）从实践教学看，应用科学大学实践教学的过程与管理均以企业为主导。企业主导应用科学大学的整个实践教学过程。应用科学大学的新生进入主要学习阶段后，有 3 个月的企业实习，同时在学校里学习的内容也主要来自企业，强调实践性和实用性，学生还要经常去企业参观考察，了解企业工作情况及实际的工作程序和方法，实验、设计、实践练习、实习等环节占教学总学时数的 2/3，这样就使得学生有充足的接触实际、自己动手操作的机会。应用科学大学的校内实训课采用的是跨学科与解决企业问题为导向的学习方式。在专业课教学中，来自企业的兼职教师则广泛采用"应用性项目教学法"，通过围绕某一实际项目实施教学。企业以接受和指导学生实习培训为己任。德国的企业普遍积极、严格地遵守义务接收应用科学大学的学生实习和培训的法律规定，并把这种校企合作看作企业自身发展中重要的一部分。企业同时是评价、考核学校实践教学成果的主体。学生在企业培训期间，其实习成绩的考核与评定主要由企业负责。实习结束时，企业指导人员将为学生出具一份实习工作鉴定；学生要完成一份详尽的来自企业的实习报告。同时，学生毕业论文（设计）的题目 70%来自企业的实际需要，并大多在企业中完成。

上述德国 FH 模式的经验对我国 Web 卓越工程师的发展给了一些启示。

（1）卓越工程师培养计划"的关键是企业实践学习能否取得实效。德国的企业普遍愿意接受应用科学大学学生，一个重要的原因是因为政府出面干预，使产学合作制度化，各种学校教育与企业培训规章、法规及联邦基本法，均规定了企业、学校、个人的具体责任和义务，为应用科学大学教育计划的顺利实施提供了政策保证。企业把为学校提供办学支持当作是一种义务、一种企业行为，同时企业也得到了国家规定的免税等优惠政策。学校和企业相互支持、共同受益,形成良性循环。但我国国情目前还没有这样的基础使企业真正介入到学校的办学之中。因此,国家要制定相应法律法规,把工程教育作为企业的职责之一,制定相应的鼓励政策,如高新企业的审批、校企合作科研项目的经费支持、税收减免等,促进企业的积极性,从而建立企业参与工程教育的长效机制,促进学校与企业在人才培养、科学研究、人员培训、项目合作等方面的广泛合作。

（2）经费与设施。卓越工程师培养计划的实施,在教学、管理、师资、实习基地建设和实习设备、校企协作管理等方面均需要增加大量投入,特别是学生到企业实习需要较多的投入。在德国,企业是应用科学大学实践教学经费的主要来源。公立应用科学大学的办学经费主要由州政府和联邦政府拨款解决,但来自企业的教学、科研合作的经费是应用科学大学第三渠道经费来源的主体部分。从某种意义上说,应用科学大学的教育相当于企业定向培养。当应用科学大学的学生和企业签订实习合同、学生是以企业"准员工"的身份接受企业培训,企业为学生支付每月约 300~500 欧元的培训津贴。企业的慷慨资助不仅消除了学生经济上的后顾之忧,而且毕业时的就业问题也基本得到了解决。实施"卓越工程师培养计划",要走到这一步,既是我们所期盼的,同时又深感任重道远。高标准的设施能为高质量的人才培养奠定重要基础。德国企业对应用科学大学的理解和支持程度是我们目前可望不可及的。一定时期内,我国绝大多数企业的视角也不可能发生明显转变。因此,我们在实施"卓越工程师培养计划"时,特别是初始阶段,校内实践条件尤其重要。在目前各高校办学经费普遍紧张的情况下, 一个有效的途径是中央政府协调地方政府共同出资建设一批具有地域产业特点、专业范围较宽、带动作用较强、辐射效果较好的大学生综合性实习基地。事实上,校内实训设施建设也是实施德国应用科学大学办学模式的一个极其重要的环节

（3）生源条件与学位。德国企业愿意为应用科学大学的学生提供实习支持和配合,一个重要原因是学生质量高。因为应用科学大学的学生已经具备了一定的实践基础,实习时实际上是"顶岗工人+科研人员"的身份。有了这样一种身份,企业觉得很实惠。因为,一个企业只需付给实习学生每月约 300~500 欧元的培训津贴,却需要付给一个工人每月约 3000~4000 欧元的工资。参加"卓越工程师培养计划"学习的学生,如果要在入学前具有相应的实践经验,就必须另辟蹊径。譬如：从职高对口招生,但这部分学生的文化基础相对较差,招生时必须单独划线；或与高职院校签订"专升本"协议,把这些学生录入后,本科两年中实行"1+1"模式；或对新生实行企业内预实习。学位问题涉及学生的积极性。对于一些还没有硕士学位授予权且实施"卓越工程师培养计划"的高校来说,国家如果为这部分学生划出一条对应的升往硕士工程型、博士工程型人才的单独通道,或者为他们参加研究生考试时,制定特殊政策,无疑能极大地激励学生参加"卓越工程师培养计划"学习的积极性。

（4）国际交流与合作。学习德国高层次应用型人才培养的经验,必须积极扩大开放,举办国际合作办学项目,加强与国外高校间的交流。因此,国家支持相关高校开展工程类专业对外合作交流非常重要,要鼓励"卓越工程师培养计划"试点高校积极参与同德国等世界一流工程类专业高校的合作交流,在审批此类合作办学项目时予以优先考虑,在全额资助国家公派出国留学、进修项目,以及分配青年骨干教师出国研修项目名额时,优先考虑参加"卓越工程师计划"项目的教师。

师法国外,我们相信我国 Web 卓越工程师的培养和发展将会更好,更多的毕业生将能成为能干活的卓越工程师,更多的研究成果将能"接地气",转化为实际生产力。

10.5　小结

　　从 Java 和 JSP 的发展趋势和特点看，Web 卓越工程师可以依靠先进的、开放的和蒸蒸日上的 Java 技术和 JSP 技术打出一片编程天地。随着我国卓越工程师培养计划的完善与推进，更多更优秀的 Web 卓越工程师将会涌现。他们将能更"接地气"设计与改进 Web 世界，将最新的研究成果转换为更强的生产力和更好的生活环境，未来是属于 Web 卓越工程师的。